丛 书 总 主 编　陈宜瑜
丛书副总主编　于贵瑞　何洪林

中国生态系统定位观测与研究数据集

森林生态系统卷

湖南会同杉木林站

（2008—2019）

项文化　主编

中国农业出版社
北　京

中国生态系统定位观测与研究数据集

中国生态系统定位观测与研究数据集
森林生态系统卷·湖南会同杉木林站

编委会

主　编　项文化
编　委　方　晰　邓湘雯　赵仲辉　欧阳帅
　　　　曾叶霖　陈　亮　胡彦婷　吴惠俐
　　　　赵丽娟

PREFACE 1
序 一

进入20世纪80年代以来，生态系统对全球变化的反馈与响应、可持续发展成为生态系统生态学研究的热点，通过观测、分析、模拟生态系统的生态学过程，可为实现生态系统可持续发展提供管理与决策依据。长期监测数据的获取与开放共享已成为生态系统研究网络的长期性、基础性工作。

国际上，美国长期生态系统研究网络（US LTER）于2004年启动了Eco Trends项目，依托US LTER站点积累的观测数据，发表了生态系统（跨站点）长期变化趋势及其对全球变化响应的科学研究报告。英国环境变化网络（UK ECN）于2016年在*Ecological Indicators*发表专辑，系统报道了UK ECN的20年长期联网监测数据推动了生态系统稳定性和恢复力研究，并发表和出版了系列的数据集和数据论文。长期生态监测数据的开放共享、出版和挖掘越来越重要。

在国内，国家生态系统观测研究网络（National Ecosystem Research Network of China，简称CNERN）及中国生态系统研究网络（Chinese Ecosystem Research Network，简称CERN）的各野外站在长期的科学观测研究中积累了丰富的科学数据，这些数据是生态系统生态学研究领域的重要资产，特别是CNERN/CERN长达20年的生态系统长期联网监测数据不仅反映了中国各类生态站水分、土壤、大气、生物要素的长期变化趋势，同时也能为生态系统过程和功能动态研究提供数据支撑，为生态学模型的验证和发展、遥感产品地面真实性检验提供数据支撑。通过集成分析这些数据，CNERN/CERN 内外的科研人员发表了很多重要科研成果，支撑了国家生态文明建设的重大需求。

近年来，数据出版已成为国内外数据发布和共享，实现“可发现、可访问、可理解、可重用”（即 FAIR）目标的重要手段和渠道。CNERN/CERN 继 2011 年出版“中国生态系统定位观测与研究数据集”丛书后再次出版新一期数据集丛书，旨在以出版方式提升数据质量、明确数据知识产权，推动融合专业理论或知识的更高层级的数据产品的开发挖掘，促进 CNERN/CERN 开放共享由数据服务向知识服务转变。

该丛书包括农田生态系统、草地与荒漠生态系统、森林生态系统及湖泊湿地海湾生态系统共 4 卷（51 册）以及森林生态系统图集 1 册，各册收集了野外台站的观测样地与观测设施信息，水分、土壤、大气和生物联网观测数据以及特色研究数据。本次数据出版工作必将促进 CNERN/CERN 数据的长期保存、开放共享，充分发挥生态长期监测数据的价值，支撑长期生态学以及生态系统生态学的科学研究工作，为国家生态文明建设提供支撑。

孙鸿烈

2021 年 7 月

PREFACE 2

序 二

科学数据是科学发现和知识创新的重要依据与基石。大数据时代，科技创新越来越依赖于科学数据综合分析。2018年3月，国家颁布了《科学数据管理办法》，提出要进一步加强和规范科学数据管理，保障科学数据安全，提高开放共享水平，更好地为国家科技创新、经济社会发展提供支撑，标志着我国正式在国家层面开始加强和规范科学数据管理工作。

随着全球变化、区域可持续发展等生态问题的日趋严重以及物联网、大数据和云计算技术的发展，生态学进入了“大科学、大数据”时代，生态数据开放共享已经成为推动生态学科发展创新的重要动力。

国家生态系统观测研究网络（National Ecosystem Research Network of China，简称CNERN）是一个数据密集型的野外科技平台，各野外台站在长期的科学研究中积累了丰富的科学数据。2011年，CNERN组织出版了“中国生态系统定位观测与研究数据集”丛书。该丛书共4卷、51册，系统收集整理了2008年以前的各野外台站元数据，观测样地信息与水分、土壤、大气和生物监测以及相关研究成果的数据。该丛书的出版，拓展了CNERN生态数据资源共享模式，为我国生态系统研究、资源环境的保护利用与治理以及农、林、牧、渔业相关生产活动提供了重要的数据支撑。

2009年以来，CNERN又积累了10年的观测与研究数据，同时国家生态科学数据中心于2019年正式成立。中心以CNERN野外台站为基础，生态系统观测研究数据为核心，拓展部门台站、专项观测网络、科技计划项目、科研团队等数据来源渠道，推进生态科学数据开放共享、产品加工和分析应用。为了开发特色数据资源产品、整合与挖掘生态数据，国家生态科学数据中心立足国家野外生态观测台站长期监测数据，组织开展了新一版的观测与研究数据集的出版工作。

本次出版的数据集主要围绕“生态系统服务功能评估”“生态系统过程与变化”等主题进行了指标筛选，规范了数据的质控、处理方法，并参考数据论文的体例进行编写，以翔实地展现数据产生过程，拓展数据的应用范围。

该丛书包括农田生态系统、草地与荒漠生态系统、森林生态系统以及湖泊湿地海湾生态系统共4卷（51册）以及图集1本，各册收集了野外台站的观测样地与观测设施信息，水分、土壤、大气和生物联网观测数据以及特色研究数据。该套丛书的再一次出版，必将更好地发挥野外台站长期观测数据的价值，推动我国生态科学数据的开放共享和科研范式的转变，为国家生态文明建设提供支撑。

2021年8月

CONTENTS

目录

第1章

台 站 介 绍

1.1 概述

湖南会同杉木林生态系统国家野外科学观测研究站（简称“会同杉木林站”）位于我国速生丰产林杉木中心产区湖南省会同县境内，站址的地理位置为109°45′E、26°50′N，为云贵高原向长江中下游过渡地带，为南方丘陵山地带和长江流域生态屏障范围，隶属武陵山生物多样性与水土保护重点生态功能区。根据《中国森林》中森林分区，会同杉木林站属华中丘陵山地常绿阔叶林及马尾松杉木毛竹林区。区域内森林生态系统在木材供给、生物多样性保护、碳吸存、水源涵养、土壤肥力维持等生态服务及应对全球气候变化和区域生态安全等方面发挥着十分重要的作用，对维系该地区尤其是长江中下游地区的生态安全构架及社会经济可持续发展具有重要意义。

我国南方水热条件优越，是重要的速生丰产林基地，其中杉木是我国南方的主要用材树种。据第八次中国森林资源清查，我国杉木人工林面积达894万 hm^2，蓄积量达 625×10^6 m^3，分别占我国人工林面积和蓄积量的12.9%和25.2%。会同是我国杉木的中心产区之一，享有“广木之乡”和“杉木之乡”的称誉，有近千年的经营历史，形成了一套传统栽培制度和杉木传统文化，当地许多生活方式与杉木密切相关。从林业建设角度来看，杉木等用材林基地建设符合我国生态建设需求和林业发展战略中“东扩、西治、南用、北休”中“南用”的总体布局。本站开展杉木林长期生产力维持的生态学机理研究，将建立杉木林质量的精准提升和可持续经营技术体系，为保障木材生产、增加林农福利、增强森林碳汇功能和促进区域生态建设与林业发展提供科学依据。

本站研究始于1963年，研究杉木林群落结构规律及其在造林、采伐和间伐利用等营林生产上的应用问题。1976年，根据国际生物学计划（IBP），发表了我国第一篇杉木林生物量与生产力论文。1978年，会同杉木林站正式建立，采用小集水区径流场综合实验技术建立8个平行小集水区试验样地，研究杉木林生态系统水文学过程和养分循环。本站1982年被林业部（现国家林业和草原局）批准为重点森林生态系统定位研究站，2000年被科学技术部列为国家重点野外科学观测站（试点站）进行建设，2006年正式纳入国家野外科学观测研究站。

本站围绕观测、研究、示范、服务等任务要求，结合亚热带区位优势和南方集体林区的地域特色，以杉木人工林为研究重点，开展长期定位观测研究，揭示杉木人工林长期生产力维持和生态功能调控机理；研究亚热带森林生物多样性与生态系统功能的关系，揭示森林恢复的生态功能演变的调控机理，旨在为国家生态系统网络积累长期可靠的基础数据，为国家生态文明建设、林业生产和实现区域生态环境-社会经济可持续发展的宏观决策提供重要的科学依据和技术支撑。

本站至今已积累40多年连续观测数据，积累气象、水文、土壤、生物等原始数据320万余条，碳（二氧化碳和甲烷）、水通量数据80 GB，植物样品6 912个，460棵解析木贮藏样品，发表论文400余篇，其中SCI论文130余篇，出版专著9部，科研成果奖15项，其中获国家科技进步奖二等奖2项、三等奖1项，获湖南省自然科学奖一等奖1项、湖南省科技进步奖一等奖2项。

1.2 研究方向

1.2.1 总体定位与目标

按照国家科学技术部野外科学观测研究站的观测、研究、示范、服务等任务要求，立足该地区区域特色，长期建设发展目标是以杉木林和亚热带次生林为研究对象，开展森林生态系统结构、功能过程（生产力、碳循环、养分循环和水文循环）和生态系统服务等方面的研究，对接国际生态学研究前沿，服务国家生态文明建设特别是南方丘陵山地带和长江经济带的发展。力争将本站建设成为野外设施布置合理，监测仪器设备精良，集科学长期观测、科学研究、推广示范和人才培养、开放合作共享的综合试验科研平台，发展成为国内一流、国际上有较大影响力的森林生态系统观测研究站和高端人才培养平台。

1.2.2 主要研究任务

本站以杉木人工林和亚热带次生林为研究对象，按照杉木人工林经营措施和森林演替规律，开展长期定位观测研究，重点研究人工林生产力形成及环境效应调控和可持续经营、亚热带次生林生物多样性与生态系统功能关系、森林恢复及其对气候变化的响应等生态学前沿热点问题，探讨森林生态结构、功能与环境因子及人类经营活动的相互关系。长期任务是系统观测水、土、气、生物等试验数据，积累长期定位监测数据，开展监测评估、科学研究、人才培养和社会服务。具体研究任务为：

（1）杉木人工林生态系统长期生产力和稳定性维持机理研究

按照杉木林经营方式（皆伐—炼山整地—间伐、萌芽、撂荒）（图1-1），利用已建立小集水区径流场的长期定位观测样地和不同年龄序列监测样地，开展杉木林生态系统生产力、水文过程、养分循环、林地质量长期定位研究，揭示人工林长期生产力的维持机理、预测生态功能过程对气候变化响应、计量人工林生态系统服务，具体研究内容包括：

图1-1 杉木人工林经营流程

①林分生产力形成生理生态过程和环境调控作用。研究杉木林的林木生长关键生理生态过程，阐明杉木林生产力形成养分需求和水热调控作用，构建人工林生产力过程模型，模拟预测经营管理和气候变化对杉木林木材生产和生产力的影响。

②土壤质量长期维持机理。研究凋落物输入和分解、土壤有机质矿化和根系周转等地下生态过程，分析土壤微生物在土壤碳形成、氮和磷等养分转化和满足林木生长对养分需求的作用，揭示杉木

林土壤质量维持的生物学机制。

③森林生态系统服务提升的经营管理对策。评价杉木林的木材生产、土壤保育、水源涵养、调节气候、生物多样性等生态系统服务，分析生态系统服务随林龄变化特征，权衡木材生产、森林碳汇、土壤保育等服务的经营管理对策，确定景观尺度上提升生态系统服务的森林结构格局，架设连接自然生态过程与社会管理的桥梁。

（2）亚热带植被恢复的生态系统功能过程研究

按照亚热带森林演替过程（图1-2），利用已建立的亚热带不同恢复阶段森林（针阔混交林、落叶阔叶林、常绿阔叶林）永久样地，研究森林植物多样性及树种共存机理，分析地下（细根）生态过程，系统深入研究亚热带森林植物多样性变化与生态功能关系，具体研究内容包括：

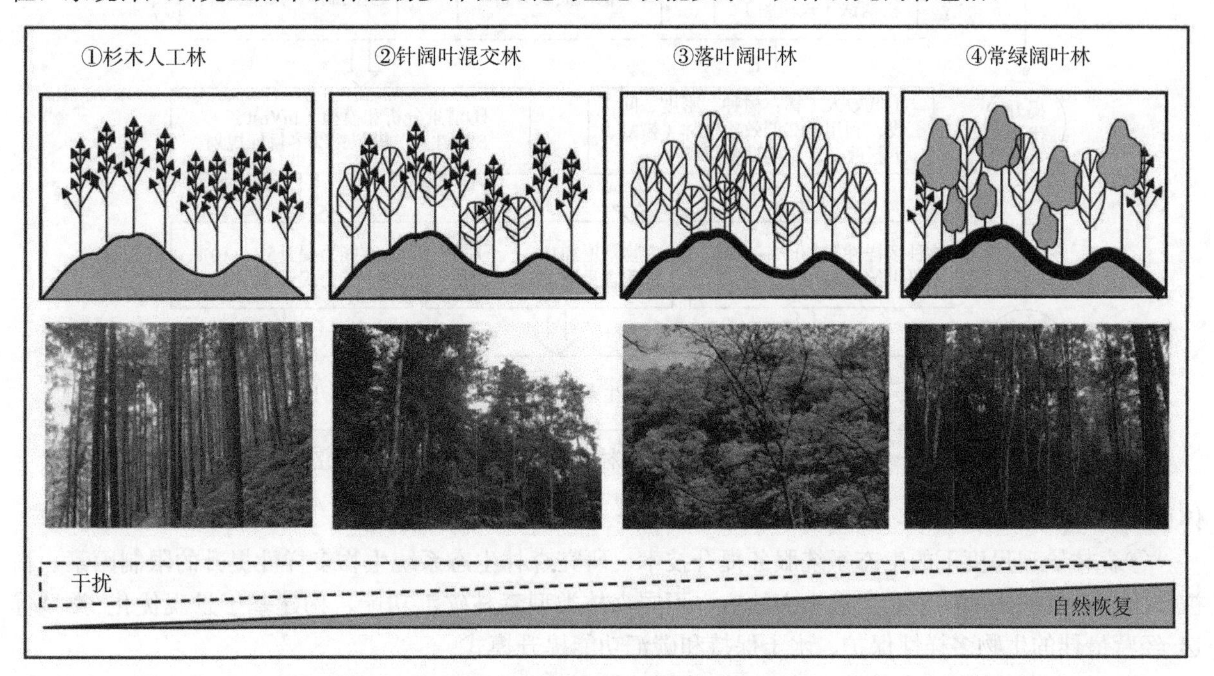

图1-2　亚热带不同恢复阶段森林序列

①植被恢复过程中植物组成变化及群落构建机理。研究植被恢复过程中物种组成及生物多样性演变格局，揭示植被恢复过程中物种组成变化的控制过程和群落构建机理，阐明水土条件对植被恢复的限制作用机理。

②植被恢复对土壤养分的生物地球化学循环影响。研究植被恢复过程中植物、凋落物、土壤和微生物的碳、氮、磷含量及其化学计量比的变化，分析不同恢复阶段养分的限制特征，探讨群落优势种植物功能性状和生物多样性对土壤养分的利用策略，剖析植被恢复过程中碳、氮、磷之间的耦合关系，阐明植被恢复过程中植物、土壤微生物之间的相互作用对土壤养分转化过程的调控作用。

③植被恢复过程中土壤稳定性演变特征及固土保水机制。研究植被恢复过程中土壤稳定性演变特征，揭示植被恢复对土壤侵蚀变化影响的机理，评价植被恢复影响水土保持效应。

（3）森林景观结构优化及森林生态系统服务提升技术研究示范

选择南方具有代表性的排牙山国有林场，在景观尺度上研究不同森林类型的生态系统服务形成机制及调控机理，阐明生态系统服务提升潜力和途径，研发生物多样性保育、水土保持和固碳增汇提升技术，构建生态系统服务协同提升优化模式（图1-3）。具体研究内容包括：

①森林景观结构及生态系统服务形成机制。分析该林场不同森林类型空间分布格局，评价生态系统服务现状、潜力，预测其变化趋势，研发不同经营目标情景下的生态系统服务测算方法和评价

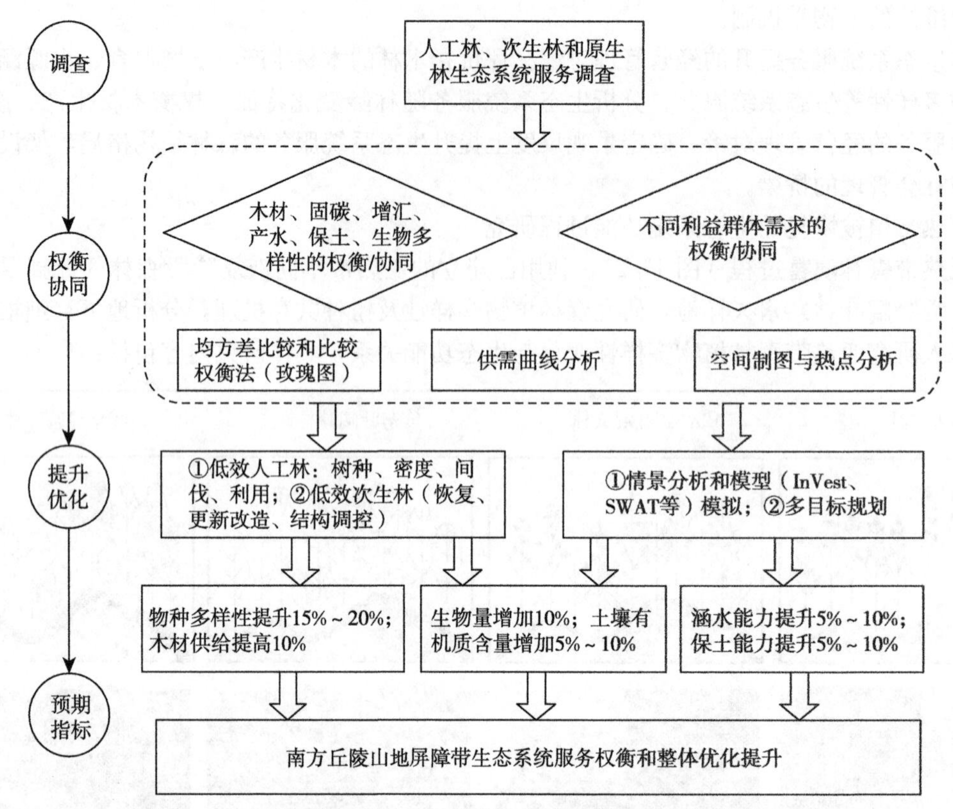

图1-3　森林景观结构优化及森林生态系统服务提升技术研究示范

体系。

②森林景观尺度下的生态系统服务提升技术。研究森林生态系统生物多样性提升的限制因素、植被结构与涵水保土的关系及生态水文效应、不同森林类型森林碳汇功能，构建基于景观优化-类型优选-经营最佳的生物多样性保护、水土保持和碳汇功能提升模式。

③森林生态系统服务权衡及集成。研究多样性保育、涵水保土、固碳增汇等生态系统服务在林分-景观-区域尺度上的权衡关系与集成方法，构建生态系统服务协同提升的多尺度优化模型，服务于生态系统综合服务测算与评价。

1.3　研究成果

1.3.1　杉木人工林生态功能及高效经营技术研究与应用

会同县是我国南方重要的速生用材林基地，也是国家木材战略储备基地。会同杉木林站研究人员利用野外调查掌握杉木林群落结构和生物产量动态变化，建立杉木生长预测模型，分析杉木生长限制的因素，以生物产量和养分利用率为指标指导杉木林经营，提出杉木人工林生态功能及高效经营技术。采用时空替代法构建了一个完整的杉木林年龄系列，通过地上生物量和养分积累量、叶片养分重吸收速率和凋落物归还量、地下土壤微生物周转和养分可利用性的观测实验，系统研究了杉木生长过程中对土壤氮磷养分的需求策略及其调控机制。

2016年结合会同县林业生产，指导实施了杉木林大径材经营、杉木品牌规划、天然林管护等林业工程，保证了营林质量，提高了林分生产力，通过增加的木材收益，另外增加了杉木林涵养水源、净化环境和维持碳氧平衡等方面生态功能，为当地林业发展及产业决策提供基础数据和科技服务。

1.3.2 亚热带森林恢复过程生态功能演变及调控机理

亚热带次生阔叶林群落组成、结构、空间关系复杂，分析森林群落演替动态和林木共存机理，探索地下细根对各森林生态系统生产力和土壤养分的贡献，验证植物多样性是否导致地下细根生物量“超产”的现象，并且应用分子生物学技术鉴别和定量分析不同树种根系组成，定量分析地下物种生物多样性的相互作用关系，可为揭示亚热带次生林生物多样性保护对生态系统功能过程的影响，以及为我国亚热带天然林保护工程实施生态效益评价、生物多样性维持和区域生态环境建设提供科学依据。

本站研究人员系统分析森林群落结构、植物多样性空间分布格局和维持机理，深入研究森林生产力及固碳量、土壤质量维持等生态功能，探讨植物多样性与生态系统功能之间的关系，旨在揭示亚热带森林恢复过程生态功能演变特征及调控机理。主要研究结果包括：

①系统分析并阐明了亚热带森林恢复过程植物组成和多样性的动态特征，随着森林恢复过程物种多样性增加，土壤碳含量及细根生产力也呈增长趋势；首次连接地上空间关系和地下根系构型差异解释亚热带森林植物共存机制，亚热带森林中不同演替阶段（或功能特征）树种的地下根系表现出不同的养分和水分利用策略，演替早期树种（枫香树和拟赤杨）细根生物量高，主要通过增加碳投入及分配、扩展根系范围来利用土壤资源，而演替后期树种（青冈）主要通过改变细根构型，如增加比根长（SRL）和比表面积（SRA），即增加单位碳投入细根的长度和表面积，提高土壤资源的利用效率，从而实现不同功能特征树种的地下生态位分离和共存。

②系统研究并探明了亚热带森林恢复过程土壤质量演变趋势，明晰了土壤养分的调控因子及其循环机制，土壤物理特性、化学性质和土壤酶活性呈逐步提高趋势。进一步量化了树种细根分解和凋落物对土壤养分的贡献，揭示了亚热带森林土壤养分维持的外源驱动机理。

③深入研究了亚热带森林恢复过程中植物多样性变化与生态功能关系，发现细根生物量和生产力与树种多样性指数显著的正相关性，土壤有机质、全碳、全氮、铵态氮、可溶性碳氮、微生物碳氮等反映土壤质量的指标也随森林恢复过程而增加，并提出了亚热带森林生物多样性保育和生态功能提升的对策。

1.3.3 树种选择对森林土壤微生物的影响研究

探究植物多样性对土壤微生物群落的影响及机制，对于理解植物多样性如何跨越土壤界面作用于地下微生物来实现对生态系统功能的影响具有重要意义。研究基于亚热带典型次生林野外自然树种多样性梯度试验样地，利用高通量测序技术对土壤细菌与真菌群落多样性及组成进行了研究，并分析树种多样性对微生物多样性的影响及可能机制，辨析了树种特性而非树种多样性对土壤微生物及其碳氮动态的重要影响，阐释了“树种选择”在森林可持续经营目标和管理中的关键作用。发现树种本身特性与土壤细菌、真菌多样性及微生物群落组成的关系比树种多样性的更密切，某些优势树种如马尾松、南酸枣、青冈和石栎等的相对比重对土壤微生物（细菌、真菌、外生真菌及腐生菌）的丰度或群落变化具有显著的影响，而树种多度则无显著影响。

第2章 主要样地与观测设施

2.1 概述

会同杉木林站位于中亚热带气候区，共设有6个观测场，67个采样地（表2-1）。其中气象观测场1个，站区调查点1个，辅助观测场1个，综合观测场1个，杉木林年龄序列辅助观测场1个，亚热带次生林辅助观测场1个。

表2-1 会同杉木林站观测场和采样地一览表

观测场名称	观测场代码	采样地名称	采样地代码
会同杉木林站气象观测场	HGFQX01	杉木人工林气象观测场1（Ⅱ区）	HGFQX01CYS_01
		杉木人工林气象观测场2（Ⅲ区）	HGFQX01CYS_02
		杉木人工林气象观测场3（Ⅶ区）	HGFQX01CYS_03
会同杉木林站站区调查点观测场	HGFZQ01	杉木人工林站区土壤采样观测场	HGFZQ01BCO_01
		杉木人工林站区水面蒸发观测场	HGFZQ01CZF_01
		杉木人工林站区雨水观测场	HGFZQ01CYS_01
会同杉木林站辅助观测场	HGFFZ01	杉木人工林辅助观测场永久样地1（Ⅰ区）	HGFFZ01ABC_01
		杉木人工林辅助观测场永久样地2（Ⅳ区）	HGFFZ01ABC_02
		杉木人工林辅助观测场永久样地3（Ⅴ区）	HGFFZ01ABC_03
		杉木人工林辅助观测场永久样地4（Ⅵ区）	HGFFZ01ABC_04
		杉木人工林辅助观测场永久样地5（Ⅷ区）	HGFFZ01ABC_05
会同杉木林站综合观测场	HGFZH01	杉木人工林综合观测场永久样地1（Ⅱ区）	HGFZH01ABC_01
		杉木人工林综合观测场永久样地2（Ⅲ区）	HGFZH01ABC_02
		杉木人工林综合观测场永久样地3（Ⅶ区）	HGFZH01ABC_03
		杉木人工林综合观测场地表水采样地1（Ⅱ区）	HGFZH01CJB_01
		杉木人工林综合观测场地表水采样地2（Ⅲ区）	HGFZH01CJB_02
		杉木人工林综合观测场地表水采样地3（Ⅶ区）	HGFZH01CJB_03
		杉木人工林综合观测场雨水采样地（Ⅲ区）	HGFZH01CYS_01
		杉木人工林综合观测场土壤水采样地1（Ⅱ区）	HGFZH01CTR_01
		杉木人工林综合观测场土壤水采样地2（Ⅲ区）	HGFZH01CTR_02
		杉木人工林综合观测场土壤蒸发样地1（Ⅱ区）	HGFZH01CZF_01
		杉木人工林综合观测场土壤蒸发样地2（Ⅲ区）	HGFZH01CZF_02
		杉木人工林综合观测场土壤蒸发样地3（Ⅶ区）	HGFZH01CZF_03

（续）

观测场名称	观测场代码	采样地名称	采样地代码
会同杉木林站综合观测场	HGFZH01	杉木人工林综合观测场人工径流场1（Ⅱ区）	HGFZH01CRJ_01
		杉木人工林综合观测场人工径流场2（Ⅲ区）	HGFZH01CRJ_02
		杉木人工林综合观测场人工径流场3（Ⅶ区）	HGFZH01CRJ_03
		杉木人工林综合观测场树干茎流采样点1（Ⅲ区）	HGFZH01CSJ_01
		杉木人工林综合观测场树干茎流采样点2（Ⅲ区）	HGFZH01CSJ_02
		杉木人工林综合观测场穿透降水采样点1（Ⅲ区）	HGFZH01CCJ_01
		杉木人工林综合观测场穿透降水采样点2（Ⅲ区）	HGFZH01CCJ_02
会同杉木林站年龄序列辅助观测场	HGFNL01	杉木人工林3年生永久样地1	HGFNL01ABC3_01
		杉木人工林3年生永久样地2	HGFNL01ABC3_02
		杉木人工林3年生永久样地3	HGFNL01ABC3_03
		杉木人工林3年生永久样地4	HGFNL01ABC3_04
		杉木人工林8年生永久样地1	HGFNL01ABC8_01
		杉木人工林11年生永久样地2	HGFNL01ABC8_02
		杉木人工林11年生永久样地3	HGFNL01ABC8_03
		杉木人工林11年生永久样地4	HGFNL01ABC11_04
		杉木人工林16年生永久样地1	HGFNL01ABC16_01
		杉木人工林16年生永久样地2	HGFNL01ABC16_02
		杉木人工林16年生永久样地3	HGFNL01ABC16_03
		杉木人工林16年生永久样地4	HGFNL01ABC16_04
		杉木人工林21年生永久样地1	HGFNL01ABC21_01
		杉木人工林21年生永久样地2	HGFNL01ABC21_02
		杉木人工林21年生永久样地3	HGFNL01ABC21_03
		杉木人工林21年生永久样地4	HGFNL01ABC21_04
		杉木人工林25年生永久样地1	HGFNL01ABC25_01
		杉木人工林25年生永久样地2	HGFNL01ABC25_02
		杉木人工林25年生永久样地3	HGFNL01ABC25_03
		杉木人工林25年生永久样地4	HGFNL01ABC25_04
		杉木人工林26年生永久样地1	HGFNL01ABC26_01
		杉木人工林26年生永久样地2	HGFNL01ABC26_02
		杉木人工林26年生永久样地3	HGFNL01ABC26_03
		杉木人工林26年生永久样地4	HGFNL01ABC26_04
		杉木人工林29年生永久样地1	HGFNL01ABC29_01
		杉木人工林29年生永久样地2	HGFNL01ABC29_02
		杉木人工林29年生永久样地3	HGFNL01ABC29_03
		杉木人工林29年生永久样地4	HGFNL01ABC29_04
		杉木人工林32年生永久样地1	HGFNL01ABC32_01
		杉木人工林32年生永久样地2	HGFNL01ABC32_02
		杉木人工林32年生永久样地3	HGFNL01ABC32_03

（续）

观测场名称	观测场代码	采样地名称	采样地代码
会同杉木林站年龄序列辅助观测场	HGFNL01	杉木人工林 32 年生永久样地 4	HGFNL01ABC32_04
		杉木人工林 101 年生永久样地 1	HGFNL01ABC102_01
		杉木人工林 101 年生永久样地 2	HGFNL01ABC102_02
会同杉木林站次生林辅助观测场	HGFCS01	马尾松-石栎针阔混交林永久样地	HGFCS01ABC_01
		南酸枣落叶阔叶林永久样地	HGFCS01ABC_02
		石栎-青冈常绿阔叶林永久样地	HGFCS01ABC_03

会同杉木林站站区有 18.2 hm² 的长期试验基地，基地内设置了 8 个面积约为 2 hm² 的小集水区径流场综合试验区（图 2-1），可开展平行的对比试验研究。区内有 35 个永久样地，6 个气象观测站，2 套 Dynamix 林内外自动观测系统，2 个能量气象综合观测铁塔，6 座自动记录的地表径流和地下径流测流堰，6 套自动记录的林内穿透水、凋落物承接装置，以及 1 个 ICT2000TC 蒸腾测定仪，能承担完整的生物生产力、水文学过程和生物地球化学循环等内容的野外科学观测研究任务。

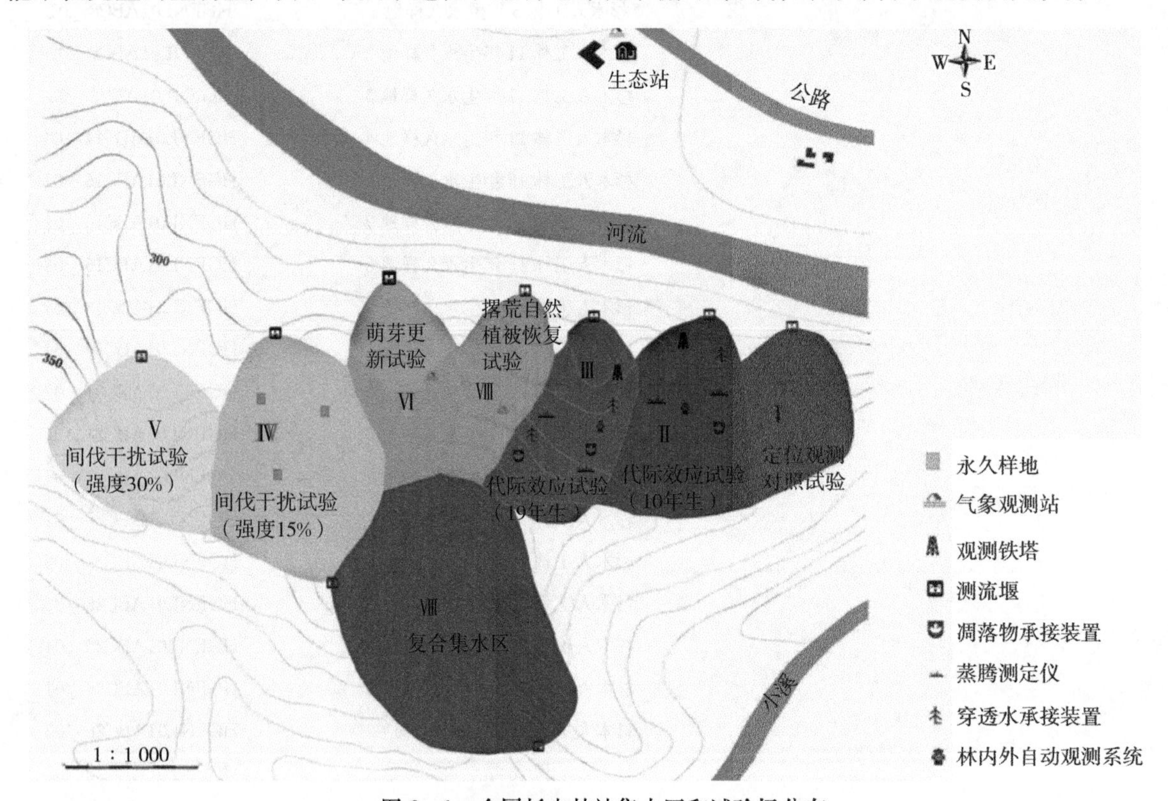

图 2-1　会同杉木林站集水区和试验场分布

生态站内可接纳 100 名研究人员开展科研工作，建有 1 600 m² 的工作和生活用房，包括 1 间计算机网络室、1 间样品处理室、1 间研究学习室、1 间活动室、1 间会议室和 40 间研究人员宿舍，并配有 1 间厨房和 2 间餐厅。

2.2　观测场介绍

2.2.1　会同杉木林站气象观测场（HGFQX01）

气象观测场启用日期：会同杉木林站气象观测场分为人工记录和自动记录两部分，均位于Ⅱ、

Ⅲ、Ⅶ号集水区内和林外，共3个观测场。林外和Ⅱ、Ⅲ号集水区林内的人工气象观测场始建于1982年；1988年在Ⅲ号集水区增设杉木人工林林内气象观测场。2003年，在Ⅱ、Ⅲ号集水区建立自动气象观测站，设计使用年数50年以上。

气象观测场内林分状况：1966年造林，建站（1982年）前无人为干扰，保存较好。1987年，进行人为干扰试验，Ⅲ号集水区皆伐后炼山，1988年造林、人工抚育，Ⅶ号集水区50%间伐，并连续观测各生态因子。

区内共有6个气象观测站，有2套Dynamix林内外自动观测系统、2个能量气象综合观测铁塔、1个ICT2000TC蒸腾测定仪（图2-2）。每天定时观测林内外大气温度、湿度、风速、风向和日照时间。定期统计每月的林内外大气温度、湿度、风速、风向和日照时间。定期统计每月林内外降雨、蒸发和能见度。定期统计自动站逐日太阳辐射总量及其累计值、逐月太阳辐射总量及其累计值、逐日太阳辐射极值及其出现时间、逐月太阳辐射极值及其出现时间。定期统计自动站逐月逐日逐时大气温度、水汽压、露点温度等。

气象观测场中水分观测及采样地，分别设在Ⅱ(HGFQX01CYS_01)、Ⅲ(HGFQX01CYS_02)、Ⅶ(HGFQX01CYS_03)号集水区。

图2-2　会同杉木林站气象观测场

2.2.2　会同杉木林站站区调查点观测场（HGFZQ01）

会同杉木林站站区属中亚热带季风气候区，为云贵高原向长江中下游过渡地带。该区域典型的地带性森林植被类型为常绿阔叶林，森林资源在区域生物多样性保护、水源涵养、土壤肥力维持、碳吸存等生态服务功能方面起着十分重要的作用。杉木人工林具有多种生态系统服务功能，如生长速度快，保障国家木材生产需求；汛期削减洪峰和旱期补枯明显；能大量减少地表土壤侵蚀并维持土壤肥力；固碳放氧价值明显；还能显著净化大气（吸收二氧化硫、氟化物、氮氧化物、滞沉及增加负氧离子浓度）；结合地貌、植被、色彩、奇特性、邻近景观等，杉木人工林具有较强的生态旅游价值。

站区调查点观测场（表2-2）建立于2003年，设计使用时间为50～100年，与站址仅一河之隔，相距1 km左右，方便观测与研究。站区调查点位于湖南省怀化市会同县广坪镇苏溪口村（109°45′E、26°50′N），地处湖南省西南边陲，离会同县城15 km，距怀化市120 km、长沙市630 km。站区调查点由面积为18.2 hm^{2}的自然形成的8个小集水区组成。观测场海拔为270～390 m，年平均气温为16.8 ℃，年降水量为1 100～1 400 mm。土壤母质或母岩以震旦纪板溪群变质岩、页岩为主体，土壤类型为中有机质厚层山地森林红黄壤，土壤风化程度高。

表 2-2　会同杉木林站站区调查点观测场背景信息

观测场名称	会同杉木林站站区调查点观测场
观测场代码	HGFZQ01
群落名称	杉木人工林
海拔高度/m	270～390
群落优势种	杉木
林下代表性植被	杜茎山［*Maesa japonica*（Thunb.）Moritzi.］、狗脊［*Woodwardia japonica*（L. f.）Sm.］
林龄	成熟林
母质或母岩	震旦纪板溪群变质岩、页岩为主体
土壤类型	山地森林红黄壤，风化程度高
土壤有机质/（g/kg）	41.32～44.79（取样深度 0～60 cm）
土壤全氮/（g/kg）	1.79～1.87（取样深度 0～60 cm）
土壤全磷/（g/kg）	0.23～0.49（取样深度 0～60 cm）
土壤 pH	4.22～4.24（取样深度 0～60 cm）
气象条件	年平均气温 16.8 ℃，年降水量 1 100～1 400 mm，年平均日照 34%，年相对湿度高于 80%
人类活动	观测场与村民活动区域由一条河隔开，禁止放牧及无故砍伐，无关人员禁止进入样地，在观测场内不安排与 CERN 监测无关的项目，且设专人负责管理，所以无关人员活动较少
灾害记录	2022 年 2 月 22 日雪灾
周围环境描述	该观测场所在区域为我国杉木人工林三大中心产区之一，地形以山地丘陵为主，坡度 30°左右，植被类型为杉木人工林

站区调查点观测场建立前的利用和管理群落演替历史：会同县是我国的杉木中心产区之一，形成了一套传统杉木栽培制度。由于该地区森林资源经营历史长，人工林成为该地区主要的森林景观，经营的树种有杉木、马尾松等。根据 2016 年的 Landsat 数据，会同县杉木林的面积为 7.67 万 hm^2，占全县总面积的 34%左右，是我国南方重要的速生用材林基地，其森林资源建设符合我国生态建设需求和国家林业发展战略中“东扩、西治、南用、北休”中“南用”的总体布局。

站区调查点观测场建立后的利用和管理方式：把小集水区作为森林生态系统的功能单元，定义在小集水区可辨和可控制边界的条件下，辅以径流场封闭技术和实验设施，可以准确地测定森林水文学过程中降水输入、林冠再分配、地表径流和地下径流等要素，以及系统内各种营养物质输入、淋溶、积累、分配、转移和输出的生物地球化学循环，既克服了大流域试验控制性差，又克服了一般径流场分析难以反映真实森林生态系统特征的缺点。

站区调查点观测场中试验处理设计方法的描述：根据杉木人工林的传统经营制度和现代经营管理技术，8 个小集水区内分别设计了不同的试验方案（图 2-1）：

①Ⅰ号集水区为长期定位观测的对照试验。

②Ⅱ、Ⅲ号集水区为杉木林的代际效应试验，第一代杉木林采伐后营造不同年龄的第二代杉木林，Ⅱ号集水区杉木林 27 年，Ⅲ号集水区 35 年。

③Ⅳ、Ⅴ号集水区为不同间伐强度干扰试验，Ⅳ号集水区的间伐强度为 15%，Ⅴ号集水区的间伐强度为 30%。

④Ⅵ号集水区为杉木林实生苗和萌芽更新的对比试验。

⑤Ⅶ号集水区是采伐后撂荒的自然植被恢复试验。

⑥Ⅷ号集水区为复合集水区，研究不同集水区功能过程的整合作用和尺度演绎。

生物监测内容主要包括：a. 生境要素，植物群落名称、群落高度、水分状况、人类活动、生长特征等；b. 乔木层每木调查，胸径、树高、生活型、生物量、冠幅等；c. 灌木、草本层物种组成，株数/多度、平均胸径、平均高度、盖度、生活型、生物量、地上地下部总干重（草本层）；d. 群落特征，分层特征、层间植物状况、叶面积指数；e. 凋落物各部分干重；f. 乔灌草物候，出芽期、展叶期、首花期、盛花期、结果期、枯黄期等；g. 植物与凋落物元素含量与能值，全碳、全氮、全磷、全钾、全硫、全钙、全镁、热值；h. 根系分泌物碳、氮含量，根系呼吸。

土壤监测内容主要包括：a. 土壤物理性质，土层深度、凋落物厚度、土壤容重、土壤机械组成、土壤质地等；b. 土壤化学性质，有机质、全氮、pH、土壤矿质全量（磷、钙、镁、钾、钠、铝、硅、钛、硫）、微量元素全量（硼、钼、锌、锰、铜、铁）；c. 土壤有效养分，硝态氮、铵态氮、速效磷、生物有效磷、速效钾、缓效钾、阳离子交换量、交换性钙、交换性镁、交换性钾、交换性钠、有效钼、有效硫等；d. 土壤微生物，微生物碳、微生物氮、微生物磷、微生物群落结构与多样性、微生物生物量、微生物宏基因组等；e. 土壤酶活性，土壤碳、氮、磷循环相关的胞外酶活性及酶动力学；f. 土壤呼吸速率、土壤产甲烷和一氧化氮等。

水文监测内容主要包括：吸湿含水量（也称吸湿系数）、凋萎含水量、毛管含水量、田间持水量等。

2.2.3 会同杉木林站辅助观测场（HGFFZ01）

会同杉木林站辅助观测场（表2-3）由五个永久（固定）样地构成，分别位于Ⅰ、Ⅳ、Ⅴ、Ⅵ、Ⅷ号集水区，建立于1982年，设计使用时间为170年。样地面积为20 m × 33 m，观测场位于109°45′E、26°50′N，海拔350 m。

表2-3 会同杉木林站辅助观测场背景信息

观测场名称	会同杉木林站辅助观测场
观测场代码	HGFFZ01
群落名称	杉木人工林
海拔高度/m	350
群落优势种	杉木
气候条件	亚热带季风气候
水分条件	地下水位深度6 m
林下代表性植被	杜茎山［*Maesa japonica*（Thunb.）Moritzi.］、狗脊［*Woodwardia japonica*（L. f.）Sm.］
林龄	成熟林
母质或母岩	震旦纪板溪群变质岩、页岩为主体
土壤类型	山地森林红黄壤，风化程度高
土壤剖面土层厚度/cm	80～100
土壤有机质/（g/kg）	41.32～44.79（取样深度0～60 cm）
土壤全氮/（g/kg）	1.79～1.87（取样深度0～60 cm）
土壤全磷/（g/kg）	0.23～0.49（取样深度0～60 cm）
土壤pH	4.22～4.24（取样深度0～60 cm）
气象条件	年平均气温16.8 ℃，年降水量1 100～1 400 mm，年平均日照34%，年相对湿度高于80%
动物活动情况	小型爬行类、鸟类、昆虫等活动频繁
人类活动情况	试验人员定期取样，以及试验观测设施安置等；观测场与村民活动区域由一条河隔开，无关人类活动较少

（续）

观测场名称	会同杉木林站辅助观测场
灾害记录	2022年2月22日雪灾
周围环境描述	该观测场所在区域为我国杉木人工林三大中心产区之一，地形以山地丘陵为主，坡度30°左右，植被类型为杉木人工林

该观测场各永久样地说明：Ⅰ号集水区永久样地为长期定位观测的对照试验样地；Ⅳ号集水区永久样地为不同间伐强度干扰试验样地，间伐强度为15%；Ⅴ号集水区永久样地为不同间伐强度干扰试验样地，间伐强度为30%；Ⅵ号集水区永久样地为杉木林实生苗和萌芽更新的对比试验样地；Ⅷ号集水区永久样地为复合样地，研究不同集水区功能过程的整合作用和尺度演绎。

观测项目主要包括：设置固定标准地，测定标准地的海拔、坡向、坡度和坡位；每年调查一次树木的名称、胸径、树高，选取标准木进行树干解析，主要调查乔木层植物种类及生物量。根据林分调查资料和树干解析数据，建立树木的生长量模型（胸径、树高、材积、生物量生长模型）；根据林分的种类和株数密度，建立灌木层和草本层的动态生物量模型。每年在集水区中挖土壤剖面，分层取样，测定土壤速效大量和微量元素。

2.2.4 会同杉木林站综合观测场（HGFZH01）

会同杉木林站综合观测场由3个永久样地（分布于Ⅱ、Ⅲ、Ⅶ号集水区）和16个水文监测样地/点组成，水文监测样地/点包括3个地表水采样地（分布于Ⅱ、Ⅲ、Ⅶ号集水区）、1个雨水采样地（分布于Ⅲ号集水区）、2个土壤水采样地（分布于Ⅱ、Ⅲ号集水区）、3个土壤蒸发样地（分布于Ⅱ、Ⅲ、Ⅶ号集水区）、3个人工径流场（分布于Ⅱ、Ⅲ、Ⅶ号集水区）、2个树干茎流采样点（分布于Ⅲ号集水区）、2个穿透降水采样点（分布于Ⅲ号集水区）。该观测场建立于2003年，设计使用年数为170年。样地面积为20 m×30 m，位于109°45′E、26°50′N，海拔270～390 m。综合观测场其他背景信息见表2-3。

2.2.4.1 永久样地

观测项目：设置固定标准地，测定标准地的海拔、坡向、坡度和坡位；每年调查一次树木的名称、胸径、树高，选取标准木进行树干解析，主要调查乔木层植物种类及生物量；每年在集水区中挖土壤剖面，分层取样，测定土壤大量和微量元素及速效养分。

生物采样方法说明：设置固定标准地，测定标准地的海拔、坡向、坡度和坡位；每年调查一次树木的名称、胸径、树高，选取标准木进行树干解析，调查林分的生物量。

土壤采样说明：每年在集水区中挖土壤剖面，分层取样，测定土壤养分。土壤剖面调查时记录大型土壤动物种类与数量。

2.2.4.2 水文监测样地

观测项目：地表水、雨水、土壤水、土壤蒸发、地表径流、树干径流、穿透降水量等指标。土壤水通常包括吸湿含水量、凋萎含水量、毛管含水量、田间持水量等。

水分观测采样方法说明：采用小集水区技术，用二组矩形堰、三角形堰配合，用SW40型日记水位计分别测定地下水的水头高，其中三角形堰口分别设计成20°和60°两种。水量平衡法是一个比较古老的求算蒸发散的方法，它的可靠性较高，是森林生态系统定位研究常用的一种方法，采用水量平衡法来计算各集水区的蒸发散。土壤水分常数是标志土壤含水量明显变化的特定指标，通常包括吸湿含水量（也称吸湿系数）、凋萎含水量、毛管含水量、田间持水量等，水分状态和运动性质有差异，通过土壤剖面调查收集这部分数据。

在集水区林内的地面、铁架的不同高度处及林外分别测定水面蒸发量。采用小集水区技术，用

60°三角形堰和 SW40 型日记水位计测定地表水的水头高，并换算成径流量。采用聚乙烯塑料管蛇形缠绕于树干，并用沥青封好、在适当的位置打孔，将水导入塑料管中，塑料管的下端接入一个特制的盛水容器中。根据林分的棵数密度和林分的径阶分布规律，将样木的树干实测茎流量换算成单位面积的流量（mm）。分别在Ⅱ、Ⅲ、Ⅶ号集水区的山洼、山麓、山坡三个部位设置一个 18～20 m^2 的穿透水承接装置，用 SW40 型日记水位计测定穿透水的流量。定期在标准地中设置小样方，测定杉木人工林生态系统枯枝落叶含水量。

2.2.5　会同杉木林站年龄序列辅助观测场（HGFNL01）

会同杉木林站年龄序列辅助观测场建于 2016 年 12 月，设计使用年数为 150 年，位于湖南省怀化市会同县境内，26°41′50″—26°47′8″N、109°35′26″—109°38′45″E，海拔 316～477 m，坡度 24°～42°。辅助观测场杉木人工林年龄序列为 3 年、8～11 年、16 年、21 年、25 年、26 年、29 年、32 年和 101 年，分别造林于 2014 年、2006 年（2009 年）、2001 年、1996 年、1992 年、1991 年、1988 年、1985 年和 1916 年，各年龄杉木人工林设置 4 个面积大小为 20 m×20 m 的永久样地（图 2-3）。各样地之间间隔不超过 2 km，保证所有样地的气候条件、地形因子、土壤性质尽可能一致。其中 8～11 年生样地由 1 个 8 年生样地和 3 个 11 年生样地组成；25 年生杉木人工林为未间伐林分，26 年生杉木人工林为间伐林分；101 年生杉木老林，由于面积不够，故只设置了 2 个永久样地。该观测场共 34 个永久样地。

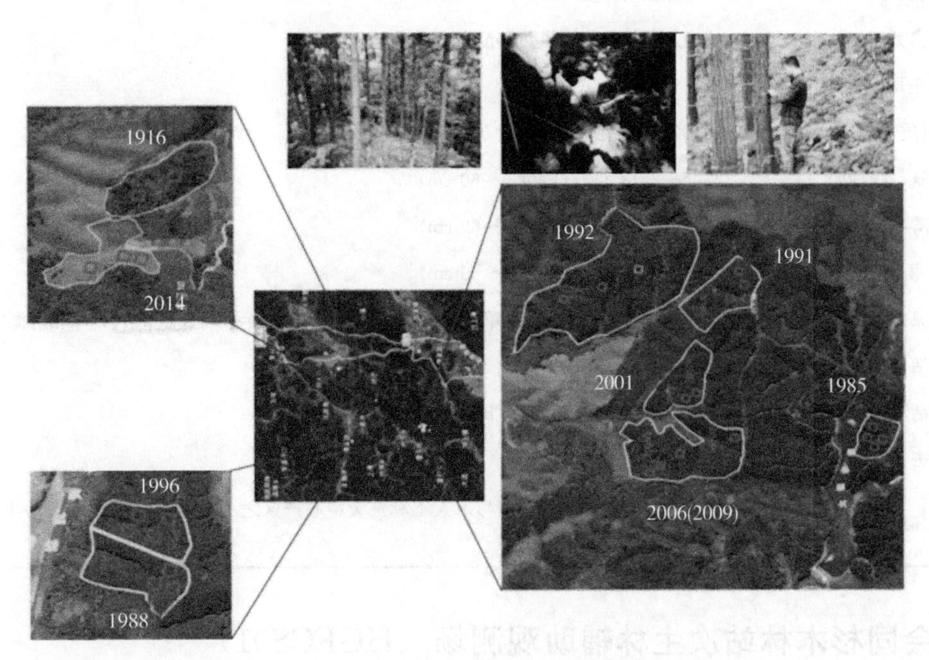

图 2-3　会同杉木林站年龄序列辅助观测场样地位置

会同杉木林站年龄序列辅助观测场的 21 年生和 29 年生永久样地分别设置于Ⅱ号和Ⅲ号集水区，3 年生和 101 年生永久样地设置于湖南省怀化市会同县地灵乡石家村，8～11 年生、16 年生、25 年生、26 年生和 32 年生永久样地设置于湖南省怀化市会同县地灵乡林场内。除造林前 3 年进行刀抚、锄抚及 26 年生杉木人工林间伐外，所有样地无其他抚育活动。每个样地的四个角用 10 cm×10 cm×50 cm 的水泥桩固定，并用铁丝网围住，禁止山羊、牛等牲畜进入，无关工作人员禁止入内，样地内不安排与 CERN 监测无关的项目，样地设专人进行管理。

该辅助观测场为杉木人工林年龄序列样地，所有选择的杉木人工林均为二代林，在 20 世纪 80 年代常绿阔叶林砍伐后所造的一代林皆伐后，用相同品种的杉木幼苗造林而成。初始造林密度为每公顷3 400棵。杉木人工林具有独特的结构和组成（表2-4）。群落优势种为杉木，林下植被主要有杜茎山、狗脊、铁芒萁等。会同杉木林站年龄序列辅助观测场可以进行生物、水文、土壤等学科的监测。

表2-4 会同杉木林站年龄序列辅助观测场基本情况

观测场名称	会同杉木林站年龄序列辅助观测场
观测场代码	HGFNL01
群落名称	杉木人工林
海拔高度/m	316～477
群落优势种	杉木
气候条件	亚热带季风气候
水分条件	地下水位深度6 m
林下代表性植被	杜茎山［*Maesa japonica*（Thunb.）Moritzi.］、狗脊［*Woodwardia japonica*（L. f.）Sm.］、铁芒萁［*Dicranopteris linearis*（Burm. f.）Underw.］
林龄	3年、8～11年、16年、21年、25年、26年、29年、32年和101年
母质或母岩	震旦纪板溪群变质岩、页岩为主体
土壤类型	山地森林红黄壤，风化程度高
土壤剖面土层厚度/cm	80～100
土壤有机质/（g/kg）	41.32～57.25（取样深度0～60 cm）
土壤全氮/（g/kg）	1.45～2.18（取样深度0～60 cm）
土壤全磷/（g/kg）	0.19～0.49（取样深度0～60 cm）
土壤pH	4.10～4.52（取样深度0～60 cm）
气象条件	年平均气温16.8 ℃，年降水量1 100～1 400 mm，年平均日照34%，年相对湿度高于80%
动物活动情况	小型爬行类、鸟类、昆虫等活动频繁
人类活动情况	试验人员定期取样，以及试验观测设施安置等
灾害记录	2022年2月22日雪灾
周围环境描述	该观测场所在区域为我国杉木人工林三大中心产区之一，地形以山地丘陵为主，坡度30°左右，植被类型为杉木人工林

2.2.6 会同杉木林站次生林辅助观测场（HGFCS01）

会同杉木林站次生林辅助观测场建于2013年11月，设计使用年数为150年，位于湖南省长沙市长沙县境内，28°23′58″—28°24′58″N、113°17′46″—113°19′8″E，海拔55～217 m，坡度30°左右。该辅助观测场设置了3个不同森林类型的1 hm²（100 m×100 m）永久样地，分为100个10 m×10 m的小样方（图2-4）。这3个次生林分别为马尾松-石栎针阔混交林、南酸枣落叶阔叶林、石栎-青冈常绿阔叶林。据森林公园历史数据记载，这3个次生林为异龄林，其平均林龄约70年。

会同杉木林站次生林辅助观测场处于长沙县大山冲森林公园内（表2-5）。每个1 hm² 样地用铁丝网围住，禁止无关工作人员及山羊、牛等牲畜入内。样地内每个10 m×10 m小样方的四个角用10 cm×10 cm×50 cm的水泥桩固定。样地内不安排与CERN监测无关的项目，样地设专人进行管理。

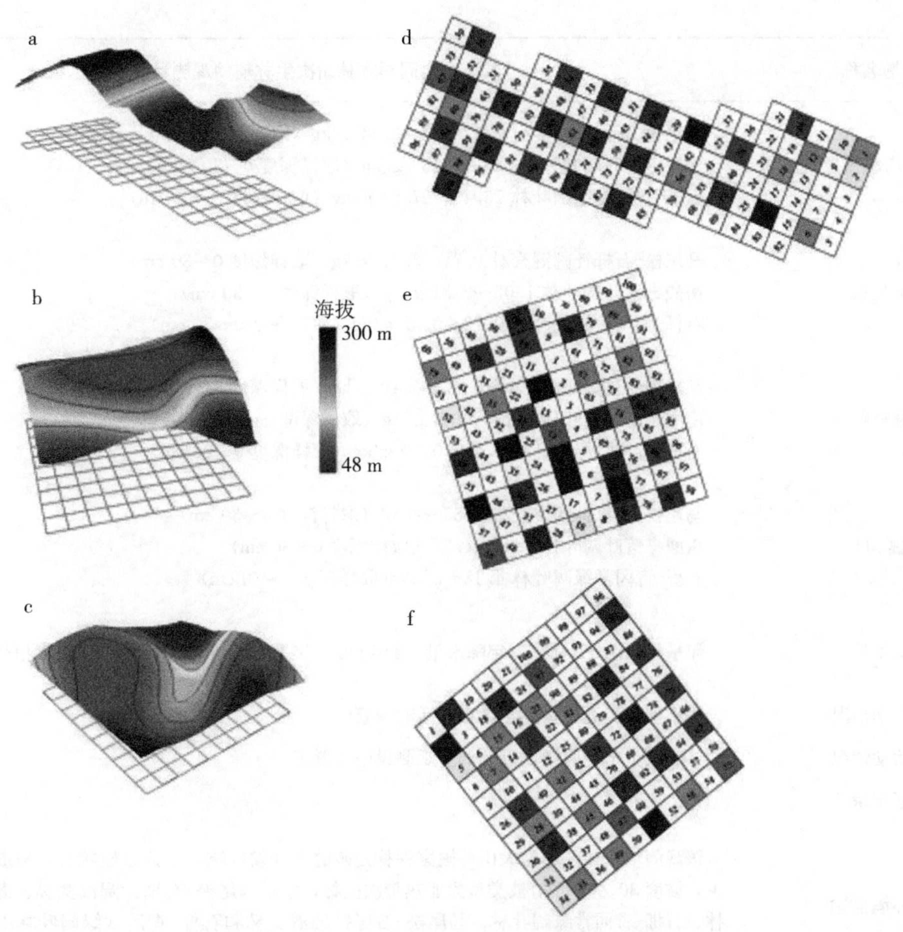

图 2-4　会同杉木林站次生林辅助观测场样地位置
（a 和 d 为马尾松-石栎针阔混交林，b 和 e 为南酸枣落叶阔叶林，c 和 f 为石栎-青冈常绿阔叶林）

表 2-5　会同杉木林站次生林辅助观测场基本情况

观测场名称	会同杉木林站次生林辅助观测场
观测场代码	HGFCS01
群落名称	马尾松-石栎针阔混交林、南酸枣落叶阔叶林、石栎-青冈常绿阔叶林
海拔高度/m	55～217
群落优势种	马尾松（*Pinus massoniana* Lamb.）、南酸枣［*Choerospondias axillaris*（Ro×b）B. L. Burtt & A. W. Hill］、青冈（*Quercus glauca* Thunb.）、石栎［*Lithocarpus glaber*（Thunb.）Nakai］
气候条件	亚热带季风气候
水分条件	地下水位深度 6 m
林下代表性植被	檵木［*Loropetalum chinense*（R. Br.）Oliv.］、冬青（*Ilex chinensis* Sims）、红淡比（*Cleyera japonica* Thunb.）、樟（*Camphora offcinarum* Nees ex Wall.）
林龄	70 年
母质或母岩	震旦纪板溪群变质岩、页岩为主体
土壤类型	山地森林红壤，风化程度高
土壤剖面土层厚度/cm	30

（续）

观测场名称	会同杉木林站次生林辅助观测场
土壤有机质	马尾松-石栎针阔混交林 12.94～43.34 g/kg（取样深度 0～30 cm） 南酸枣落叶阔叶林 17.48～47.69 g/kg（取样深度 0～30 cm） 石栎-青冈常绿阔叶林 16.43～67.93 g/kg（取样深度 0～30 cm）
土壤全氮	马尾松-石栎针阔混交林 0.74～3.47 g/kg（取样深度 0～30 cm） 南酸枣落叶阔叶林 1.05～2.31 g/kg（取样深度 0～30 cm） 石栎-青冈常绿阔叶林 0.73～3.32 g/kg（取样深度 0～30 cm）
土壤全磷	马尾松-石栎针阔混交林 0.07～0.19 g/kg（取样深度 0～30 cm） 南酸枣落叶阔叶林 0.13～0.44 g/kg（取样深度 0～10 cm） 石栎-青冈常绿阔叶林 0.20～0.40 g/kg（取样深度 0～30 cm）
土壤 pH	马尾松-石栎针阔混交林 3.85～4.48（取样深度 0～30 cm） 南酸枣落叶阔叶林 3.99～4.77（取样深度 0～30 cm） 石栎-青冈常绿阔叶林 4.18～5.03（取样深度 0～30 cm）
气象条件	年平均气温 17.3 ℃，年降水量 1 416 mm，年平均日照时数 1 500.6 h，年相对湿度高于 81%
动物活动情况	中小型爬行类、鸟类、昆虫等活动频繁
人类活动情况	试验人员定期取样，以及试验观测设施安置等
灾害记录	无
周围环境描述	该观测场所在区域为大山冲国家森林公园的未开发区域，保持原始状态，地形以山地丘陵为主，坡度 30°左右，植被类型为亚热带次生林，包括马尾松-石栎针阔混交林、南酸枣落叶阔叶林、石栎-青冈常绿阔叶林。马尾松-石栎针阔混交林和石栎-青冈常绿阔叶林中间由一条宽约 200 m 的溪谷隔开

该辅助观测场为我国亚热带次生林不同演替序列样地，依次代表演替早期（马尾松-石栎针阔混交林）、演替中期（南酸枣落叶阔叶林）和演替晚期（石栎-青冈常绿阔叶林）。自 20 世纪 50 年代末，该公园禁止一切人类活动干扰包括砍柴，次生林在近 70 年森林保护过程中发育而来。不同演替阶段次生林具有不同的结构和组成。群落优势种为马尾松、南酸枣、青冈、石栎、檵木等。会同杉木林站次生林辅助观测场可以进行生物、水文、土壤等的监测。

2.3 主要观测设施介绍

2.3.1 气象综合观测场

会同杉木林站于 1982 年建立了人工观测气象场（26°47′24″ N、109°35′25″ E，海拔 295.7 m），观测场大小为 16 m×16 m，坐北朝南，边界安装有 1.2 m 高的木质护栏，刷以白漆。观测场安装的气象观测常规仪器包括百叶箱（干湿球温度表和空气最高温度表、空气最低温度表）、地面普通温度表、地面最高温度表、地面最低温度表、曲管地温表（5 cm、10 cm、15 cm、20 cm 四支一套）、空气温湿度计、雨量筒和虹吸式雨量计、蒸发皿、蒸发器（E601）水银气压表及电接风向风速仪（图 2-5），仪器安装和气象数据观测满足中国气象局《地面气象观测规范》的要求。1988 年增加了自动观测气象站，观测的要素包括空气温湿度、降水量、气压、风向和风速、总辐射和光合有效辐射。2015 年 11 月更换了自动气象观测站，观测的要素包括空气温湿度、降水量、气压、风向和风速、总辐射、光合有效辐射、净辐射、7 个深度的土壤温度（0 cm、5 cm、10 cm、15 cm、20 cm、40 cm、100 cm）、6 个深度的土壤水分含量（5 cm、10 cm、15 cm、20 cm、40 cm、100 cm）。

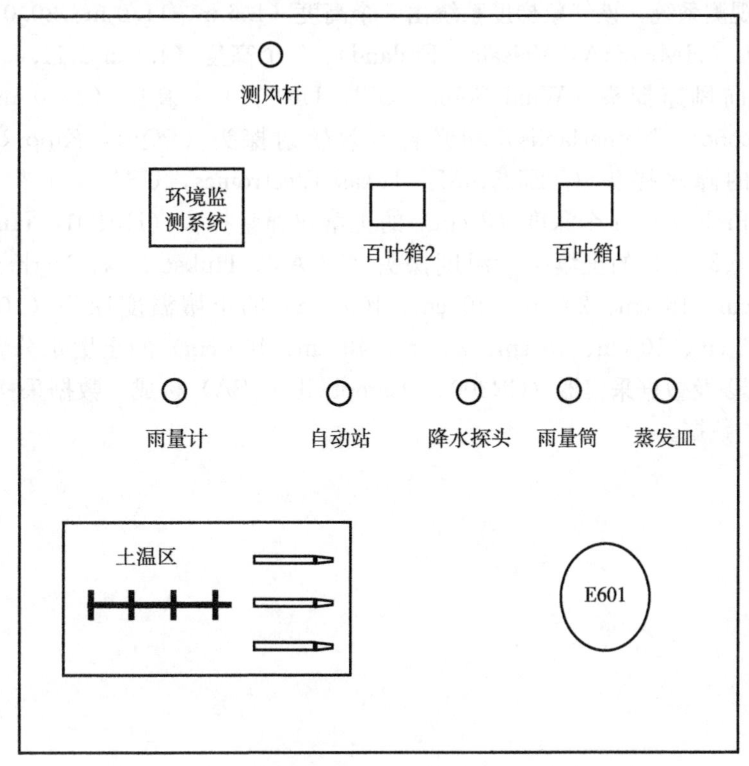

图 2-5　气象综合观测场（HGFQX01）仪器分布示意

2.3.2　林内气象观测场

会同杉木林站于 1982 年分别在Ⅱ、Ⅲ、Ⅶ号集水区建立了人工观测气象场，观测场大小为 3 m×3 m，边界安装有 1.2 m 高的木质护栏，刷以白漆。观测场安装的气象观测常规仪器包括百叶箱（干湿球温度表、空气最高温度表、空气最低温度表）地面普通温度表、地面最高温度表、地面最低温度表、曲管地温表（5 cm、10 cm、15 cm、20 cm 四支一套）、空气温湿度计、雨量筒和蒸发皿，仪器安装和气象数据观测满足中国气象局的《地面气象观测规范》要求。

2.3.3　通量观测场

会同杉木林站于 2007 年 4 月在Ⅱ号集水区建立了 32.5 m 高的通量观测塔（26°47′8″N、109°35′30″E，海拔 329.0 m）。通量观测系统安装于 32.5 m 高的南北向的延伸臂上，包括三维超声风速仪（CAST3，Campbell，USA）、红外 CO_2/H_2O 分析仪（LI-7500，LI-COR，USA）和数据采集器（CR1000，Campbell，USA），数据采样频率为 10 Hz，PC 卡存储原始数据和计算后的半小时通量数据。配套的气象梯度观测系统包括 5 个高度（1.4 m、8.5 m、14.0 m、22.6 m、32.5 m）的空气温湿度探头（HMP45D，Vaisala，Finland）、3 个高度（14.0 m、22.6 m、32.5 m）的风速探头（010C-1，Campbell，USA）和 1 个高度（32.5 m）的风向探头（020C-1，Campbell，USA），1 个高度（16.0 m）的净辐射探头（CNR1，Kipp & Zonen，Netherlands）和光合有效辐射探头（LI190SB，LI-COR，USA），1 个深度（10 cm）的土壤热通量探头（HFP01，Hukse flux，Netherlands）、1 个深度（5 cm）的土壤平衡温度探头（TCAV，Hukse flux，Netherlands）、4 个深度（5 cm、15 cm、30 cm、60 cm）的土壤温度探头（109-L，Campbell，USA）和土壤水分含量探头

（CS616，Campbell，USA），以及数据采集器（CR1000，Campbell，USA），数据采样频率为 1 Hz，存储 10 min 的平均数据。2015 年 11 月更换了红外 CO_2/H_2O 分析仪（LI－7500A，LI－COR，USA）及气象梯度观测系统，该气象梯度系统由 5 个高度（1.6 m、11.0 m、20.0 m、25.0 m、33.0 m）空气温湿度探头（HMP155A，Vaisala，Finland）、5 个高度（1.6 m、11.0 m、20.0 m、25.0 m、33.0 m）的风向风速探头（Wind Sonic，Gill，UK），1 个高度（25.0 m）的净辐射探头（CNR4，Kipp & Zonen，Netherlands）和光合有效辐射探头（PQS1，Kipp & Zonen，Netherlands），1 个高度的降水探头（TE525MM，Texas Electronics，USA），1 个高度的气压探头（CS106，Vaisala，Finland），1 个深度（8 cm）的土壤热通量探头（HFP01，Hukse flux，Netherlands）和 1 个深度（2 cm）的土壤平衡温度探头（TCAV，Hukse flux，Netherlands）、7 个深度（0 cm、5 cm、10 cm、15 cm、20 cm、40 cm、100 cm）的土壤温度探头（109－L，Campbell，USA）、6 个深度（5 cm、10 cm、15 cm、20 cm、40 cm、100 cm）的土壤水分含量探头（CS616，Campbell，USA），以及数据采集器（CR3000，Campbell，USA）构成，数据采样频率为 1 Hz，PC 卡存储 2 min 的平均数据。

第3章 联网长期观测数据

3.1 生物观测数据

3.1.1 群落的物种组成及生物量

3.1.1.1 概述

本数据集包含会同杉木林站不同林龄阶段的杉木人工林长期观测样地2018—2019年的观测数据，乔木层观测内容包括密度、单棵胸径（cm）、单棵树高（m）、干生物量（t/hm^2）、枝生物量（t/hm^2）、叶生物量（t/hm^2）、根生物量（t/hm^2）、地上生物量（t/hm^2）、总生物量（t/hm^2）；灌木层观测内容包括植物种类、叶干重（kg/hm^2）、根干重（kg/hm^2）、干干重（kg/hm^2）；草本层观测内容包括植物种类、叶干重（kg/hm^2）和根干重（kg/hm^2）。

3.1.1.2 数据采集与处理方法

每个林龄阶段各设置4个20 m× 20 m的永久样地（方），各样方分布的坡位、坡向不同，且样方间间距100 m以上。设置好样方后，乔木层进行每木检尺，测定并记录样方中每棵树的胸径（*DBH*）、树高（*H*）、冠幅、死枝下高和活枝下高。基于每木调查的数据，统计密度、平均胸径、平均高度，杉木各部分生物量由对应的生物量模型计算而来。

灌木层调查，在上述乔木层每个取样点分别设置1个2 m×2 m的小样方，用全收获法收集样方内所有灌木，记录物种名，称量每个灌木物种的鲜重。将其带回实验室，取适量样品，60 ℃恒温烘箱烘干至恒重，立即称量每个物种的干重。

在灌木小样方内，分别设置1个1 m×1 m的小样方，用全收获法收集样方内所有草本植物，立即称量每个物种的鲜重，并记录物种名和鲜重。将其带回实验室，取适量样品，60 ℃恒温烘箱烘干至恒重，立即称量每个物种的干重。

3.1.1.3 数据质量控制和评估

野外调查由熟练掌握野外观测规范和相关科技知识的人员组织进行，采样过程中严格遵守和执行各观测项目的操作规程。

野外调查时，现场鉴定和记录群落中的植物种名，少数现场不能鉴定的植物种类，采集标本并编号，查询《中国植物志》《中国高等植物图鉴》《湖南南岭地区热带性植物》等工具书，核实确认物种名后再录入。

杉木各部分生物量的确定采用在亚热带森林样地构建的包含胸径（*DBH*）和树高（*H*）两个观测变量的杉木特异性相对生长方程推算得到，提高了植物器官（如树叶和树枝）生物量预测的精度。

3.1.1.4 数据价值/数据使用方法和建议

本数据集包含了会同杉木林站乔木层、灌木层和草本层物种组成和生物量情况，展现了杉木生物量及其分配随林龄的变化特征，以及林下灌草的生物多样性和生物量变化，为相关科研工作者提供基础数据。

3.1.1.5 数据

2018年和2019年乔木层生物量见表3-1和表3-2，灌木层和草本层植物组成及生物量数据见表3-3和表3-4，不同林龄杉木人工林林分密度见表3-5。

表3-1 不同林龄杉木人工林长期观测样地乔木层生物量（2018年）

杉木种植年	样地	平均胸径/cm	平均高度/m	干生物量/(t/hm²)	枝生物量/(t/hm²)	叶生物量/(t/hm²)	根生物量/(t/hm²)	地上生物量/(t/hm²)	总生物量/(t/hm²)
1916	1	33.92	23.84	360.16	118.90	91.63	56.54	570.69	627.23
1916	2	23.75	20.98	272.92	71.57	55.05	45.17	399.54	444.71
1985	1	23.46	17.82	157.36	25.91	19.86	28.91	203.12	232.03
1985	2	27.76	18.32	210.64	39.31	30.15	37.18	280.10	317.28
1985	3	27.50	22.11	185.97	34.96	26.81	32.65	247.74	280.38
1985	4	27.02	16.49	211.83	38.12	29.23	37.67	279.18	316.85
1988	1	16.72	14.98	245.40	26.28	20.08	50.02	291.76	341.78
1988	2	17.97	15.47	280.33	32.61	24.92	55.86	337.86	393.72
1988	3	17.85	16.33	271.45	29.26	22.35	54.97	323.06	378.04
1988	4	19.31	16.31	259.20	31.58	24.14	50.94	314.92	365.86
1991	1	19.88	14.98	163.48	18.55	9.98	27.28	192.01	219.29
1991	2	22.99	15.47	232.59	26.38	13.44	36.47	272.41	308.88
1991	3	25.72	16.33	254.83	28.89	14.25	38.46	297.97	336.42
1991	4	25.46	16.31	230.73	26.16	12.93	34.90	269.81	304.71
1992	1	18.63	14.98	237.98	27.00	14.48	39.62	279.46	319.07
1992	2	18.20	15.47	201.83	22.90	12.67	34.80	237.41	272.21
1992	3	16.12	16.33	175.80	19.94	10.93	30.04	206.67	236.72
1992	4	18.03	16.31	192.07	21.80	12.32	33.93	226.18	260.11
1996	1	15.00	14.69	182.45	20.73	13.42	37.63	216.60	254.23
1996	2	13.48	12.29	169.02	19.21	13.26	37.50	201.48	238.98
1996	3	14.16	12.15	159.42	18.11	11.89	33.41	189.43	222.83
1996	4	17.80	13.00	168.10	19.09	11.90	33.20	199.09	232.29
2001	1	11.22	8.65	84.78	20.11	23.29	23.52	128.19	151.71
2001	2	13.93	8.54	85.89	20.33	22.79	23.71	129.01	152.73
2001	3	11.20	9.74	79.08	18.84	22.91	22.16	120.83	142.99
2001	4	15.28	13.49	87.31	20.56	21.64	23.80	129.51	153.31
2009	1	8.85	5.93	49.15	11.72	14.62	13.81	75.49	89.30
2006	2	10.28	6.36	40.23	9.62	12.13	11.36	61.98	73.34
2006	3	11.33	7.50	48.27	11.53	14.33	13.60	74.13	87.73
2006	4	9.63	7.33	47.88	11.49	15.05	13.63	74.41	88.04
2014	1	2.22	1.68	0.99	0.28	0.72	0.40	1.99	2.40
2014	2	2.85	1.99	1.01	0.27	0.67	0.38	1.96	2.34
2014	3	2.98	2.07	0.79	0.21	0.53	0.30	1.53	1.82
2014	4	2.96	1.60	1.00	0.27	0.64	0.36	1.91	2.27

表 3-2 不同林龄杉木人工林长期观测样地乔木层生物量（2019 年）

杉木种植年	样地	平均胸径/cm	干生物量/(t/hm^2)	枝生物量/(t/hm^2)	叶生物量/(t/hm^2)	根生物量/(t/hm^2)	地上生物量/(t/hm^2)	总生物量/(t/hm^2)
1916	1	24.12	280.31	74.01	56.93	46.31	411.25	457.56
1916	2	34.27	367.91	122.00	94.02	57.66	583.93	641.60
1985	1	23.86	163.77	27.39	20.99	29.95	212.15	242.10
1985	2	28.17	218.72	41.55	31.87	38.43	292.14	330.57
1985	3	27.90	193.18	37.04	28.41	33.75	258.63	292.38
1985	4	27.44	220.44	40.48	31.04	39.01	291.96	330.97
1988	1	17.11	259.38	28.44	21.73	52.54	309.54	362.08
1988	2	18.37	295.50	35.17	26.88	58.53	357.55	416.08
1988	3	18.26	287.02	31.73	24.24	57.75	343.00	400.75
1988	4	19.71	272.38	33.92	25.94	53.23	332.24	385.47
1991	1	20.25	171.34	19.44	10.35	28.25	201.13	229.37
1991	2	23.40	243.18	27.57	13.91	37.69	284.66	322.36
1991	3	26.14	266.27	30.19	14.73	39.70	311.19	350.89
1991	4	25.88	241.06	27.33	13.36	36.03	281.75	317.78
1992	1	19.02	249.88	28.34	15.05	41.12	293.28	334.40
1992	2	18.58	212.02	24.06	13.17	36.11	249.25	285.36
1992	3	16.48	184.49	20.93	11.37	31.21	216.79	248.01
1992	4	18.42	202.21	22.95	12.83	35.27	237.98	273.26
1996	1	15.38	193.97	22.03	14.08	39.40	230.09	269.49
1996	2	13.84	180.78	20.54	13.97	39.43	215.29	254.72
1996	3	14.52	169.70	19.28	12.48	35.01	201.46	236.47
1996	4	18.20	178.24	20.24	12.46	34.69	210.94	245.62
2001	1	11.52	90.23	21.38	24.46	24.98	136.08	161.05
2001	2	14.30	91.08	21.54	23.88	25.09	136.50	161.59
2001	3	11.58	84.59	20.13	24.15	23.64	128.88	152.52
2001	4	15.66	92.23	21.70	22.61	25.09	136.54	161.63
2009	1	9.12	53.10	12.65	15.51	14.88	81.25	96.13
2006	2	10.58	43.10	10.29	12.80	12.14	66.20	78.33
2006	3	11.67	51.86	12.37	15.14	14.57	79.37	93.94
2006	4	9.98	50.94	12.20	15.57	14.43	78.71	93.14
2014	1	5.77	2.00	0.40	0.79	0.46	3.19	3.65
2014	2	9.02	3.20	0.55	1.01	0.60	4.76	5.36
2014	3	6.54	1.78	0.30	0.55	0.33	2.63	2.96
2014	4	7.40	2.02	0.36	0.67	0.40	3.06	3.46

表 3-3 不同林龄杉木人工林长期观测样地灌木层植物种类及其生物量

观测年份	杉木种植年	样地	物种名	叶干重/(kg/hm^2)	根干重/(kg/hm^2)	干干重/(kg/hm^2)
2018	1916	1	杜茎山	43.34	95.91	102.63

（续）

观测年份	杉木种植年	样地	物种名	叶干重/（kg/hm²）	根干重/（kg/hm²）	干干重/（kg/hm²）
2018	1916	1	黄檀	0.72	15.86	32.21
2018	1916	1	矮地茶	1.55	5.88	1.96
2018	1916	1	栀子	2.71	3.11	6.39
2018	1916	1	常山	1.77	12.73	18.72
2018	1916	1	紫苏	2.30	16.84	20.77
2018	1916	1	九管血	1.79	17.89	9.87
2018	1916	2	杜茎山	132.88	139.37	249.43
2018	1916	2	矮地茶	1.00	6.44	5.95
2018	1916	2	栀子	2.44	3.70	10.59
2018	1916	2	黄檀	0.63	2.51	3.04
2018	1916	2	九管血	12.01	21.88	18.59
2018	1916	2	紫菀属	7.12	3.59	6.51
2018	1916	2	朱砂根	2.10	4.25	3.13
2018	1985	1	杜茎山	47.05	51.15	86.08
2018	1985	1	地桃花	15.29	14.43	39.10
2018	1985	1	山楂	0.38	12.95	13.25
2018	1985	1	菝葜	4.00	71.12	18.00
2018	1985	1	江南越橘	4.16	6.61	3.35
2018	1985	1	紫珠	1.68	4.61	4.21
2018	1985	2	杜茎山	76.63	53.08	91.44
2018	1985	2	南五味子	14.30	5.03	41.72
2018	1985	2	野漆	0.09	17.93	7.46
2018	1985	2	紫珠	0.24	5.41	6.22
2018	1985	2	地桃花	11.75	10.06	31.45
2018	1985	2	常山	3.16	8.14	4.34
2018	1985	2	江南越橘	7.87	11.62	15.45
2018	1985	3	黄樟	2.82	7.77	1.58
2018	1985	3	地桃花	31.38	33.9	129.58
2018	1985	3	杜茎山	61.43	63.18	81.49
2018	1985	3	山楂	2.00	31.93	5.92
2018	1985	3	菝葜	2.28	43.69	12.18
2018	1985	4	地桃花	11.70	16.23	40.12
2018	1985	4	紫苏	16.56	4.91	7.04
2018	1985	4	杜茎山	43.03	46.33	62.80
2018	1985	4	白栎	0.96	8.42	3.51
2018	1985	4	山楂	7.39	9.09	48.20
2018	1985	4	野漆	1.29	15.78	12.43
2018	1985	4	紫菀属	2.16	2.52	10.15

（续）

观测年份	杉木种植年	样地	物种名	叶干重/（kg/hm²）	根干重/（kg/hm²）	干干重/（kg/hm²）
2018	1988	1	杜茎山	129.94	162.74	341.95
2018	1988	1	酸藤子	2.77	2.35	7.17
2018	1988	1	大青	3.06	8.38	19.99
2018	1988	1	野漆	0.25	12.81	23.41
2018	1988	1	菝葜	0.99	49.96	6.10
2018	1988	1	地桃花	5.24	7.63	23.04
2018	1988	2	常山	8.42	4.47	4.34
2018	1988	2	杜茎山	67.58	131.54	279.39
2018	1988	2	野漆	0.07	0.27	0.54
2018	1988	2	细齿叶柃	18.97	34.00	105.63
2018	1988	2	润楠	3.05	1.57	2.66
2018	1988	3	赤楠	8.10	7.57	17.78
2018	1988	3	杜茎山	95.57	102.56	152.62
2018	1988	3	山楂	1.71	7.91	6.09
2018	1988	4	润楠	2.75	2.42	3.95
2018	1988	4	杜茎山	131.01	145.39	309.39
2018	1988	4	赤楠	2.10	7.04	4.66
2018	1988	4	玉簪	4.83	11.51	42.53
2018	1988	4	酸藤子	13.84	16.38	40.22
2018	1988	4	箬竹	3.60	16.93	6.00
2018	1988	4	常山	0.94	5.96	3.07
2018	1988	4	淡竹叶	0.14	0.05	0.77
2018	1991	1	杜茎山	42.26	80.12	51.26
2018	1991	1	油茶	4.75	8.53	3.21
2018	1991	1	菝葜	2.07	13.16	1.40
2018	1991	1	常山	0.32	0.19	0.18
2018	1991	2	杜茎山	64.10	99.40	98.77
2018	1991	2	木荷	4.26	0.90	2.06
2018	1991	2	山楂	0.55	8.60	15.61
2018	1991	2	菝葜	3.32	10.70	4.31
2018	1991	3	粗叶悬钩子	2.63	1.16	9.11
2018	1991	3	杜茎山	124.44	88.05	141.28
2018	1991	4	杜茎山	37.17	17.94	25.26
2018	1991	4	油茶	6.70	0.14	22.25
2018	1992	1	野漆	0.06	1.71	0.85
2018	1992	1	山楂	0.58	13.59	6.17
2018	1992	1	花椒簕	2.03	1.04	1.35
2018	1992	1	常山	1.36	2.12	1.00

（续）

观测年份	杉木种植年	样地	物种名	叶干重/(kg/hm²)	根干重/(kg/hm²)	干干重/(kg/hm²)
2018	1992	1	杜茎山	109.97	98.97	133.65
2018	1992	1	油茶	13.62	63.34	24.44
2018	1992	1	木荷	5.03	3.33	2.29
2018	1992	1	钩藤	5.61	6.55	4.13
2018	1992	1	檵木	0.92	18.68	10.38
2018	1992	1	荚蒾	1.24	1.40	4.55
2018	1992	1	白簕	1.13	1.68	5.36
2018	1992	1	地桃花	4.33	5.66	14.31
2018	1992	2	肉珊瑚	9.17	7.72	5.08
2018	1992	2	杜茎山	110.62	187.17	148.18
2018	1992	2	油茶	3.75	34.37	16.94
2018	1992	2	木荷	13.11	9.16	9.41
2018	1992	2	楝	0.73	4.36	6.09
2018	1992	2	黄樟	2.23	2.26	2.19
2018	1992	3	杜茎山	290.19	329.68	395.38
2018	1992	3	菝葜	0.42	1.69	1.00
2018	1992	3	山楂	0.36	12.16	7.00
2018	1992	3	油茶	5.44	27.81	12.84
2018	1992	4	木荷	11.35	9.39	6.04
2018	1992	4	山胡椒	5.18	12.56	11.82
2018	1992	4	杜茎山	122.87	142.07	144.05
2018	1992	4	油茶	4.99	31.65	9.84
2018	1992	4	光叶山矾	19.51	10.42	26.50
2018	1992	4	地桃花	2.05	4.57	6.13
2018	1992	4	常山	3.99	0.83	4.55
2018	1992	4	山楂	0.92	6.54	8.65
2018	1992	4	菝葜	4.16	43.28	11.54
2018	1996	1	杜茎山	132.54	182.34	212.21
2018	1996	1	紫珠	0.42	21.77	3.56
2018	1996	1	中华猕猴桃	0.52	13.78	22.93
2018	1996	2	杜茎山	25.04	30.82	60.61
2018	1996	2	网络夏藤	1.08	11.79	1.55
2018	1996	2	细齿叶柃	13.08	18.23	29.05
2018	1996	2	飞蛾槭	3.85	38.77	50.48
2018	1996	2	玉叶金花	1.46	10.09	6.33
2018	1996	3	油茶	67.95	318.88	573.72
2018	1996	3	野漆	0.00	4.13	3.45
2018	1996	3	杜茎山	5.55	4.87	10.04

（续）

观测年份	杉木种植年	样地	物种名	叶干重/（kg/hm²）	根干重/（kg/hm²）	干干重/（kg/hm²）
2018	1996	3	细齿叶柃	4.98	4.13	9.96
2018	1996	4	杜茎山	19.59	19.13	32.23
2018	1996	4	菝葜	0.99	28.03	9.89
2018	1996	4	细齿叶柃	6.91	113.69	77.65
2018	1996	4	苦槠	3.24	56.93	70.30
2018	1996	4	光叶山矾	7.20	49.38	30.52
2018	2001	1	杜茎山	80.45	78.92	105.03
2018	2001	2	杜茎山	131.83	135.41	194.47
2018	2001	2	常山	0.53	2.64	0.97
2018	2001	3	杜茎山	94.73	98.30	200.61
2018	2001	3	山楂	0.64	28.52	2.68
2018	2001	3	锥栗	0.08	0.34	0.61
2018	2001	4	杜茎山	28.87	16.05	27.26
2018	2001	4	黄檀	0.42	16.50	28.75
2018	2001	4	地桃花	1.69	0.77	3.71
2018	2001	4	木油桐	0.54	0.16	1.55
2018	2001	4	常山	4.00	6.38	9.29
2018	2001	4	山楂	0.05	0.57	
2018	2009	1	杜茎山	111.04	114.01	160.81
2018	2009	1	木荷	13.55	4.49	5.70
2018	2009	1	大青	1.15	6.99	8.23
2018	2009	1	细叶藤	2.51	2.08	3.16
2018	2009	1	油茶	3.11	19.49	5.70
2018	2009	1	江南越橘	1.12	23.53	20.34
2018	2009	1	檵木	3.22	27.31	26.17
2018	2009	1	马桑	58.65	86.19	74.09
2018	2009	1	粗叶悬钩子	0.78	2.30	0.94
2018	2009	1	钩藤	1.69	3.24	6.64
2018	2009	1	美丽胡枝子	0.30	0.37	0.28
2018	2006	2	马桑	98.00	230.32	640.19
2018	2006	2	菝葜	1.04	24.72	2.67
2018	2006	3	杜茎山	78.80	91.74	132.78
2018	2006	3	大青	1.84	1.79	3.18
2018	2006	3	黄檀	0.64	10.94	7.61
2018	2006	3	中华猕猴桃	1.92	3.94	0.94
2018	2006	4	杜茎山	86.84	75.56	111.88

表 3-4 不同林龄杉木人工林长期观测样地草本层植物种类及其生物量

观测年份	杉木种植年	样地	物种名	叶干重/（kg/hm²）	根干重/（kg/hm²）
2018	1916	1	狗脊	8.89	46.25
2018	1916	1	芒萁	64.61	33.88
2018	1916	1	白叶莓	2.15	0.47
2018	1916	2	瓦韦	1.53	0.97
2018	1916	2	麦冬	0.41	0.53
2018	1916	2	淡竹叶	1.24	2.49
2018	1916	2	常山	1.11	2.15
2018	1985	1	紫菀属	2.38	4.38
2018	1985	1	荨麻	0.33	1.12
2018	1985	1	龙牙草	3.46	1.48
2018	1985	1	芒	22.24	14.14
2018	1985	2	淡竹叶	1.31	1.53
2018	1985	2	芒	25.37	12.78
2018	1985	2	锯叮合耳菊	5.36	2.82
2018	1985	2	瓦韦	6.62	9.17
2018	1985	2	麦冬	1.67	2.65
2018	1985	2	薹草	0.40	0.54
2018	1985	2	寒莓	2.33	0.18
2018	1985	3	淡竹叶	0.46	0.14
2018	1985	3	紫苏	13.35	2.83
2018	1985	3	海金沙	2.69	1.12
2018	1988	1	淡竹叶	0.20	0.74
2018	1988	1	狗脊	91.65	118.92
2018	1988	1	箬竹	3.01	7.36
2018	1988	3	箬竹	16.10	24.21
2018	1988	3	狗脊	0.86	0.43
2018	1988	3	野漆	0.10	2.90
2018	1988	4	狗脊	59.46	164.45
2018	1991	1	芒萁	153.30	70.78
2018	1991	1	淡竹叶	4.52	7.27
2018	1991	1	狗脊	44.35	136.95
2018	1991	1	钩藤	4.92	4.27
2018	1991	1	麦冬	6.16	4.39
2018	1991	2	狗脊	6.31	23.69
2018	1991	2	淡竹叶	9.18	29.09
2018	1991	2	紫萁	2.28	40.65
2018	1991	3	狗脊	203.51	348.12
2018	1991	3	蕺菜	0.19	0.43
2018	1991	4	狗脊	54.44	113.87

（续）

观测年份	杉木种植年	样地	物种名	叶干重/（kg/hm²）	根干重/（kg/hm²）
2018	1991	4	水龙骨科	12.75	9.64
2018	1992	1	狗脊	105.92	168.68
2018	1992	1	麦冬	2.13	0.96
2018	1992	2	淡竹叶	0.15	1.45
2018	1992	2	狗脊	33.61	46.56
2018	1992	3	狗脊	111.76	151.48
2018	1992	3	紫萁	12.09	72.15
2018	1992	3	木荷	0.70	0.63
2018	1992	4	狗脊	73.62	111.98
2018	1992	4	紫萁	12.10	49.38
2018	1996	1	麦冬	13.03	17.60
2018	1996	1	狗脊	224.00	331.92
2018	1996	1	淡竹叶	4.39	0.75
2018	1996	1	楼梯草	3.74	2.07
2018	1996	1	络石	0.53	1.38
2018	1996	1	过路黄	2.04	1.51
2018	1996	1	水蓼	0.28	0.09
2018	1996	1	粗叶悬钩子	3.22	2.23
2018	1996	1	海金沙	0.63	0.03
2018	1996	1	牛膝	11.07	4.21
2018	1996	1	瓦韦	0.25	0.44
2018	1996	1	常山	1.41	1.38
2018	1996	2	麦冬	1.87	3.52
2018	1996	2	金星蕨	22.48	40.88
2018	1996	2	狗脊	17.90	24.22
2018	1996	2	常山	1.55	1.03
2018	1996	2	中华猕猴桃	0.66	0.25
2018	1996	3	狗脊	15.91	35.57
2018	1996	3	金星蕨	21.79	35.55
2018	1996	3	中华猕猴桃	1.33	1.09
2018	1996	3	麦冬	0.41	1.03
2018	1996	3	菝葜	0.48	1.41
2018	1996	4	金星蕨	16.91	26.03
2018	1996	4	狗脊	65.42	121.18
2018	1996	4	卷柏	23.14	3.94
2018	1996	4	心叶球兰	0.40	0.10
2018	1996	4	野牡丹科	0.49	0.03
2018	1996	4	麦冬	1.48	2.05

（续）

观测年份	杉木种植年	样地	物种名	叶干重/（kg/hm²）	根干重/（kg/hm²）
2018	1996	4	赤车	13.01	4.94
2018	1996	4	野漆	1.22	0.98
2018	2001	1	狗脊	142.54	141.89
2018	2001	2	狗脊	113.25	143.10
2018	2001	3	乌蕨	0.88	0.76
2018	2001	3	淡竹叶	0.32	0.64
2018	2001	3	狗脊	2.59	10.54
2018	2001	4	中华猕猴桃	3.50	11.87
2018	2001	4	麦冬	0.28	0.13
2018	2001	4	过路黄	6.08	0.32
2018	2001	4	淡竹叶	0.60	0.80
2018	2001	4	委陵菜	0.60	0.25
2018	2001	4	芒	92.77	93.30
2018	2009	1	芒	35.60	42.11
2018	2009	1	芒萁	21.23	13.97
2018	2006	2	芒	161.70	0.30
2018	2006	2	麦冬	0.63	0.36
2018	2006	3	狗脊	35.32	39.44
2018	2006	3	芒	466.42	182.03
2018	2006	3	麦冬	1.71	1.72
2018	2006	4	狗脊	24.75	30.24
2018	2006	4	芒	364.27	460.06
2018	2014	1	白叶莓	8.75	3.66
2018	2014	1	芒	166.30	61.92
2018	2014	1	马唐	22.82	0.09
2018	2014	2	马唐	27.59	0.95
2018	2014	2	白叶莓	24.12	7.10
2018	2014	2	芒	102.05	23.47
2018	2014	3	芒	136.96	33.29
2018	2014	4	芒	150.66	74.98

表 3-5 不同林龄杉木人工林长期观测样地林分密度

观测年份	杉木种植年	样地	密度/（棵/hm²）	观测年份	杉木种植年	样地	密度/（棵/hm²）
2018	1916	1	650	2018	1985	4	775
2018	1916	2	800	2018	1988	1	2 925
2018	1985	1	800	2018	1988	2	2 775
2018	1985	2	750	2018	1988	3	2 875
2018	1985	3	625	2018	1988	4	2 200

（续）

观测年份	杉木种植年	样地	密度/（棵/hm²）	观测年份	杉木种植年	样地	密度/（棵/hm²）
2018	1991	1	1 375	2018	2001	1	3 975
2018	1991	2	1 450	2018	2001	2	2 825
2018	1991	3	1 275	2018	2001	3	4 150
2018	1991	4	1 175	2018	2001	4	2 225
2018	1992	1	2 200	2018	2009	1	3 675
2018	1992	2	2 050	2018	2006	2	2 575
2018	1992	3	2 100	2018	2006	3	2 600
2018	1992	4	2 100	2018	2006	4	3 575
2018	1996	1	3 350	2018	2014	1	4 375
2018	1996	2	4 100	2018	2014	2	3 375
2018	1996	3	3 350	2018	2014	3	2 450
2018	1996	4	2 775	2018	2014	4	2 275

3.1.2　凋落物季节动态及现存量数据集

3.1.2.1　概述

本数据集包含会同杉木林站 7 个不同林龄阶段的杉木人工林长期观测样地 2018—2019 年的观测数据，凋落物季节动态观测内容包括枯枝干重（g/m²）、枯叶干重（g/m²）、落果干重（g/m²）、残渣干重（g/m²）和其他干重（g/m²），凋落物现存量观测内容包括总凋落物量（kg/hm²）、未分解凋落物量（kg/hm²）、半分解凋落物量（kg/hm²）和完全分解凋落物量（kg/hm²）。

3.1.2.2　数据采集与处理方法

每个林龄阶段各设置 4 个 20 m× 20 m 的永久样地（方），各样地分布的坡位、坡向不同，且样地间间距 100 m 以上。在永久样地安装 1 m × 1 m 的凋落物收集框，收集框由蓝色尼龙网（孔径 1 mm）和白色 PVC 塑料管组合而成，距离地面高度 60 cm，尼龙网的中部接近于地面。每个标准样地随机在长势良好的一棵杉木旁、两棵杉木中间、三棵杉木中间分别布置一个凋落物收集框。

凋落物季节动态观测：2018 年 4 月、2018 年 7 月、2018 年 10 月和 2019 年 1 月，每月底收取永久样地内收集框的凋落物，对应春、夏、秋、冬四个季节的变化，总共收取样品 12 次。对收集到的杉木凋落物按照凋落枝、叶、果、残渣和其他凋落物进行分类，分别称取湿重，并记录。将所有样品在 65 ℃烘箱中烘干至恒重，称取凋落物干重并记录数据，计算含水量，再换算成每公顷的凋落物凋落量。

凋落物现存量观测：2018 年 10 月，在永久样地内进行地表凋落物现存量调查。采取 3 点取样法，即在样地的对角线上中下各选取 0.5 m×0.5 m 的 3 个小样方，收取小样方内所有的凋落物，包括未分解层、半分解层、完全分解层，分别称取湿重，并记录。将所有样品在 65 ℃烘箱中烘干至恒重，称取凋落物干重并记录数据，计算含水量，再换算成每公顷的凋落物现存量。

3.1.2.3　数据质量控制和评估

凋落物收集过程中，严格遵守和执行各观测项目的操作规程。每次收集凋落物前检查凋落物收集框的水平和完好状况，并及时调整。月份间的数据虽然没有增加或减少的必然趋势，但仍具有一定的季节性，不同样地同一类型凋落物干重也具有一定程度的稳定性，可以通过不同样地间的基本稳定性来判断数据的合理性，从数据有无缺失判断数据的完整性。

3.1.2.4 数据价值/数据使用方法和建议

凋落物是森林生态系统养分归还的重要途径，在维持土壤肥力、促进养分循环方面有着特别重要的作用。因此，研究凋落物季节动态及现存量对人工林经营和管理有着重要的意义。

3.1.2.5 数据

凋落物季节动态见表 3-6，凋落物现存量数据见表 3-7。

表 3-6 不同林龄杉木人工林长期观测样地凋落物季节动态

时间	杉木种植年	样地	枯枝干重/ (g/m²)	枯叶干重/ (g/m²)	落果干重/ (g/m²)	其他干重/ (g/m²)	残渣干重/ (g/m²)
2018-04	1916	1	49.69	109.50	24.86	71.53	34.52
2018-04	1916	2	39.11	116.92	35.13	14.18	23.72
2018-04	1985	1	34.81	74.81	5.94	1.13	8.40
2018-04	1985	2	49.96	89.56	20.25	1.06	10.30
2018-04	1985	3	27.34	68.61	12.54	0.66	6.30
2018-04	1985	4	68.24	124.37	22.71	0.57	8.27
2018-04	1988	1	79.84	158.58	22.36	8.99	11.32
2018-04	1988	2	62.99	114.13	39.65	1.52	11.28
2018-04	1988	3	39.13	82.13	28.99	0.53	10.09
2018-04	1988	4	33.23	95.94	19.30	1.34	9.93
2018-04	1991	1	41.59	78.84	11.64	8.51	7.39
2018-04	1991	2	49.30	85.18	21.82	10.48	6.45
2018-04	1991	3	31.36	64.52	14.21	1.47	7.11
2018-04	1991	4	40.18	85.53	11.50	0.12	6.11
2018-04	1992	1	11.63	30.70	2.36	9.25	7.96
2018-04	1992	2	29.30	44.77	4.71	36.28	5.28
2018-04	1992	3	39.79	45.18	2.79	10.73	4.10
2018-04	1992	4	22.66	61.39	7.56	18.35	4.77
2018-04	1996	1	52.80	112.59	12.12	4.35	9.03
2018-04	1996	2	116.69	270.13	15.02	10.18	15.56
2018-04	1996	3	122.84	220.54	15.55	1.64	15.25
2018-04	1996	4	50.33	122.00	22.54	1.97	11.66
2018-04	2001	1	22.66	65.73	3.22	3.52	5.19
2018-04	2001	2	28.49	77.11	4.92	1.94	3.50
2018-04	2001	3	45.67	97.54	0.02	3.60	6.65
2018-04	2001	4	59.31	84.03	0.28	6.93	5.42
2018-04	2009	1	2.76	9.67	0.00	0.92	1.32
2018-04	2006	2	1.70	8.79	0.00	1.52	2.79
2018-04	2006	3	4.41	15.85	3.95	5.32	4.54
2018-04	2006	4	7.73	23.26	9.34	0.81	3.69
2018-07	1916	1	24.67	51.43	24.81	20.00	19.45
2018-07	1916	2	19.13	59.13	18.48	15.32	18.16
2018-07	1985	1	3.36	11.70	4.83	1.37	8.23

（续）

时间	杉木种植年	样地	枯枝干重/(g/m²)	枯叶干重/(g/m²)	落果干重/(g/m²)	其他干重/(g/m²)	残渣干重/(g/m²)
2018-07	1985	2	21.04	25.11	12.46	0.67	9.21
2018-07	1985	3	7.36	18.81	4.72	0.21	7.71
2018-07	1985	4	24.18	36.79	6.76	0.54	10.41
2018-07	1988	1	12.33	17.49	4.16	11.97	6.70
2018-07	1988	2	39.30	65.28	22.73	14.08	7.48
2018-07	1988	3	68.45	115.72	29.61	5.17	10.23
2018-07	1988	4	25.43	43.45	18.34	3.88	6.76
2018-07	1991	1	4.98	13.36	2.90	1.01	6.60
2018-07	1991	2	18.61	38.43	13.30	15.50	17.35
2018-07	1991	3	15.48	25.28	8.45	0.12	12.50
2018-07	1991	4	15.40	25.70	6.45	0.08	8.33
2018-07	1992	1	9.82	10.11	0.49	16.94	6.76
2018-07	1992	2	16.99	11.65	1.21	21.57	8.43
2018-07	1992	3	16.21	26.95	2.20	33.06	5.11
2018-07	1992	4	13.37	17.74	1.54	12.33	4.66
2018-07	1996	1	47.89	61.66	6.73	7.02	5.33
2018-07	1996	2	16.98	31.58	1.40	7.92	6.23
2018-07	1996	3	7.47	15.93	0.97	0.34	4.69
2018-07	1996	4	35.88	62.14	10.45	1.91	6.92
2018-07	2001	1	4.36	23.43	0.97	3.85	4.50
2018-07	2001	2	45.91	102.35	12.13	7.22	6.64
2018-07	2001	3	6.45	29.24	0.06	9.82	5.96
2018-07	2001	4	25.25	57.91	1.37	14.52	4.51
2018-07	2009	1	0.89	3.57	0.00	0.14	3.34
2018-07	2006	2	0.52	4.00	0.00	0.72	6.45
2018-07	2006	3	3.11	10.04	0.13	2.57	8.98
2018-07	2006	4	4.16	16.52	4.18	0.23	4.66
2018-10	1916	1	10.01	32.98	6.58	26.96	7.12
2018-10	1916	2	15.03	31.96	4.42	23.26	13.91
2018-10	1985	1	11.54	29.89	2.69	0.84	3.37
2018-10	1985	2	22.21	48.11	9.36	0.64	5.64
2018-10	1985	3	17.55	41.23	5.76	1.16	3.08
2018-10	1985	4	31.85	19.60	4.78	1.55	3.16
2018-10	1988	1	19.09	48.18	7.66	12.71	3.82
2018-10	1988	2	11.23	32.98	4.11	2.95	3.36
2018-10	1988	3	15.52	39.40	8.18	0.29	4.57
2018-10	1988	4	8.54	26.10	4.20	7.92	3.82
2018-10	1991	1	19.47	66.69	3.63	1.79	5.14

（续）

时间	杉木种植年	样地	枯枝干重/(g/m²)	枯叶干重/(g/m²)	落果干重/(g/m²)	其他干重/(g/m²)	残渣干重/(g/m²)
2018-10	1991	2	27.50	25.07	7.01	43.88	6.02
2018-10	1991	3	17.90	36.02	9.50	0.26	5.22
2018-10	1991	4	9.43	24.75	5.24	0.87	5.35
2018-10	1992	1	3.64	9.67	0.69	11.09	2.74
2018-10	1992	2	8.81	26.01	2.51	18.78	3.59
2018-10	1992	3	17.92	23.46	0.39	67.53	5.46
2018-10	1992	4	9.00	21.43	2.57	30.34	2.41
2018-10	1996	1	8.90	27.59	1.55	9.82	4.44
2018-10	1996	2	11.50	26.42	1.75	21.49	2.91
2018-10	1996	3	14.06	24.14	1.62	0.75	4.13
2018-10	1996	4	11.68	30.32	4.07	1.55	3.98
2018-10	2001	1	9.24	29.63	0.15	21.84	3.17
2018-10	2001	2	18.73	34.94	1.88	5.22	2.90
2018-10	2001	3	29.36	28.42	2.29	31.24	4.27
2018-10	2001	4	8.98	19.97	0.46	42.39	2.06
2018-10	2009	1	16.78	31.86	8.83	0.54	1.33
2018-10	2006	2	0.00	0.76	0.00	1.48	2.74
2018-10	2006	3	0.50	1.83	0.23	5.69	3.18
2018-10	2006	4	2.40	11.05	2.69	1.11	2.85
2019-01	1916	1	48.67	123.15	30.28	23.29	7.77
2019-01	1916	2	36.91	109.40	25.27	54.55	9.04
2019-01	1985	1	33.40	96.20	9.17	1.03	3.43
2019-01	1985	2	41.00	94.90	13.21	1.09	6.32
2019-01	1985	3	48.38	88.41	21.16	5.12	5.83
2019-01	1985	4	33.08	101.45	19.18	0.57	5.06
2019-01	1988	1	11.57	34.05	5.70	2.16	3.62
2019-01	1988	2	32.75	69.48	5.71	0.69	2.16
2019-01	1988	3	15.84	42.78	7.68	0.37	3.65
2019-01	1988	4	15.79	49.70	12.79	1.14	4.04
2019-01	1991	1	32.36	84.53	11.79	4.20	2.94
2019-01	1991	2	28.44	58.36	8.59	25.34	2.70
2019-01	1991	3	42.57	105.04	20.61	2.76	4.42
2019-01	1991	4	18.63	52.59	6.11	0.15	4.25
2019-01	1992	1	35.97	94.34	3.58	6.65	3.63
2019-01	1992	2	29.30	72.07	4.13	12.17	3.29
2019-01	1992	3	21.86	39.74	1.51	10.94	1.82
2019-01	1992	4	25.88	86.22	9.43	24.17	3.85
2019-01	1996	1	21.66	45.31	5.08	12.67	4.16

（续）

时间	杉木种植年	样地	枯枝干重/（g/m²）	枯叶干重/（g/m²）	落果干重/（g/m²）	其他干重/（g/m²）	残渣干重/（g/m²）
2019－01	1996	2	17.07	25.56	0.88	4.64	2.83
2019－01	1996	3	14.30	34.14	4.71	1.43	3.31
2019－01	1996	4	8.76	30.33	5.70	4.51	2.11
2019－01	2001	1	21.98	65.13	2.45	19.87	12.56
2019－01	2001	2	11.11	39.06	8.98	7.64	3.03
2019－01	2001	3	44.17	92.34	0.91	17.81	3.69
2019－01	2001	4	33.44	97.48	1.98	37.56	5.60
2019－01	2009	1	10.67	42.85	1.59	0.72	1.00
2019－01	2006	2	3.34	8.96	1.42	8.87	2.11
2019－01	2006	3	1.96	5.89	1.08	7.64	3.97
2019－01	2006	4	2.46	11.49	5.32	3.44	0.50

表 3－7　不同林龄杉木人工林长期观测样地凋落物现存量

观测年份	杉木种植年	样地	半分解凋落物量/（kg/hm²）	完全分解凋落物量/（kg/hm²）	未分解凋落物量/（kg/hm²）	总凋落物量/（kg/hm²）
2018	1916	1	3 022.80	822.27	797.73	4 642.80
2018	1916	2	2 285.74	1 196.32	1 007.22	4 489.28
2018	1985	1	2 177.47	1 691.87	641.77	4 511.10
2018	1985	2	2 938.13	1 531.20	920.49	5 389.83
2018	1985	3	3 284.80	1 109.33	1 091.87	5 486.00
2018	1985	4	2 499.20	963.33	1 847.97	5 310.50
2018	1988	1	1 905.20	1 562.27	1 293.47	4 760.93
2018	1988	2	2 535.33	1 530.13	1 325.80	5 391.26
2018	1988	3	3 683.87	846.13	3 077.73	7 607.73
2018	1988	4	2 583.87	2 091.87	2 463.87	7 139.60
2018	1991	1	2 540.00	2 539.33	1 765.35	6 844.68
2018	1991	2	5 528.80	2 865.73	802.40	9 196.93
2018	1991	3	2 257.60	1 495.47	1 111.47	4 864.53
2018	1991	4	2 782.40	1 135.87	1 423.07	5 341.33
2018	1992	1	5 105.47	3 593.20	885.38	9 584.04
2018	1992	2	3 076.67	2 949.43	1 515.41	7 541.51
2018	1992	3	4 635.87	3 045.73	1 789.07	9 470.67
2018	1992	4	2 786.80	4 323.73	1 320.40	8 430.93
2018	1996	1	3 625.07	3 489.36	1 714.93	8 829.37
2018	1996	2	3 118.67	1 470.00	1 545.56	6 134.23
2018	1996	3	3 930.53	2 858.45	772.53	7 561.51
2018	1996	4	2 323.21	1 972.07	1 099.47	5 394.75
2018	2001	1	3 428.46	1 293.73	941.20	5 663.40

（续）

观测年份	杉木种植年	样地	半分解凋落物量/(kg/hm²)	完全分解凋落物量/(kg/hm²)	未分解凋落物量/(kg/hm²)	总凋落物量/(kg/hm²)
2018	2001	2	3 050.67	1 240.65	964.80	5 256.12
2018	2001	3	2 660.43	1 954.13	755.20	5 369.76
2018	2001	4	3 623.17	1 859.87	235.20	5 718.23
2018	2009	1	1 396.59	532.00	603.82	2 532.41
2018	2006	2	770.27	261.87	566.27	1 598.40
2018	2006	3	1 061.60	233.47	719.57	2 014.63
2018	2006	4	444.40	206.67	507.73	1 158.80

3.1.3 元素含量数据集

3.1.3.1 概述

本数据集包含会同杉木林站7个不同林龄阶段的杉木人工林长期观测样地2018—2019年的观测数据，观测内容包括杉木干、枝、叶、根等不同采样部位的碳储量（t/hm^2）、氮储量（kg/hm^2）和磷储量（kg/hm^2）。

3.1.3.2 数据采集与处理方法

每个林龄阶段各设置4个20 m×20 m的永久样地（方），各样地分布的坡位、坡向不同，且样地间间距100 m以上。在每个样地的上坡（距样地上坡边1 m左右）、中坡（样地的中心位置）和下坡（距样地下坡边1 m左右）3个位置分别选取1个点作为取样点，在每个取样点选择1棵生长良好的、平均胸径和平均树高大小的杉木，进行杉木各器官样品的采集。

树干样品采集：采用生长锥法在树干胸高直径处（离地面1.3 m）锥取树干样品。每个样地样品重约500 g。

树枝和树叶样品采集：于每棵树树冠上层、中层和下层，随机采集3根带针叶的标准枝，并将每个样地的标准枝混合起来。然后将枝和针叶分离获得树枝和树叶样品。每个样地枝和针叶样品重均约1 000 g。

树根样品采集：采用“顺藤摸瓜”的方法于每棵树干四周沿着根进行人工挖掘，然后将粗根（根直径≥2 mm）和细根（根直径＜2 mm）从树根上剪下。每个样地粗根样品重约500 g和细根样品重约100 g。

采集样品均装于塑料保鲜袋，带回实验室进行后续实验。每个样品各选取100 g左右样品，置于60 ℃恒温烘箱烘干至恒重。将其粉碎，过60目筛，保存以测定其矿质元素含量。植物样品磷含量测定采用钼锑抗比色法，碳和氮含量采用元素分析仪（Vario ELⅢ，Elementar，Germany）测定。

3.1.3.3 数据质量控制和评估

采集植物分析样品时，严格按照观测规范要求，完成规定的采样点数、样地重复数。室内元素分析时严格检查实验环境条件、仪器及各种实验耗材的性能和状态、试剂和药品纯度，同时及时记录和分析实验数据，如出现异常值马上重测，如果平行样品之间的数值差异较大，也要通过增加测试数量排除异常值。

3.1.3.4 数据价值/数据使用方法和建议

本数据集包含了会同杉木林站不同林龄杉木各器官中主要矿质元素的含量数据，这些数据不仅能反映植物生长的情况，也是衡量土壤环境质量的重要指标。植物不同器官中元素含量差异也较大，可以了解植物体内各种养分元素的积累和分配特征。

3.1.3.5 数据

2018 年和 2019 年不同林龄样地杉木各采样部位矿质元素含量见表 3－8 和表 3－9。

表 3－8　不同林龄杉木人工林长期观测样地矿质元素含量（2018 年）

杉木种植年	样地	采样部位	磷储量/（kg/hm²）	氮储量/（kg/hm²）	碳储量/（t/hm²）
1916	1	干	83.89	130.25	170.00
1916	2	干	19.49	78.01	132.28
1985	1	干	15.19	14.72	75.45
1985	2	干	18.12	7.31	101.07
1985	3	干	14.88	11.63	89.32
1985	4	干	15.24	16.08	101.72
1988	1	干	15.37	20.11	117.35
1988	2	干	19.60	51.95	136.07
1988	3	干	17.18	6.31	131.49
1988	4	干	13.57	21.09	123.09
1991	1	干	11.54	13.31	77.93
1991	2	干	13.85	1.35	111.22
1991	3	干	16.72	2.98	120.33
1991	4	干	17.91	2.31	110.36
1992	1	干	16.86	4.76	110.42
1992	2	干	11.68	2.35	97.59
1992	3	干	11.83	55.43	94.67
1992	4	干	7.75	5.62	92.25
1996	1	干	24.66	116.14	89.53
1996	2	干	22.84	107.59	82.94
1996	3	干	7.00	68.60	77.69
1996	4	干	11.76	82.59	80.08
2001	1	干	2.44	23.84	40.24
2001	2	干	9.77	38.24	41.96
2001	3	干	4.98	29.76	38.42
2001	4	干	6.67	58.80	42.76
2009	1	干	3.89	27.32	24.16
2006	2	干	3.20	16.14	19.78
2006	3	干	4.09	22.35	23.56
2006	4	干	3.51	28.93	23.43
2014	1	干	0.10	0.79	0.49
2014	2	干	0.10	0.81	0.51
2014	3	干	0.08	0.63	0.39
2014	4	干	0.10	0.80	0.50
1916	1	枝	135.55	1 117.66	54.08
1916	2	枝	65.85	458.07	33.33

（续）

杉木种植年	样地	采样部位	磷储量/（kg/hm²）	氮储量/（kg/hm²）	碳储量/（t/hm²）
1985	1	枝	18.14	152.87	11.83
1985	2	枝	29.87	283.02	17.84
1985	3	枝	22.02	195.77	16.21
1985	4	枝	27.45	236.35	17.28
1988	1	枝	20.50	283.87	12.65
1988	2	枝	33.59	264.12	14.31
1988	3	枝	18.43	163.86	13.19
1988	4	枝	23.05	214.73	14.31
1991	1	枝	15.58	127.97	8.67
1991	2	枝	15.83	179.36	11.98
1991	3	枝	28.03	190.69	13.17
1991	4	枝	18.31	138.65	11.74
1992	1	枝	18.36	175.47	12.63
1992	2	枝	24.73	235.88	10.43
1992	3	枝	14.56	153.57	9.52
1992	4	枝	16.35	156.93	10.21
1996	1	枝	18.65	153.37	9.60
1996	2	枝	17.29	142.14	8.90
1996	3	枝	13.22	108.67	8.30
1996	4	枝	16.04	133.63	8.84
2001	1	枝	13.27	134.76	8.96
2001	2	枝	9.96	122.00	9.19
2001	3	枝	11.12	101.75	8.77
2001	4	枝	18.50	156.22	9.31
2009	1	枝	8.32	60.97	5.62
2006	2	枝	8.17	67.32	4.45
2006	3	枝	8.42	76.10	5.30
2006	4	枝	7.24	49.39	5.34
2014	1	枝	0.22	1.83	0.13
2014	2	枝	0.33	1.94	0.11
2014	3	枝	0.20	1.67	0.10
2014	4	枝	0.28	2.57	0.12
1916	1	叶	115.45	1 411.08	41.64
1916	2	叶	60.56	655.10	27.17
1985	1	叶	14.89	222.41	9.96
1985	2	叶	23.82	361.78	15.65
1985	3	叶	17.69	284.18	12.86
1985	4	叶	21.04	321.51	14.38

（续）

杉木种植年	样地	采样部位	磷储量/（kg/hm²）	氮储量/（kg/hm²）	碳储量/（t/hm²）
1988	1	叶	14.86	130.51	9.24
1988	2	叶	30.41	376.32	12.18
1988	3	叶	16.76	239.16	10.69
1988	4	叶	17.62	270.40	11.09
1991	1	叶	8.09	130.78	4.89
1991	2	叶	11.56	178.80	6.45
1991	3	叶	14.11	176.68	6.88
1991	4	叶	12.28	157.69	6.14
1992	1	叶	10.28	169.44	7.01
1992	2	叶	20.53	186.29	5.85
1992	3	叶	9.18	145.37	5.11
1992	4	叶	11.46	189.73	5.97
1996	1	叶	11.68	189.23	6.56
1996	2	叶	11.53	186.94	6.48
1996	3	叶	12.25	172.41	5.77
1996	4	叶	8.57	136.90	5.84
2001	1	叶	17.94	284.17	10.80
2001	2	叶	15.27	262.05	11.14
2001	3	叶	14.44	226.85	11.08
2001	4	叶	24.46	346.30	10.12
2009	1	叶	13.16	160.80	7.01
2006	2	叶	12.50	174.70	5.59
2006	3	叶	13.32	202.01	6.87
2006	4	叶	12.94	165.53	7.19
2014	1	叶	0.48	8.52	0.33
2014	2	叶	0.68	10.06	0.32
2014	3	叶	0.52	7.15	0.24
2014	4	叶	0.60	9.40	0.30
1916	1	根	24.88	599.36	26.50
1916	2	根	14.91	343.29	21.27
1985	1	根	12.43	228.36	13.53
1985	2	根	21.57	427.60	17.26
1985	3	根	20.57	297.07	15.11
1985	4	根	12.81	233.58	17.55
1988	1	根	22.51	425.14	22.92
1988	2	根	30.16	620.04	26.23
1988	3	根	24.74	538.73	25.90
1988	4	根	17.32	402.45	23.80

（续）

杉木种植年	样地	采样部位	磷储量/（kg/hm²）	氮储量/（kg/hm²）	碳储量/（t/hm²）
1991	1	根	10.64	256.47	12.13
1991	2	根	12.40	320.92	18.84
1991	3	根	18.84	380.70	17.23
1991	4	根	13.61	265.22	15.90
1992	1	根	13.47	225.81	17.80
1992	2	根	13.22	254.03	15.61
1992	3	根	10.52	270.39	13.86
1992	4	根	14.25	308.75	15.58
1996	1	根	20.69	327.35	17.48
1996	2	根	20.62	326.23	17.42
1996	3	根	29.73	414.26	15.08
1996	4	根	21.91	325.38	15.20
2001	1	根	6.82	155.25	10.80
2001	2	根	10.43	173.09	10.92
2001	3	根	8.42	190.58	10.28
2001	4	根	17.14	228.48	11.04
2009	1	根	4.28	78.74	6.29
2006	2	根	7.04	104.50	5.23
2006	3	根	5.44	76.16	6.13
2006	4	根	5.72	103.56	6.19
2014	1	根	0.20	2.34	0.18
2014	2	根	0.17	1.97	0.16
2014	3	根	0.08	1.39	0.13
2014	4	根	0.25	2.46	0.16

表 3-9　不同林龄杉木人工林长期观测样地矿质元素含量（2019 年）

杉木种植年	样地	采样部位	磷储量/（kg/hm²）	氮储量/（kg/hm²）	碳储量/（t/hm²）
1916	1	干	20.02	80.12	135.86
1916	2	干	85.70	133.06	173.65
1985	1	干	15.81	15.32	78.53
1985	2	干	18.82	7.59	104.94
1985	3	干	15.45	12.08	92.79
1985	4	干	15.86	16.73	105.85
1988	1	干	16.24	21.26	124.03
1988	2	干	20.66	54.76	143.43
1988	3	干	18.17	6.67	139.03
1988	4	干	14.26	22.16	129.35
1991	1	干	12.10	13.95	81.68

（续）

杉木种植年	样地	采样部位	磷储量/（kg/hm²）	氮储量/（kg/hm²）	碳储量/（t/hm²）
1991	2	干	14.48	1.41	116.29
1991	3	干	17.47	3.11	125.73
1991	4	干	18.71	2.41	115.30
1992	1	干	17.70	2.50	115.95
1992	2	干	12.27	2.47	102.51
1992	3	干	12.41	58.17	99.35
1992	4	干	8.16	5.92	97.12
1996	1	干	26.21	123.47	95.18
1996	2	干	24.43	115.07	88.71
1996	3	干	7.45	73.02	82.69
1996	4	干	12.47	87.57	84.91
2001	1	干	2.60	25.38	42.83
2001	2	干	10.36	40.55	44.49
2001	3	干	5.33	31.83	41.09
2001	4	干	7.05	62.11	45.18
2009	1	干	4.20	29.51	26.10
2006	2	干	3.43	17.29	21.19
2006	3	干	4.39	24.01	25.31
2006	4	干	3.74	30.78	24.92
2014	1	干	0.20	1.60	1.00
2014	2	干	0.32	2.56	1.60
2014	3	干	0.18	1.42	0.89
2014	4	干	0.20	1.62	1.01
1916	1	枝	68.09	473.69	34.47
1916	2	枝	139.08	1 146.83	55.49
1985	1	枝	19.17	161.60	12.50
1985	2	枝	31.58	299.15	18.85
1985	3	枝	23.33	207.41	17.17
1985	4	枝	29.14	250.96	18.35
1988	1	枝	22.18	307.10	13.69
1988	2	枝	36.22	284.86	15.43
1988	3	枝	19.99	177.71	14.31
1988	4	枝	24.76	230.69	15.37
1991	1	枝	16.33	134.11	9.09
1991	2	枝	16.54	187.51	12.52
1991	3	枝	29.28	199.23	13.77
1991	4	枝	19.13	144.85	12.26
1992	1	枝	19.27	184.24	13.26

（续）

杉木种植年	样地	采样部位	磷储量/（kg/hm²）	氮储量/（kg/hm²）	碳储量/（t/hm²）
1992	2	枝	25.98	247.77	10.96
1992	3	枝	15.28	161.15	9.99
1992	4	枝	17.21	165.21	10.75
1996	1	枝	19.83	163.04	10.21
1996	2	枝	18.49	152.02	9.52
1996	3	枝	14.07	115.66	8.83
1996	4	枝	17.00	141.68	9.37
2001	1	枝	14.11	143.27	9.53
2001	2	枝	10.56	129.26	9.74
2001	3	枝	11.88	108.72	9.37
2001	4	枝	19.53	164.89	9.83
2009	1	枝	8.98	65.78	6.06
2006	2	枝	8.75	72.04	4.76
2006	3	枝	9.03	81.64	5.69
2006	4	枝	7.68	52.44	5.67
2014	1	枝	0.31	2.58	0.18
2014	2	枝	0.68	3.94	0.22
2014	3	枝	0.28	2.37	0.14
2014	4	枝	0.38	3.52	0.17
1916	1	叶	62.62	677.47	28.10
1916	2	叶	118.47	1 447.94	42.72
1985	1	叶	15.75	235.13	10.53
1985	2	叶	25.18	382.44	16.55
1985	3	叶	18.75	301.13	13.63
1985	4	叶	22.35	341.43	15.27
1988	1	叶	16.08	141.21	10.00
1988	2	叶	32.80	405.94	13.14
1988	3	叶	18.18	259.42	11.60
1988	4	叶	18.94	290.54	11.91
1991	1	叶	8.38	135.58	5.07
1991	2	叶	11.97	185.06	6.68
1991	3	叶	14.58	182.67	7.11
1991	4	叶	12.69	163.03	6.35
1992	1	叶	10.69	176.13	7.29
1992	2	叶	21.34	193.61	6.08
1992	3	叶	9.55	151.23	5.32
1992	4	叶	11.93	197.55	6.22
1996	1	叶	12.25	198.51	6.88

（续）

杉木种植年	样地	采样部位	磷储量/（kg/hm²）	氮储量/（kg/hm²）	碳储量/（t/hm²）
1996	2	叶	12.15	196.97	6.82
1996	3	叶	12.86	181.02	6.05
1996	4	叶	8.97	143.29	6.11
2001	1	叶	18.84	298.46	11.35
2001	2	叶	16.00	274.59	11.67
2001	3	叶	15.22	239.13	11.68
2001	4	叶	25.55	361.77	10.57
2009	1	叶	13.96	170.58	7.44
2006	2	叶	13.18	184.31	5.90
2006	3	叶	14.08	213.54	7.27
2006	4	叶	13.39	171.30	7.44
2014	1	叶	0.53	9.26	0.36
2014	2	叶	1.03	15.08	0.47
2014	3	叶	0.54	7.48	0.25
2014	4	叶	0.63	9.90	0.31
1916	1	根	15.28	351.97	21.81
1916	2	根	25.37	611.25	27.03
1985	1	根	12.88	236.61	14.01
1985	2	根	22.29	441.97	17.84
1985	3	根	21.26	307.12	15.62
1985	4	根	13.26	241.87	18.17
1988	1	根	23.64	446.59	24.08
1988	2	根	31.61	649.72	27.49
1988	3	根	25.99	565.94	27.21
1988	4	根	18.10	420.50	24.86
1991	1	根	11.02	265.51	12.56
1991	2	根	12.82	331.70	19.47
1991	3	根	19.45	393.05	17.79
1991	4	根	14.05	273.81	16.42
1992	1	根	13.98	234.41	18.47
1992	2	根	13.72	263.63	16.20
1992	3	根	10.93	280.93	14.40
1992	4	根	14.81	320.99	16.19
1996	1	根	21.67	342.79	18.30
1996	2	根	21.69	343.04	18.32
1996	3	根	31.16	434.13	15.80
1996	4	根	22.89	339.95	15.88
2001	1	根	7.24	164.84	11.46

（续）

杉木种植年	样地	采样部位	磷储量/（kg/hm²）	氮储量/（kg/hm²）	碳储量/（t/hm²）
2001	2	根	11.04	183.17	11.56
2001	3	根	8.98	203.34	10.97
2001	4	根	18.07	240.88	11.64
2009	1	根	4.61	84.80	6.77
2006	2	根	7.52	111.64	5.59
2006	3	根	5.83	81.58	6.57
2006	4	根	6.06	109.68	6.56
2014	1	根	0.23	2.69	0.20
2014	2	根	0.28	3.14	0.26
2014	3	根	0.09	1.55	0.15
2014	4	根	0.28	2.74	0.18

3.1.4 植物名录

3.1.4.1 概述

本数据集包含会同杉木林站7个不同林龄阶段的杉木人工林长期观测样地2017—2019年观测的植物名录数据，通过样方每木调查法、实地测量、标本采集等多种方法获取到的所有灌木、草本等植物名录。

3.1.4.2 数据采集与处理方法

灌木层、草本层采用样方法进行每木调查，并分别记录种名（中文名和拉丁名），整合形成植物名录数据集，提供会同杉木林站及其周边地区的植物名录及组成情况。

3.1.4.3 数据质量控制和评估

将得到的物种数据与历史资料对比，并查询《中国植物志》《中国高等植物图鉴》《湖南南岭地区热带性植物》等工具书，核实确认物种名后再录入。

3.1.4.4 数据价值/数据使用方法和建议

物种名录是调查与研究森林生态系统的基础，本数据集包含了会同杉木林站所在区域常见灌木、草本等植物，可以为区域尺度的物种组成和生物多样性变化等相关科学研究提供基础数据。同时，有些灌木和草本植物具有食用或药用价值，是重要的林下资源，可以为人工林的开发和管理提供参考。

3.1.4.5 数据

具体数据见表3-10。

表3-10 植物名录

植物	拉丁学名
杜茎山	*Maesa japonica* (Thunb.) Moritzi.
黄檀	*Dalbergia hupeana* Hance
狗脊	*Woodwardia japonica* (L. f.) Sm.
矮地茶（紫金牛）	*Ardisia japonica* (Thunb.) Bl.
栀子	*Gardenia jasminoides* Ellis
白叶莓	*Rubus innominatus* S. Moore

（续）

植物	拉丁学名
常山	*Dichroa febrifuga* Lour.
紫苏	*Perilla frutescens* (L.) Britt.
九管血	*Ardisia brevicaulis* Diels
瓦韦	*Lepisorus thunberigianus* (Kaulf.) Ching
紫菀属	*Aster* L.
朱砂根	*Ardisia crenata* Sims.
麦冬	*Ophiopogon japonicus* (L. f.) Ker-Gawl
淡竹叶	*Lophatherum gracile* Brongn.
地桃花	*Urena lobata* Linn.
荨麻	*Urtica fissa* E. Pritz.
山楂	*Crataegus pinnatifida* Bunge
菝葜	*Smilax china* L.
龙牙草	*Agrimonia pilosa* Ledeb.
芒	*Miscanthus sinensis* Anderss.
江南越橘	*Vaccinium mandarinorum* Diels
紫珠	*Callicarpa bodinieri* Levl.
锯叶合耳菊	*Synotis nagensium* (C. B. Clarke) C. Jeffrey & Y. L. Chen
南五味子	*Kadsura longipedunculata* Finet & Gagnep.
野漆	*Toxicodendron succedaneum* (L.) O. Kuntze
寒莓	*Rubus buergeri* Miq.
黄樟	*Camphora parthenoxylon* (Jack) Nees
海金沙	*Lygodium japonicum* (Thunb.) Sw.
白栎	*Quercus fabri* Hance
酸藤子	*Embelia laeta* (L.) Mez
大青	*Clerodendrum cyrtophyllum* Turcz.
箬竹	*Indocalamus tessellatus* (Munro) Keng f.
细齿叶柃	*Eurya nitida* Korth.
润楠	*Machilus nanmu* (Oliver) Hemsley
赤楠	*Syzygium buxifolium* Hook. et Arn.
玉簪	*Hosta plantaginea* (Lam.) Aschers.
油茶	*Camellia oleifera* Abel.
芒萁	*Dicranopteris pedata* (Houttuyn) Nakaike
钩藤	*Uncaria rhynchophylla* (Miq.) Miq. ex Havil.
木荷	*Schima superba* Gardn. et Champ.
紫萁	*Osmunda japonica* Thunb.
蕺菜	*Houttuynia cordata* Thunb.
水龙骨科	Polypodiaceae J. Presl & C. Presl
花椒簕	*Zanthoxylum scandens* Bl.

（续）

植物	拉丁学名
檵木	*Loropetalum chinense*（R. Br.）Oliv.
荚蒾	*Viburnum dilatatum* Thunb.
肉珊瑚	*Cynanchum acidum* Oken
楝	*Melia azedarach* L.
山胡椒	*Lindera glauca*（Sieb. et Zucc.）Bl.
光叶山矾	*Symplocos lancifolia* Sieb. et Zucc.
楼梯草	*Elatostema involucratum* Franch. et Sav.
络石	*Trachelospermum jasminoides*（Lindl.）Lem.
过路黄	*Lysimachia christinae* Hance
水蓼	*Persicaria hydropiper*（L.）Spach
粗叶悬钩子	*Rubus alceaefolius* Poir.
牛膝	*Achyranthes bidentata* Blume
中华猕猴桃	*Actinidia chinensis* Planch.
网络夏藤	*Wisteriopsis reticulata*（Benth.）J. Compton & Schrie
金星蕨	*Parathelypteris glanduligera*（Kze.）Ching
飞蛾槭	*Acer oblongum* Wall. ex DC.
玉叶金花	*Mussaenda pubescens* Ait. f. / *Mussaenda pubescens* W. T. Aiton
卷柏	*Selaginella tamariscina*（P. Beauv.）Spring
心叶球兰	*Hoya cordata* P. T. Li et S. Z. Huang
野牡丹科	*Melastomataceae* Juss.
苦槠	*Castanopsis sclerophylla*（Lindl.）Schott.
赤车	*Pellionia radicans*（Sieb. et Zucc.）Wedd.
乌蕨	*Odontosoria chinensis* J. Sm.
锥栗	*Castanea henryi*（Skan）Rehd. et Wils.
木油桐	*Vernicia montana* Lour.
委陵菜	*Potentilla chinensis* Ser.
马桑	*Coriaria nepalensis* Wall.
美丽胡枝子	*Lespedeza thunbergii* subsp. *formosa*（Vog.）H. Ohashi
马唐	*Digitaria sanguinalis*（L.）Scop.

3.2 土壤观测数据

3.2.1 会同不同林龄杉木林土壤监测数据集

3.2.1.1 概述

会同杉木林土壤类型为红黄壤，由板岩和页岩发育而来。通过时空替代法选择了立地条件较为一致的 8 个不同林龄生长阶段的杉木人工林，分别种植于 2014 年、2006 年（2009 年）、2001 年、1996 年、1992 年、1988 年、1985 年和 1916 年。每个林龄杉木林各设置 4 个 20 m×20 m 的永久样地，于 2017 年开始监测，并将林龄为 3 年、8～11 年林定义为幼林，16 年林定义为中龄林，21 年和 25 年林为近熟林，29年和32年林定义为成熟林，大于40年的林定义为过熟林。

本数据集包括了2017年会同不同林龄杉木林长期观测样地的土壤数据，包括土壤养分、pH和微生物等指标。

3.2.1.2 数据采集与处理方法

按照CERN长期观测规范，会同杉木林站在生长季4—9月采样，采集腐殖层、0～10 cm、10～30 cm、30～60 cm等4个层次的土壤样品，每层由5个剖面采集的样品混合而成，取回的土样挑除根系和石头，过2 mm筛后用于土壤指标分析。一部分鲜土用于微生物生物量和酶活性等指标测定，一部分风干后用于pH、养分等指标测定。测定方法依据《森林生态系统长期定位观测方法》（LY/T 1952—2011）进行。

3.2.1.3 数据质量控制与评估

为确保数据质量，在开展调查、采集样品和室内测定前强化培训，提高调查人员的操作技能和素质；数据质量控制过程包括对元数据的检查整理、单个数据点的检查、数据转换和入库，以及元数据的编写、检查和入库。

3.2.1.4 数据价值/数据样本、使用方法和建议

本数据集收录了会同不同林龄杉木林土壤理化性质、微生物活性数据，可供大专院校、科研院所在生态、环境、资源领域及其相关学科从事科学研究和生产开发的广大科技工作者参考使用，可为杉木林土壤质量演变和优化管理提供数据支持。

如果在数据使用过程中存在疑问或需要共享其他时间步长及时间序列的数据，请与湖南会同杉木林生态系统国家野外科学观测研究站联系。

3.2.1.5 数据集

具体数据见表3-11至表3-15。

表3-11 会同不同林龄杉木林土壤养分全量

时间	林龄/年	采样深度/cm	SOC/（g/kg）	TN/（g/kg）	TP/（g/kg）	TK/（g/kg）
2017年春季	3	腐殖层	—	—	—	—
		0～10	32.8	1.98	0.22	16.7
		>10～30	16.6	1.37	0.20	16.9
		>30～60	10.9	1.21	0.19	17.2
	8～11	腐殖层	91.8	4.56	0.32	15.2
		0～10	46.1	2.21	0.25	17.1
		>10～30	14.0	1.43	0.16	16.8
		>30～60	4.61	0.90	0.18	17.6
	16	腐殖层	83.7	3.75	0.29	13.4
		0～10	32.4	1.86	0.20	16.3
		>10～30	15.0	1.25	0.17	17.3
		>30～60	11.4	1.11	0.16	16.8
	21	腐殖层	41.5	3.11	0.32	14.2
		0～10	23.9	1.81	0.23	17.1
		>10～30	18.4	1.57	0.23	16.5
		>30～60	19.0	1.45	0.23	17.3

（续）

时间	林龄/年	采样深度/cm	SOC/（g/kg）	TN/（g/kg）	TP/（g/kg）	TK/（g/kg）
2017年春季	25	腐殖层	129.0	4.44	0.31	13.7
		0~10	25.1	1.50	0.16	18.6
		>10~30	14.3	1.11	0.15	17.5
		>30~60	10.3	1.00	0.15	18.2
	29	腐殖层	100.0	5.26	0.38	14.8
		0~10	25.9	1.87	0.20	16.7
		>10~30	14.1	1.50	0.17	16.9
		>30~60	11.2	1.42	0.19	17.1
	32	腐殖层	80.8	3.96	0.37	16.1
		0~10	24.4	1.58	0.24	17.3
		>10~30	13.1	1.36	0.26	17.6
		>30~60	9.64	1.23	0.24	17.4
	>80	腐殖层	170.0	6.15	0.47	11.9
		0~10	40.9	2.43	0.44	16.1
		>10~30	19.9	1.68	0.32	16.5
		>30~60	10.2	1.26	0.25	17.1

注：SOC，土壤有机碳；TN，全氮；TP，全磷；TK，全钾。

表3-12 会同不同林龄杉木林土壤速效养分含量

时间	林龄/年	采样深度/cm	DOC/(mg/kg)	NH_4^+-N/(mg/kg)	NO_3^--N/(mg/kg)	AP/(mg/kg)
2017年春季	3	腐殖层	—	—	—	—
		0~10	378	17.7	2.34	1.56
		>10~30	207	10.2	1.45	0.593
		>30~60	95.6	5.78	0.891	0.782
	8~11	腐殖层	445	42.7	16.5	6.89
		0~10	362	17.3	7.22	2.68
		>10~30	234	10.4	4.56	0.522
		>30~60	120	7.45	2.11	0.262
	16	腐殖层	510	36.4	18.7	6.60
		0~10	399	24.3	4.42	1.75
		>10~30	236	15.6	2.52	0.871
		>30~60	114	9.57	2.28	0.484
	21	腐殖层	570	23.1	11.4	6.82
		0~10	474	25.6	3.47	1.40
		>10~30	224	16.9	2.44	1.20
		>30~60	124	10.7	1.89	1.12

（续）

时间	林龄/年	采样深度/cm	DOC/ (mg/kg)	NH_4^+-N/ (mg/kg)	NO_3^--N/ (mg/kg)	AP/ (mg/kg)
2017年春季	25	腐殖层	568	40.4	20.7	6.62
		0~10	377	16.3	2.99	0.811
		>10~30	246	12.8	2.04	0.482
		>30~60	123	7.58	1.42	0.582
	29	腐殖层	514	28.4	23.8	11.9
		0~10	425	16.1	4.35	1.55
		>10~30	254	12.4	2.41	0.882
		>30~60	127	8.77	1.52	0.601
	32	腐殖层	469	38.3	21.9	6.92
		0~10	418	21.2	2.54	1.65
		>10~30	223	16.7	1.89	0.783
		>30~60	128	11.5	1.07	0.721
	>80	腐殖层	539	32.6	37.6	16.7
		0~10	429	18.3	6.42	2.38
		>10~30	235	13.7	4.32	1.61
		>30~60	135	12.6	2.58	0.932

注：DOC表示可溶性有机碳；AP表示有效磷。

表3-13 会同不同林龄杉木林土壤pH、容重及含水量

时间	林龄/年	采样深度/cm	pH	容重/（g/cm^3）	含水量/%
2017年春季	3	腐殖层	—	—	—
		0~10	4.52	1.17	27
		>10~30	4.43	1.20	26
		>30~60	4.49	1.28	38
	8~11	腐殖层	4.33	0.53	41
		0~10	4.36	1.04	40
		>10~30	4.38	1.15	25
		>30~60	4.68	1.23	22
	16	腐殖层	4.02	0.52	38
		0~10	4.10	1.04	29
		>10~30	4.16	1.16	25
		>30~60	4.21	1.22	25
	21	腐殖层	4.07	0.59	32
		0~10	4.24	1.18	26
		>10~30	4.22	1.14	24
		>30~60	4.17	1.20	24
	25	腐殖层	3.86	0.59	51
		0~10	4.13	1.18	30
		>10~30	4.15	1.19	32
		>30~60	4.21	1.34	26

（续）

时间	林龄/年	采样深度/cm	pH	容重/（g/cm³）	含水量/%
2017年春季	29	腐殖层	3.94	0.61	39
		0～10	4.22	1.21	27
		>10～30	4.25	1.16	25
		>30～60	4.29	1.19	25
	32	腐殖层	4.25	0.55	38
		0～10	4.37	1.11	29
		>10～30	4.29	1.17	26
		>30～60	4.33	1.23	26
	>80	腐殖层	4.30	0.58	44
		0～10	4.52	1.08	31
		>10～30	4.59	1.12	29
		>30～60	4.51	1.20	22

表3-14 会同不同林龄杉木林土壤微生物生物量

时间	林龄/年	采样深度/cm	MBC/（mg/kg）	MBN/（mg/kg）	MBP/（mg/kg）
2017年春季	3	腐殖层	—	—	—
		0～10	374	88.7	47.0
		>10～30	245	47.8	31.2
		>30～60	124	23.7	15.8
	8～11	腐殖层	1 614	326	180
		0～10	807	168	99.3
		>10～30	524	78.9	64.7
		>30～60	321	56.7	45.6
	16	腐殖层	1 250	240	122
		0～10	460	114	42.5
		>10～30	248	75.4	28.9
		>30～60	158	43.8	18.9
	21	腐殖层	1 262	235	157
		0～10	413	87.5	51.7
		>10～30	254	58.7	37.8
		>30～60	135	35.8	25.9
	25	腐殖层	1 569	267	130
		0～10	320	72.0	31.7
		>10～30	246	47.9	18.7
		>30～60	125	27.8	12.5
	29	腐殖层	1 722	321	208
		0～10	380	81.6	39.7
		>10～30	246	57.5	24.8

（续）

时间	林龄/年	采样深度/cm	MBC/（mg/kg）	MBN/（mg/kg）	MBP/（mg/kg）
2017 年春季	29	＞30～60	129	37.5	17.8
	32	腐殖层	1 341	254	160
		0～10	269	66.6	30.8
		＞10～30	129	40.7	27.8
		＞30～60	98	26.8	18.6
	＞80	腐殖层	1 834	347	214
		0～10	354	75.6	31.7
		＞10～30	256	52.7	20.4
		＞30～60	176	37.4	15.8

注：MBC 表示微生物生物量碳；MBN 表示微生物生物量氮；MBP 表示微生物生物量磷。

表 3－15　会同不同林龄杉木林土壤酶活性

时间	林龄/年	采样深度/cm	BG/［nmol/（g・h）］	NAG/［nmol/（g・h）］	ACP/［nmol/（g・h）］
2017 年春季	3	腐殖层	—	—	—
		0～10	19.3	6.77	69.5
		＞10～30	15.8	5.82	54.6
		＞30～60	7.53	3.75	37.5
	8～11	腐殖层	169	88.4	744
		0～10	33.1	28.4	300
		＞10～30	22.7	24.5	124
		＞30～60	18.9	15.4	78.9
	16	腐殖层	115	122	557
		0～10	27.2	11.0	125
		＞10～30	20.7	9.73	75.8
		＞30～60	16.7	7.42	52.7
	21	腐殖层	127	51.8	360
		0～10	18.5	9.11	130
		＞10～30	23.7	10.7	85.7
		＞30～60	12.8	8.85	67.5
	25	腐殖层	397	188	1 324
		0～10	18.2	8.66	371
		＞10～30	12.7	7.89	175
		＞30～60	9.75	6.35	107
	29	腐殖层	168	154	689
		0～10	8.97	5.11	266
		＞10～30	7.12	3.78	114
		＞30～60	5.78	2.45	78.8
	32	腐殖层	68.9	94.4	685

（续）

时间	林龄/年	采样深度/cm	BG/[nmol/（g・h）]	NAG/[nmol/（g・h）]	ACP/[nmol/（g・h）]
2017年春季	32	0～10	9.64	5.61	179
		>10～30	7.85	5.01	95.6
		>30～60	8.23	4.23	72.1
	>80	腐殖层	169	116	815
		0～10	47.8	7.01	133
		>10～30	34.5	5.78	88.5
		>30～60	21.4	4.26	49.7

注：BG表示β-葡萄糖苷酶；NAG表示几丁质酶；ACP表示酸性磷酸酶。

3.2.2 长期氮磷添加对不同林龄杉木林土壤的影响监测数据集

3.2.2.1 概述

在杉木林年龄序列样地基础上，参考裂区设计方法增加了野外长期氮（N）、磷（P）添加控制试验平台。试验设置4种添加处理：对照组（CK，喷洒等量水）、N添加（每年100 kg/hm^2）、P添加（每年50 kg/hm^2）、N和P共同添加（每年100 kg/hm^2+50 kg/hm^2）。于2019年6月开始施肥，施肥方式为水溶液喷施，在每个样地里贴近地表均匀喷洒。样地施肥频率为每季度一次，分别在每年的3月、6月、9月和12月施肥，每次施肥量分别占总肥量的30%、30%、20%和20%。N、P的施加分别以$CO(NH_2)_2$和NaH_2PO_4的形式施加。每次施肥选择当地天气近几天不下雨的日子施肥，防止雨水对肥料的冲刷和淋溶。

于2022年进行氮磷添加处理3年后的监测，选取幼林、中龄林和成熟林采集根际与非根际土壤样品，本数据集包括这些样品的相关指标分析测试数据。

3.2.2.2 数据采集与处理方法

按照CERN长期观测规范，会同杉木林站在生长季4—9月采样，采集表层0～15 cm深度的根际与非根际的土壤样品，在离树干0.5～1 m的位置去除表层枯落物及腐殖质后，挖掘多个30 cm×20 cm×15 cm的土块。通过抖根法将粘在根系表面约2 mm厚度的土壤取下即为根际土（rhizosphere soil），其余的土壤即为非根际土（bulk soil）。取回的土样挑除根系和石头，过2 mm筛后用于土壤指标分析。一部分鲜土用于微生物生物量和酶活性等指标测定，一部分风干后用于pH、养分等指标测定。

3.2.2.3 数据质量控制与评估

为确保数据质量，在开展调查、采集样品和室内测定前强化培训，提高调查人员的操作技能和素质；数据质量控制过程包括对元数据的检查整理、单个数据点的检查、数据转换和入库，以及元数据的编写、检查和入库。

3.2.2.4 数据价值/数据样本、使用方法和建议

本数据集收录了会同不同林龄杉木林对氮磷添加响应的土壤理化性质、微生物活性数据，可供大专院校、科研院所在生态、环境、资源领域及其相关学科从事科学研究和生产开发的广大科技工作者参考使用，可为杉木林响应氮磷输入研究和优化管理提供数据支持。

如果在数据使用过程中存在疑问或需要共享其他时间步长及时间序列的数据，请与湖南会同杉木林生态系统国家野外科学观测研究站联系。

3.2.2.5 数据集

具体数据见表3-16至表3-19。

表3-16 会同长期氮磷添加对不同林龄杉木林土壤养分含量的影响

时间	林龄/年	土壤类型	处理	含水量/%	pH	SOC/(g/kg)	TN/(g/kg)	TP/(g/kg)	C/N	C/P	N/P	NH_4^+-N/(mg/kg)	NO_3^--N/(mg/kg)	AP/(mg/kg)	DOC/(mg/kg)	DON/(mg/kg)
2022年夏季	8	根际土	CK	32.35	4.91	30.00	3.73	0.31	8.08	97.18	12.04	6.34	6.74	1.14	321.35	62.90
			N	28.98	4.89	23.54	2.89	0.29	8.26	82.87	10.09	15.95	17.99	0.68	480.95	128.03
			P	30.62	4.86	26.29	3.03	0.30	8.77	90.10	10.29	4.94	1.69	9.46	420.64	72.69
			NP	32.31	4.79	30.80	3.73	0.35	8.43	95.94	11.58	11.02	15.69	9.83	268.84	104.42
		非根际土	CK	30.49	3.65	21.49	1.90	0.17	11.60	128.56	11.28	4.01	3.69	0.59	262.21	36.94
			N	30.97	3.55	16.93	1.65	0.27	10.47	64.88	6.29	5.62	7.22	0.28	374.73	88.23
			P	31.27	3.70	18.86	1.61	0.21	11.67	92.69	7.89	3.52	0.60	0.44	416.80	67.34
			NP	35.02	3.65	18.22	1.83	0.28	10.16	68.19	6.72	10.40	12.28	2.20	243.85	104.55
	21	根际土	CK	34.21	4.80	32.94	3.59	0.20	9.20	164.41	17.95	6.95	5.72	0.52	474.94	64.38
			N	37.77	4.56	33.49	3.43	0.23	9.75	141.55	14.51	12.05	7.93	0.53	450.77	65.22
			P	34.78	4.80	30.68	2.58	0.22	12.08	140.24	11.88	5.03	2.31	6.15	420.31	55.42
			NP	32.84	4.77	32.30	3.46	0.28	9.35	122.08	13.01	7.71	11.83	10.80	381.71	59.50
		非根际土	CK	32.12	3.82	19.15	1.55	0.16	12.51	120.77	9.67	4.30	3.00	0.39	289.68	41.58
			N	35.03	3.71	16.40	1.64	0.17	10.08	96.72	9.63	4.23	6.48	0.56	445.43	60.50
			P	34.19	3.87	22.24	1.63	0.20	13.63	115.60	8.49	5.50	1.31	3.06	362.10	54.43
			NP	31.33	3.79	16.79	1.92	0.20	9.14	88.21	9.74	6.67	7.40	4.05	377.12	62.63
	34	根际土	CK	41.12	4.63	36.03	2.24	0.20	15.66	180.08	11.41	2.88	14.37	1.12	474.94	64.38
			N	34.92	4.63	51.49	3.91	0.26	13.24	201.08	15.28	19.52	18.42	0.72	487.34	90.87
			P	40.91	4.84	54.55	4.09	0.34	13.53	163.77	12.22	8.40	9.81	9.82	484.04	71.76
			NP	37.75	4.65	77.52	5.03	0.41	15.49	191.15	12.50	9.28	13.81	6.56	474.09	91.35
		非根际土	CK	34.35	3.63	18.54	1.73	0.23	10.74	80.18	7.47	1.76	8.29	0.58	474.01	57.54
			N	32.89	3.65	16.93	1.72	0.22	9.87	77.64	7.84	3.81	12.89	0.66	423.09	70.58
			P	31.35	3.61	19.35	1.80	0.17	10.76	114.16	10.57	8.57	3.83	2.56	398.89	58.45
			NP	32.12	3.81	16.25	1.74	0.20	9.34	81.35	8.71	8.15	9.31	2.32	444.25	70.23

注：C/N表示碳氮比；C/P表示碳磷比；N/P表示氮磷比；DOC表示可溶性有机碳；DON表示可溶性有机氮。

表3-17 会同长期氮磷添加对不同林龄杉木林土壤微生物群落结构的影响

时间	林龄/年	土壤类型	处理	总PLFAs/(nmol/g)	细菌PLFAs/(nmol/g)	真菌PLFAs/(nmol/g)	G+/(nmol/g)	G−/(nmol/g)	G+∶G−	F∶B
2022年夏季	8	根际土	CK	119.75	57.40	15.24	23.81	23.03	1.03	0.27
			N	185.67	86.33	24.52	35.34	34.10	1.04	0.28
			P	527.66	249.32	61.13	98.49	102.47	0.96	0.25
			NP	182.57	89.89	20.10	35.91	37.36	0.96	0.23

（续）

时间	林龄/年	土壤类型	处理	总 PLFAs/(nmol/g)	细菌 PLFAs/(nmol/g)	真菌 PLFAs/(nmol/g)	G+/(nmol/g)	G−/(nmol/g)	G+：G−	F：B
2022 年夏季	8	非根际土	CK	78.22	38.53	6.34	18.57	14.05	1.32	1.56
			N	108.56	51.23	11.14	24.18	18.34	1.32	2.27
			P	211.67	105.91	18.44	49.39	38.61	1.28	4.50
			NP	98.10	48.89	8.78	23.22	17.52	1.33	2.12
	21	根际土	CK	171.96	84.61	16.84	34.02	39.69	0.86	0.20
			N	145.70	75.21	15.13	24.40	35.77	0.68	0.20
			P	93.80	46.32	10.16	23.64	25.89	0.91	0.22
			NP	90.09	47.01	9.38	15.76	21.53	0.73	0.20
		非根际土	CK	99.50	48.72	6.40	26.41	19.28	1.37	1.48
			N	121.63	65.13	6.84	33.93	20.62	1.65	1.48
			P	139.97	72.37	7.77	38.51	24.99	1.54	1.85
			NP	125.89	63.64	12.73	29.39	25.89	1.14	2.15
	34	根际土	CK	159.56	104.70	23.04	42.47	38.05	1.12	0.22
			N	258.39	122.21	27.02	48.50	48.32	1.00	0.22
			P	283.51	135.73	31.78	56.23	50.14	1.12	0.24
			NP	345.42	155.02	38.79	62.72	63.78	0.98	0.25
		非根际土	CK	63.79	35.69	4.18	16.21	13.99	1.16	0.99
			N	65.05	35.10	4.05	17.07	13.38	1.28	0.95
			P	76.36	40.91	5.55	18.25	15.88	1.15	1.56
			NP	69.54	34.31	6.27	15.52	13.73	1.13	1.59

注：PLFA 表示微生物群落磷脂脂肪酸法。

表 3－18　会同长期氮磷添加对不同林龄杉木林土壤微生物生物量的影响

时间	林龄/年	土壤类型	处理	MBC/（mg/kg）	MBN/（mg/kg）	MBC：MBN
2022 年夏季	8	根际土	CK	494.86	57.92	8.57
			N	704.18	47.54	14.82
			P	668.44	57.26	11.77
			NP	946.91	89.86	10.57
		非根际土	CK	301.33	32.41	9.37
			N	647.42	49.41	13.26
			P	761.63	72.54	10.56
			NP	968.04	79.94	12.17
	21	根际土	CK	554.36	39.39	14.38

（续）

时间	林龄/年	土壤类型	处理	MBC/（mg/kg)	MBN/（mg/kg)	MBC：MBN
2022 年夏季	21	根际土	N	322.91	41.17	7.89
			P	378.81	46.79	8.19
			NP	439.48	38.81	11.57
		非根际土	CK	308.83	25.51	12.32
			N	359.83	28.49	13.04
			P	509.58	44.53	11.68
			NP	370.45	29.79	12.53
	34	根际土	CK	554.36	39.39	14.38
			N	590.41	96.35	6.25
			P	623.11	55.19	11.44
			NP	755.56	52.32	14.58
		非根际土	CK	436.83	47.23	9.33
			N	453.48	35.76	12.78
			P	476.42	40.79	11.76
			NP	412.80	31.41	13.37

表 3-19　会同长期氮磷添加对不同林龄杉木林土壤酶活性的影响

时间	林龄/年	土壤类型	处理	BG/［nmol/(g·h)］	CBH/［nmol/(g·h)］	NAG/［nmol/(g·h)］	ACP/［nmol/(g·h)］
2022 年夏季	8	根际土	CK	35.70	8.81	31.02	887.01
			N	101.05	7.27	62.88	1 345.83
			P	153.75	5.95	52.38	910.02
			NP	99.64	11.29	68.63	901.57
		非根际土	CK	67.63	5.77	17.40	817.30
			N	59.45	3.57	31.79	1 032.81
			P	31.14	3.36	15.70	533.24
			NP	68.66	5.18	36.94	974.79
	21	根际土	CK	65.52	8.76	62.88	1 357.48
			N	69.90	4.70	69.20	1 450.46
			P	108.00	10.30	56.55	1 169.09
			NP	87.88	11.26	91.63	1 160.52
		非根际土	CK	28.07	3.00	16.06	759.37
			N	47.38	3.59	18.32	1 218.18

（续）

时间	林龄/年	土壤类型	处理	BG/［nmol/(g・h)］	CBH/［nmol/(g・h)］	NAG/［nmol/(g・h)］	ACP/［nmol/(g・h)］
2022年夏季	21	非根际土	P	69.08	9.80	26.87	1 211.67
			NP	88.78	11.43	54.96	1 001.74
	34	根际土	CK	66.92	8.14	45.30	761.60
			N	116.67	17.78	126.18	1 108.10
			P	108.10	22.81	143.63	1 249.94
			NP	78.85	14.44	82.31	1 180.02
		非根际土	CK	26.18	2.24	10.26	753.42
			N	59.81	2.36	29.75	731.41
			P	28.38	2.20	14.73	628.17
			NP	23.94	2.26	15.07	811.45

注：BG 表示 β-葡萄糖苷酶；CBH 表示 β-纤维二糖苷酶；NAG 表示几丁质酶；ACP 表示酸性磷酸酶。

3.3 水分观测数据

3.3.1 土壤体积含水量数据集

3.3.1.1 概述

土壤含水量的长期观测是森林生态系统定位研究的重要内容之一，在Ⅱ、Ⅲ号集水区，设置了自动记录土壤水分与温度的装置，每 30 min 记录一次数据。本数据集在研究森林水分循环过程、评估森林生态系统水源涵养功能及土壤含水量、土壤温度等生态因子对森林生态系统生产力和生物量的影响等方面发挥着重要作用。会同杉木林站所属地区属于亚热带常绿阔叶林，该地区不同植被类型的土壤温度和含水量长期观测可以反映不同植被类型土壤温度和含水量的动态变化趋势。本数据集包括会同杉木林站 2017—2022 年土壤体积含水量、温度观测数据。

3.3.1.2 数据采集和处理方法

（1）土壤质量含水量人工数据采集与处理

人工样品采集频率为 1 次/月，每月 15 日为综合观测样地取样，16 日为辅助观测样地取样，土壤含水量取样由地表至地下按 0～10 cm、＞10～20 cm、＞20～30 cm、＞30～10 cm、＞40～50 cm、50 cm 以下等 6 个层次分别采集土样，每个层次土样采集完后放入自封袋内，之后立刻带回实验室称取鲜重。再将该土样以 105 ℃的恒温烘至恒重后称取干重。最后，以土壤鲜重和干重的质量之差计算土壤质量含水量。

（2）土壤体积含水量自动监测数据采集与处理

分别在集水区的山洼、山腰和山脊方向安装土壤水分和温度自动监测仪器（RHD-14-2 土壤温湿度速测仪）。仪器设置数据采集频率为 30 min 1 次，6 个月提取一次数据，并检查电池状态。观测包括 3 个土层：0～10 cm、＞1～20 cm、＞20～30 cm。

（3）仪器主要技术参数和性能

速测仪（主机）技术参数：速测仪尺寸为 176 mm×96 mm×40 mm；工作温度为－40 ℃～80 ℃；屏幕为液晶显示器 50 mm×65 mm；记录仪质量为 240 g；可接探头为土壤水分 FDR 原理；可存储数据为＞35 万条；通信接口为 USB 接口，方便数据导出、上位机软件。

土壤湿度传感器技术参数：土壤含水量（即土壤湿度）测试范围为 0～100%；土壤含水量测量精度为≤3%；土壤含水量分辨率为 0.1%；工作环境温度为－40～80 ℃；不锈钢探针长度为 7 cm；

电缆长度为标配 2 m。

土壤温度传感器技术参数：土壤温度测量范围为－40～80 ℃；土壤温度测量精度为±0.3 ℃；25 ℃时最佳精度为 0.1 ℃，平均 0.16 ℃；分辨率为 0.1 ℃；响应时间为<1 s；稳定时间为通电后 100 ms；标准线长为 2 m；最远引线长度为 200 m；传感器不锈钢长度部分不小于 25 mm。

3.3.1.3 数据质量控制和评估

①样品采集和实验室分析过程中的质量控制。采样过程严格按照《陆地生态系统水环境观测指标与规范》来操作。称重之前要先校正天平，称重时要重复一次，求其平均值。

②数据质量控制。数据录入之后，再次核对、整理和分析，避免录入过程出现错误。最后，将原始数据保存，统一编号，并在数据处理和上报完毕后归档保存。原始电子数据必须备份一份，并打印一份存档。

③数据质量综合评价。对已录入的数据，从数据的合理性、准确性、一致性、完整性、对比性和连续性等方面评价。如果发现异常数据，应详细分析，根据分析结果修正或者去除该数据。最后，由站长和数据管理员审核认定之后上报。

3.3.1.4 数据使用方法和建议

分析会同杉木林站森林生态系统土壤体积含水量长期观测数据，可以了解亚热带森林生态系统不同植被类型中不同深度土壤水分的动态变化规律。土壤质量含水量观测数据和植物观测数据结合研究植物与土壤含水量之间的关系，为该地区森林资源的科学管理提供理论依据。此外，长期观测的土壤含水量数据可为正确评价亚热带常绿阔叶林水文生态效益提供科学依据。

3.3.1.5 数据

Ⅱ号集水区土壤含水量、温度数据（土壤温湿度速测仪自动监测数据）见表 3－20、表 3－21 和表 3－22。其他时间段的详细数据可通过网上申请（http：//hgf.cern.ac.cn/），获取全部数据。

表 3－20 Ⅱ号集水区山洼土壤含水量、温度测定记录表

时间（年-月）	土壤含水量/%			土壤温度/℃		
	0～10 cm	>10～20 cm	>20～30 cm	0～10 cm	>10～20 cm	>20～30 cm
2017－07	11.04	13.65	11.67	23.90	23.36	22.64
2017－08	12.72	17.09	12.54	23.68	23.33	22.86
2017－09	13.64	19.34	13.26	22.24	22.18	21.98
2017－10	12.45	17.40	12.49	17.59	18.17	18.52
2017－11	12.17	16.90	12.23	12.98	13.79	14.37
2017－12	11.60	15.74	11.83	8.78	9.83	10.58
2018－01	13.05	18.35	12.84	6.35	7.43	8.18
2018－02	12.20	16.97	12.20	7.20	7.67	7.89
2018－03	13.37	18.45	12.73	11.53	11.69	11.52
2018－04	13.33	18.39	13.06	14.93	14.95	14.57
2018－05	14.06	19.39	13.60	19.35	18.65	18.56
2018－06	13.76	19.10	13.47	20.75	19.65	20.26
2018－07	11.37	15.58	11.63	22.78	21.92	22.54
2018－08	10.45	14.63	11.18	22.31	21.82	22.68
2018－09	10.95	15.62	12.02	20.48	20.38	21.56
2018－10	11.47	16.41	12.58	15.51	15.89	17.54
2018－11	11.68	16.89	13.04	11.68	12.29	14.14
2018－12	11.33	16.66	13.04	7.50	8.41	10.51

（续）

时间（年-月）	土壤含水量/%			土壤温度/℃		
	0~10 cm	>10~20 cm	>20~30 cm	0~10 cm	>10~20 cm	>20~30 cm
2019-01	11.71	17.02	13.50	5.12	5.75	7.64
2019-02	11.42	16.72	13.35	5.71	6.22	8.01
2019-03	11.58	16.75	13.30	9.00	8.89	10.10
2019-04	12.01	17.00	13.34	13.31	13.01	14.00
2019-05	13.29	18.24	14.09	15.34	15.06	16.10
2019-06	14.81	19.46	14.64	17.54	17.10	17.99
2019-07	15.46	19.42	14.48	17.88	17.69	18.77
2019-08	13.71	16.36	12.77	20.33	20.15	21.22
2019-09	12.43	16.19	12.38	18.72	18.85	20.27
2019-10	13.16	19.36	13.53	15.95	16.35	18.04
2019-11	13.51	20.54	14.32	12.40	13.08	15.04
2019-12	13.63	20.38	14.31	8.33	9.12	11.32
2020-01	14.20	21.58	14.86	6.89	7.66	9.84
2020-02	14.36	21.29	14.65	8.47	8.62	10.26
2020-03	15.29	20.79	14.44	11.14	11.11	12.59
2020-04	12.29	16.68	13.18	7.44	7.43	8.74
2020-08	13.40	17.20	13.02	21.99	21.62	22.88
2020-09	14.91	21.15	14.43	19.38	19.46	21.09
2020-10	14.88	22.27	14.86	15.33	15.71	17.64
2020-11	13.15	18.69	13.51	12.45	13.11	15.26
2020-12	12.26	17.41	13.08	7.48	8.44	10.91
2021-01	12.02	16.94	13.04	6.08	6.78	9.06
2021-02	14.32	21.79	14.68	9.33	9.39	11.10
2021-03	14.82	21.72	14.80	10.79	10.60	12.12
2021-04	15.05	21.77	14.79	12.84	12.66	14.13
2021-05	13.00	18.67	13.43	15.64	14.83	15.72

表3-21 Ⅱ号集水区山腰土壤含水量、温度测定记录表

时间（年-月）	土壤含水量/%			土壤温度/℃		
	0~10 cm	>10~20 cm	>20~30 cm	0~10 cm	>10~20 cm	>20~30 cm
2017-07	19.06	14.20	15.72	24.59	24.13	23.66
2017-08	21.06	16.91	17.79	24.25	23.99	23.66
2017-09	25.49	19.90	20.93	22.63	22.64	22.54
2017-10	18.81	15.10	16.78	17.76	18.36	18.74
2017-11	16.72	13.90	15.39	12.72	13.91	14.47
2017-12	14.45	12.98	15.15	8.31	9.85	10.50
2018-01	21.68	16.38	16.97	5.95	7.55	8.23
2018-02	16.01	13.86	15.86	7.03	8.07	8.25

（续）

时间（年-月）	土壤含水量/%			土壤温度/℃		
	0～10 cm	>10～20 cm	>20～30 cm	0～10 cm	>10～20 cm	>20～30 cm
2018-03	19.28	15.34	17.93	11.63	12.58	12.46
2018-04	20.30	15.86	18.76	15.35	16.22	15.90
2018-05	26.19	19.94	22.38	19.91	20.69	19.78
2018-06	26.13	20.42	24.24	21.11	22.09	20.77
2018-07	16.12	14.02	17.78	23.58	24.54	22.94
2018-08	13.08	13.17	16.24	23.12	24.32	22.83
2018-09	13.52	13.78	18.41	21.14	22.67	21.26
2018-10	15.75	15.06	19.91	16.00	17.90	16.71
2018-11	19.50	16.89	22.55	12.25	14.28	13.08
2018-12	20.37	17.18	24.75	7.97	10.24	9.11
2019-01	23.30	19.07	27.37	5.60	7.50	6.12
2019-02	21.73	17.60	26.11	6.34	8.24	6.78
2019-03	21.22	17.29	25.92	9.98	11.26	9.21
2019-04	22.17	17.73	25.48	14.59	15.75	13.48
2019-05	25.10	19.87	27.27	16.81	18.01	15.71
2019-06	25.92	20.59	26.95	21.18	22.16	19.56
2019-07	26.71	21.13	25.96	22.78	23.92	21.40
2019-08	16.99	16.24	18.75	23.65	24.89	22.42
2019-09	13.93	14.63	17.11	21.05	22.65	20.53
2019-10	16.47	15.17	19.03	17.19	19.08	17.24
2019-11	19.91	16.53	18.29	13.17	15.29	13.70
2019-12	20.25	16.67	16.77	8.76	10.91	9.45
2020-01	22.33	17.81	17.22	7.20	9.35	7.88
2020-02	22.75	18.04	14.25	9.13	10.72	8.72
2020-03	23.66	18.42	12.80	11.94	13.50	11.36
2020-04	24.07	18.35	12.80	13.03	14.54	12.32
2020-05	22.93	18.28	12.80	18.66	19.88	17.21
2020-06	23.91	19.56	12.80	21.82	23.07	20.38
2020-07	23.63	26.64	12.80	23.18	24.63	22.14
2020-08	19.49	23.79	12.80	23.85	25.28	22.82
2021-02	15.50	16.70	12.00	2.40	2.10	2.30
2021-07	15.23	16.49	12.17	23.12	24.47	21.96
2021-08	16.40	18.96	12.20	23.23	24.70	22.28
2021-09	14.94	16.64	12.28	22.32	23.96	21.68
2021-10	15.66	16.90	12.28	16.67	19.04	17.39
2021-11	18.83	19.54	12.12	12.44	14.88	13.30
2021-12	14.94	15.15	12.03	8.73	11.58	10.32

表 3-22 Ⅱ号集水区山脊土壤含水量、温度测定记录表

时间（年-月）	土壤含水量/%			土壤温度/℃		
	0～10 cm	>10～20 cm	>20～30 cm	0～10 cm	>10～20 cm	>20～30 cm
2017-07	10.65	12.01	7.38	25.21	24.60	24.07
2017-08	13.48	16.76	9.64	24.75	24.41	24.13
2017-09	15.28	18.93	11.48	23.06	23.03	23.06
2017-10	12.39	15.79	9.87	17.95	18.62	19.28
2017-11	12.30	15.76	10.14	13.01	13.91	14.81
2017-12	11.27	14.87	9.91	8.54	9.54	10.60
2018-01	14.82	18.45	11.09	5.89	6.94	8.02
2018-02	12.58	15.96	10.46	7.22	7.37	7.83
2018-03	14.61	18.27	10.93	12.14	11.70	11.97
2018-04	14.08	17.43	10.38	15.97	14.94	15.41
2018-05	14.79	18.84	12.00	20.28	19.38	19.79
2018-06	14.68	18.78	11.87	21.43	20.87	21.51
2018-07	10.25	14.59	9.08	24.01	23.25	23.94
2018-08	8.91	14.00	8.69	23.55	22.21	24.00
2018-09	9.45	14.13	9.38	21.53	20.45	22.72
2018-10	11.85	16.08	10.60	16.19	15.54	18.33
2018-11	13.93	17.28	11.64	12.20	11.77	14.75
2018-12	14.66	17.88	11.43	7.61	7.52	10.79
2019-01	15.82	19.68	12.67	5.06	4.56	7.60
2019-02	15.19	18.86	12.09	5.87	5.36	8.19
2019-03	14.23	16.97	11.36	9.88	8.45	10.58
2019-04	14.01	15.26	11.04	14.86	13.06	14.98
2019-05	15.15	17.70	12.19	16.92	15.07	17.13
2019-06	15.84	20.12	12.64	21.28	19.09	20.86
2019-07	15.36	19.58	12.58	23.07	20.96	22.75
2019-08	29.27	15.43	10.38	23.89	21.89	23.80
2019-09	52.66	14.02	9.91	21.22	19.66	22.00
2019-10	29.74	16.45	11.61	17.20	15.99	18.70
2019-11	12.76	18.06	11.60	13.00	12.05	15.04
2019-12	12.89	19.03	11.28	8.45	7.49	10.70
2020-01	14.99	22.21	12.78	6.73	5.80	8.94
2020-02	15.05	22.09	12.62	8.81	7.19	9.72
2020-03	15.34	22.52	12.58	11.78	10.04	12.41
2020-04	15.06	22.41	12.49	12.99	11.15	13.47
2020-05	14.25	23.92	12.34	19.01	16.66	18.46
2020-06	14.72	26.51	12.75	22.37	19.97	21.78
2020-07	14.21	24.70	12.46	23.79	21.59	23.61
2020-08	11.11	18.49	10.03	23.96	21.92	24.05

（续）

时间（年-月）	土壤含水量/%			土壤温度/℃		
	0～10 cm	>10～20 cm	>20～30 cm	0～10 cm	>10～20 cm	>20～30 cm
2020-09	13.42	20.43	10.56	20.22	18.67	21.43
2020-10	14.95	22.44	11.93	15.78	14.43	17.51
2020-11	12.80	18.77	10.87	12.65	11.56	14.86
2020-12	11.91	17.85	11.15	7.07	6.24	9.84
2021-01	11.28	17.39	11.29	5.66	4.52	7.88
2021-02	14.68	22.27	12.98	9.32	7.50	10.27
2021-03	15.02	23.44	13.52	11.18	9.06	11.62
2021-04	16.67	24.20	14.19	13.47	11.38	13.98
2021-05	17.80	25.53	15.19	18.08	15.61	17.86
2021-06	15.03	21.77	13.37	21.57	18.94	20.90
2021-07	12.00	18.13	11.91	23.89	21.33	23.43
2021-08	10.15	16.74	11.55	24.08	21.63	24.05
2021-09	9.58	15.17	11.18	23.15	20.92	23.52
2021-10	10.03	15.75	12.67	17.15	15.74	19.26
2021-11	13.10	21.15	17.03	12.65	11.27	14.95
2021-12	12.19	17.60	15.18	8.40	7.26	11.23
2022-01	14.36	20.82	17.93	6.51	5.05	8.83
2022-02	15.01	21.33	18.58	4.13	2.47	6.27
2022-03	13.20	17.60	15.54	11.76	9.09	11.72
2022-04	14.31	18.71	15.96	14.58	11.98	14.56
2022-05	15.74	19.96	17.63	16.57	13.99	16.68
2022-06	16.17	19.38	17.26	21.52	18.58	20.87
2022-07	13.04	17.16	15.12	24.04	21.20	23.49
2022-08	8.85	14.40	12.52	24.11	21.49	23.88

3.3.2 地下水位数据集

3.3.2.1 概述

地下水位表达了地下水的运动状态，不同植被类型地下水位的长期观测可以有助于了解会同不同植被类型的地下水动态和水文循环过程。本数据集为会同杉木林站 2009—2019 年的地下水位观测数据。

3.3.2.2 数据采集和处理方法

会同杉木林站有毛蕨菜灌草丛和山湿性常绿阔叶林地下水位观测井各 1 口，井深 8 m，数据观测为每天 14 时观测 1 次，每次观测重复 2 次，取平均值，最后求每 5 d 的平均值。

3.3.2.3 数据质量控制和评估

①数据观测过程中的质量控制。观测过程要多次观测，求平均值，如果两次测量误差超过 2 cm，则应该重测。

②数据质量控制。数据录入之后，再次核对、整理和分析，避免录入过程出现错误。最后，将原始数据保存，统一编号，并在数据处理和上报完毕后归档保存。原始电子数据必须备份一份，并打印一份存档。

③数据质量综合评价。对已录入的数据，从数据的合理性、准确性、一致性、完整性、对比性和连续性等方面评价。如果发现异常数据，应详细分析，根据分析结果修正或者去除该数据。最后，由站长和数据管理员审核认定之后上报。

3.3.2.4 数据使用方法和建议

通过分析会同杉木林站长期观测的地下水位数据，可以了解区域地下水位的长期动态变化、土壤水分状况及植物蒸腾作用大小。

3.3.2.5 数据

具体数据见表 3-23。

表 3-23 Ⅱ号集水区地下水测定记录

时间（年-月-日）	地下水位/mm	时间（年-月-日）	地下水位/mm	时间（年-月-日）	地下水位/mm
2009-01-01	0.35	2009-01-31	0.35	2009-03-02	1.82
2009-01-02	0.39	2009-02-01	0.35	2009-03-03	1.91
2009-01-03	0.42	2009-02-02	0.35	2009-03-04	1.48
2009-01-04	0.46	2009-02-03	0.35	2009-03-05	1.64
2009-01-05	0.50	2009-02-04	0.36	2009-03-06	1.65
2009-01-06	0.54	2009-02-05	0.40	2009-03-07	1.44
2009-01-07	0.54	2009-02-06	0.41	2009-03-08	1.19
2009-01-08	0.54	2009-02-07	0.41	2009-03-09	0.98
2009-01-09	0.52	2009-02-08	0.41	2009-03-10	0.85
2009-01-10	0.52	2009-02-09	0.41	2009-03-11	0.72
2009-01-11	0.52	2009-02-10	0.41	2009-03-12	0.65
2009-01-12	0.51	2009-02-11	0.41	2009-03-13	0.56
2009-01-13	0.50	2009-02-12	0.41	2009-03-14	0.54
2009-01-14	0.49	2009-02-13	0.41	2009-03-15	0.55
2009-01-15	0.49	2009-02-14	0.41	2009-03-16	0.59
2009-01-16	0.49	2009-02-15	0.41	2009-03-17	0.60
2009-01-17	0.49	2009-02-16	0.41	2009-03-18	0.60
2009-01-18	0.48	2009-02-17	0.40	2009-03-19	0.59
2009-01-19	0.48	2009-02-18	0.39	2009-03-20	0.55
2009-01-20	0.47	2009-02-19	0.37	2009-03-21	0.52
2009-01-21	0.45	2009-02-20	0.35	2009-03-22	0.52
2009-01-22	0.44	2009-02-21	0.34	2009-03-23	0.52
2009-01-23	0.43	2009-02-22	0.35	2009-03-24	0.52
2009-01-24	0.42	2009-02-23	0.35	2009-03-25	0.49
2009-01-25	0.41	2009-02-24	0.35	2009-03-26	0.48
2009-01-26	0.41	2009-02-25	0.35	2009-03-27	0.49
2009-01-27	0.40	2009-02-26	0.35	2009-03-28	0.49
2009-01-28	0.38	2009-02-27	0.33	2009-03-29	0.47
2009-01-29	0.35	2009-02-28	0.31	2009-03-30	0.45
2009-01-30	0.35	2009-03-01	0.34	2009-03-31	0.43

（续）

时间（年-月-日）	地下水位/mm	时间（年-月-日）	地下水位/mm	时间（年-月-日）	地下水位/mm
2009-04-01	0.41	2009-05-09	5.35	2009-06-16	1.29
2009-04-02	0.41	2009-05-10	4.11	2009-06-17	1.24
2009-04-03	0.42	2009-05-11	3.12	2009-06-18	1.18
2009-04-04	0.42	2009-05-12	2.57	2009-06-19	1.06
2009-04-05	0.44	2009-05-13	2.30	2009-06-20	0.98
2009-04-06	0.53	2009-05-14	2.07	2009-06-21	0.93
2009-04-07	0.54	2009-05-15	1.88	2009-06-22	0.90
2009-04-08	0.54	2009-05-16	1.98	2009-06-23	0.89
2009-04-09	0.59	2009-05-17	3.39	2009-06-24	0.89
2009-04-10	1.00	2009-05-18	3.09	2009-06-25	0.89
2009-04-11	2.17	2009-05-19	2.96	2009-06-26	0.89
2009-04-12	16.05	2009-05-20	4.73	2009-06-27	0.89
2009-04-13	9.29	2009-05-21	4.08	2009-06-28	0.89
2009-04-14	3.86	2009-05-22	2.95	2009-06-29	0.89
2009-04-15	2.47	2009-05-23	2.40	2009-06-30	0.89
2009-04-16	1.78	2009-05-24	2.16	2009-07-01	0.86
2009-04-17	1.52	2009-05-25	2.00	2009-07-02	0.90
2009-04-18	1.43	2009-05-26	1.87	2009-07-03	1.53
2009-04-19	7.27	2009-05-27	1.74	2009-07-04	4.13
2009-04-20	8.78	2009-05-28	1.62	2009-07-05	3.24
2009-04-21	4.06	2009-05-29	1.50	2009-07-06	2.46
2009-04-22	2.60	2009-05-30	1.40	2009-07-07	1.94
2009-04-23	2.01	2009-05-31	1.34	2009-07-08	1.57
2009-04-24	1.79	2009-06-01	1.30	2009-07-09	1.35
2009-04-25	2.61	2009-06-02	1.52	2009-07-10	1.24
2009-04-26	2.56	2009-06-03	3.12	2009-07-11	1.15
2009-04-27	2.00	2009-06-04	2.81	2009-07-12	1.10
2009-04-28	1.53	2009-06-05	2.31	2009-07-13	1.05
2009-04-29	1.44	2009-06-06	2.02	2009-07-14	1.01
2009-04-30	2.61	2009-06-07	1.87	2009-07-15	0.97
2009-05-01	4.68	2009-06-08	1.72	2009-07-16	0.94
2009-05-02	3.82	2009-06-09	1.51	2009-07-17	0.92
2009-05-03	5.12	2009-06-10	1.47	2009-07-18	0.85
2009-05-04	4.57	2009-06-11	1.87	2009-07-19	0.78
2009-05-05	3.59	2009-06-12	1.90	2009-07-20	0.72
2009-05-06	3.33	2009-06-13	1.68	2009-07-21	0.69
2009-05-07	6.06	2009-06-14	1.46	2009-07-22	0.69
2009-05-08	7.02	2009-06-15	1.35	2009-07-23	0.69

（续）

时间（年-月-日）	地下水位/mm	时间（年-月-日）	地下水位/mm	时间（年-月-日）	地下水位/mm
2009-07-24	0.69	2009-08-31	0.49	2009-10-08	0.35
2009-07-25	0.69	2009-09-01	0.47	2009-10-09	0.35
2009-07-26	0.68	2009-09-02	0.47	2009-10-10	0.35
2009-07-27	0.75	2009-09-03	0.47	2009-10-11	0.33
2009-07-28	1.40	2009-09-04	0.47	2009-10-12	0.33
2009-07-29	1.14	2009-09-05	0.47	2009-10-13	0.33
2009-07-30	0.98	2009-09-06	0.47	2009-10-14	0.33
2009-07-31	0.90	2009-09-07	0.47	2009-10-15	0.33
2009-08-01	0.86	2009-09-08	0.47	2009-10-16	0.32
2009-08-02	0.86	2009-09-09	0.47	2009-10-17	0.31
2009-08-03	0.86	2009-09-10	0.45	2009-10-18	0.31
2009-08-04	0.86	2009-09-11	0.43	2009-10-19	0.31
2009-08-05	0.86	2009-09-12	0.43	2009-10-20	0.31
2009-08-06	0.85	2009-09-13	0.43	2009-10-21	0.31
2009-08-07	0.82	2009-09-14	0.43	2009-10-22	0.31
2009-08-08	0.78	2009-09-15	0.42	2009-10-23	0.31
2009-08-09	0.75	2009-09-16	0.41	2009-10-24	0.31
2009-08-10	0.72	2009-09-17	0.41	2009-10-25	0.30
2009-08-11	0.69	2009-09-18	0.41	2009-10-26	0.28
2009-08-12	0.69	2009-09-19	0.41	2009-10-27	0.28
2009-08-13	0.68	2009-09-20	0.41	2009-10-28	0.28
2009-08-14	0.66	2009-09-21	0.41	2009-10-29	0.28
2009-08-15	0.65	2009-09-22	0.41	2009-10-30	0.28
2009-08-16	0.60	2009-09-23	0.41	2009-10-31	0.27
2009-08-17	0.60	2009-09-24	0.41	2009-11-01	0.26
2009-08-18	0.60	2009-09-25	0.40	2009-11-02	0.25
2009-08-19	0.60	2009-09-26	0.39	2009-11-03	0.25
2009-08-20	0.59	2009-09-27	0.39	2009-11-04	0.25
2009-08-21	0.57	2009-09-28	0.39	2009-11-05	0.25
2009-08-22	0.55	2009-09-29	0.38	2009-11-06	0.25
2009-08-23	0.54	2009-09-30	0.37	2009-11-07	0.25
2009-08-24	0.54	2009-10-01	0.35	2009-11-08	0.25
2009-08-25	0.54	2009-10-02	0.35	2009-11-09	0.25
2009-08-26	0.54	2009-10-03	0.35	2009-11-10	0.25
2009-08-27	0.54	2009-10-04	0.35	2009-11-11	0.25
2009-08-28	0.54	2009-10-05	0.35	2009-11-12	0.25
2009-08-29	0.54	2009-10-06	0.35	2009-11-13	0.25
2009-08-30	0.52	2009-10-07	0.35	2009-11-14	0.25

（续）

时间（年-月-日）	地下水位/mm	时间（年-月-日）	地下水位/mm	时间（年-月-日）	地下水位/mm
2009-11-15	0.24	2009-12-23	0.19	2010-01-30	0.17
2009-11-16	0.23	2009-12-24	0.19	2010-01-31	0.17
2009-11-17	0.23	2009-12-25	0.19	2010-02-01	0.17
2009-11-18	0.23	2009-12-26	0.19	2010-02-02	0.17
2009-11-19	0.23	2009-12-27	0.19	2010-02-03	0.17
2009-11-20	0.23	2009-12-28	0.19	2010-02-04	0.17
2009-11-21	0.23	2009-12-29	0.19	2010-02-05	0.17
2009-11-22	0.23	2009-12-30	0.19	2010-02-06	0.17
2009-11-23	0.23	2009-12-31	0.19	2010-02-07	0.17
2009-11-24	0.23	2010-01-01	0.19	2010-02-08	0.17
2009-11-25	0.23	2010-01-02	0.19	2010-02-09	0.17
2009-11-26	0.24	2010-01-03	0.19	2010-02-10	0.17
2009-11-27	0.24	2010-01-04	0.19	2010-02-11	0.17
2009-11-28	0.24	2010-01-05	0.19	2010-02-12	0.17
2009-11-29	0.23	2010-01-06	0.19	2010-02-13	0.17
2009-11-30	0.21	2010-01-07	0.19	2010-02-14	0.17
2009-12-01	0.21	2010-01-08	0.19	2010-02-15	0.17
2009-12-02	0.21	2010-01-09	0.19	2010-02-16	0.16
2009-12-03	0.21	2010-01-10	0.19	2010-02-17	0.16
2009-12-04	0.20	2010-01-11	0.19	2010-02-18	0.16
2009-12-05	0.19	2010-01-12	0.19	2010-02-19	0.16
2009-12-06	0.18	2010-01-13	0.19	2010-02-20	0.16
2009-12-07	0.19	2010-01-14	0.18	2010-02-21	0.16
2009-12-08	0.19	2010-01-15	0.18	2010-02-22	0.16
2009-12-09	0.20	2010-01-16	0.18	2010-02-23	0.16
2009-12-10	0.21	2010-01-17	0.18	2010-02-24	0.16
2009-12-11	0.22	2010-01-18	0.18	2010-02-25	0.16
2009-12-12	0.23	2010-01-19	0.18	2010-02-26	0.16
2009-12-13	0.23	2010-01-20	0.18	2010-02-27	0.16
2009-12-14	0.23	2010-01-21	0.17	2010-02-28	0.16
2009-12-15	0.22	2010-01-22	0.17	2010-03-01	0.16
2009-12-16	0.20	2010-01-23	0.17	2010-03-02	0.16
2009-12-17	0.19	2010-01-24	0.17	2010-03-03	0.16
2009-12-18	0.19	2010-01-25	0.17	2010-03-04	0.16
2009-12-19	0.19	2010-01-26	0.17	2010-03-05	0.16
2009-12-20	0.19	2010-01-27	0.17	2010-03-06	0.16
2009-12-21	0.19	2010-01-28	0.17	2010-03-07	0.16
2009-12-22	0.19	2010-01-29	0.17	2010-03-08	0.16

（续）

时间（年-月-日）	地下水位/mm	时间（年-月-日）	地下水位/mm	时间（年-月-日）	地下水位/mm
2010-03-09	0.16	2010-04-16	0.86	2010-05-24	0.81
2010-03-10	0.16	2010-04-17	0.74	2010-05-25	0.75
2010-03-11	0.16	2010-04-18	0.47	2010-05-26	0.68
2010-03-12	0.16	2010-04-19	0.42	2010-05-27	0.64
2010-03-13	0.16	2010-04-20	0.50	2010-05-28	0.77
2010-03-14	0.16	2010-04-21	0.68	2010-05-29	1.65
2010-03-15	0.16	2010-04-22	2.41	2010-05-30	1.70
2010-03-16	0.16	2010-04-23	1.69	2010-05-31	1.34
2010-03-17	0.16	2010-04-24	1.03	2010-06-01	5.25
2010-03-18	0.16	2010-04-25	0.72	2010-06-02	11.43
2010-03-19	0.16	2010-04-26	0.54	2010-06-03	5.28
2010-03-20	0.16	2010-04-27	0.52	2010-06-04	2.57
2010-03-21	0.15	2010-04-28	0.52	2010-06-05	1.60
2010-03-22	0.15	2010-04-29	0.49	2010-06-06	1.17
2010-03-23	0.15	2010-04-30	0.45	2010-06-07	0.97
2010-03-24	0.15	2010-05-01	0.41	2010-06-08	1.01
2010-03-25	0.15	2010-05-02	0.41	2010-06-09	2.13
2010-03-26	0.15	2010-05-03	0.40	2010-06-10	1.86
2010-03-27	0.15	2010-05-04	0.37	2010-06-11	1.45
2010-03-28	0.15	2010-05-05	0.33	2010-06-12	1.20
2010-03-29	0.15	2010-05-06	4.69	2010-06-13	1.08
2010-03-30	0.14	2010-05-07	6.34	2010-06-14	1.11
2010-03-31	0.14	2010-05-08	2.49	2010-06-15	1.19
2010-04-01	0.14	2010-05-09	1.46	2010-06-16	1.22
2010-04-02	0.15	2010-05-10	1.00	2010-06-17	1.21
2010-04-03	0.16	2010-05-11	0.79	2010-06-18	2.14
2010-04-04	0.16	2010-05-12	0.66	2010-06-19	4.75
2010-04-05	0.17	2010-05-13	0.57	2010-06-20	14.09
2010-04-06	0.22	2010-05-14	2.05	2010-06-21	5.92
2010-04-07	0.36	2010-05-15	4.92	2010-06-22	3.95
2010-04-08	0.66	2010-05-16	2.59	2010-06-23	3.32
2010-04-09	0.66	2010-05-17	1.64	2010-06-24	29.55
2010-04-10	0.42	2010-05-18	1.17	2010-06-25	17.36
2010-04-11	0.36	2010-05-19	0.99	2010-06-26	9.29
2010-04-12	0.31	2010-05-20	0.97	2010-06-27	5.58
2010-04-13	0.27	2010-05-21	0.96	2010-06-28	7.70
2010-04-14	0.27	2010-05-22	0.89	2010-06-29	7.21
2010-04-15	0.58	2010-05-23	0.83	2010-06-30	4.73

（续）

时间（年-月-日）	地下水位/mm	时间（年-月-日）	地下水位/mm	时间（年-月-日）	地下水位/mm
2010-07-01	3.43	2010-08-08	0.75	2010-09-15	0.37
2010-07-02	2.80	2010-08-09	0.74	2010-09-16	0.32
2010-07-03	2.38	2010-08-10	0.68	2010-09-17	0.31
2010-07-04	2.08	2010-08-11	0.61	2010-09-18	0.31
2010-07-05	1.87	2010-08-12	0.60	2010-09-19	0.30
2010-07-06	1.70	2010-08-13	0.60	2010-09-20	0.30
2010-07-07	1.66	2010-08-14	0.60	2010-09-21	0.30
2010-07-08	1.57	2010-08-15	0.59	2010-09-22	0.30
2010-07-09	1.49	2010-08-16	0.55	2010-09-23	0.30
2010-07-10	1.41	2010-08-17	0.54	2010-09-24	0.30
2010-07-11	1.39	2010-08-18	0.54	2010-09-25	0.30
2010-07-12	1.39	2010-08-19	0.54	2010-09-26	0.30
2010-07-13	1.39	2010-08-20	0.54	2010-09-27	0.30
2010-07-14	1.38	2010-08-21	0.54	2010-09-28	0.30
2010-07-15	1.29	2010-08-22	0.54	2010-09-29	0.30
2010-07-16	1.20	2010-08-23	0.54	2010-09-30	0.31
2010-07-17	1.18	2010-08-24	0.54	2010-10-01	0.36
2010-07-18	1.10	2010-08-25	0.54	2010-10-02	0.35
2010-07-19	1.02	2010-08-26	0.54	2010-10-03	0.33
2010-07-20	1.01	2010-08-27	0.54	2010-10-04	0.32
2010-07-21	1.01	2010-08-28	0.54	2010-10-05	0.31
2010-07-22	1.01	2010-08-29	0.54	2010-10-06	0.29
2010-07-23	1.01	2010-08-30	0.54	2010-10-07	0.28
2010-07-24	1.01	2010-08-31	0.49	2010-10-08	0.28
2010-07-25	1.01	2010-09-01	0.45	2010-10-09	0.28
2010-07-26	1.01	2010-09-02	0.45	2010-10-10	0.28
2010-07-27	1.01	2010-09-03	0.45	2010-10-11	0.28
2010-07-28	1.01	2010-09-04	0.45	2010-10-12	0.28
2010-07-29	1.01	2010-09-05	0.45	2010-10-13	0.28
2010-07-30	1.00	2010-09-06	0.43	2010-10-14	0.28
2010-07-31	0.89	2010-09-07	0.43	2010-10-15	0.28
2010-08-01	0.77	2010-09-08	0.43	2010-10-16	0.28
2010-08-02	0.75	2010-09-09	0.43	2010-10-17	0.28
2010-08-03	0.75	2010-09-10	0.43	2010-10-18	0.28
2010-08-04	0.75	2010-09-11	0.43	2010-10-19	0.28
2010-08-05	0.75	2010-09-12	0.43	2010-10-20	0.28
2010-08-06	0.75	2010-09-13	0.43	2010-10-21	0.28
2010-08-07	0.75	2010-09-14	0.42	2010-10-22	0.28

（续）

时间（年-月-日）	地下水位/mm	时间（年-月-日）	地下水位/mm	时间（年-月-日）	地下水位/mm
2010-10-23	0.28	2010-11-30	0.23	2011-01-07	0.30
2010-10-24	0.28	2010-12-01	0.23	2011-01-08	0.30
2010-10-25	0.28	2010-12-02	0.23	2011-01-09	0.30
2010-10-26	0.28	2010-12-03	0.23	2011-01-10	0.30
2010-10-27	0.28	2010-12-04	0.23	2011-01-11	0.30
2010-10-28	0.28	2010-12-05	0.23	2011-01-12	0.30
2010-10-29	0.28	2010-12-06	0.22	2011-01-13	0.30
2010-10-30	0.28	2010-12-07	0.21	2011-01-14	0.28
2010-10-31	0.28	2010-12-08	0.21	2011-01-15	0.27
2010-11-01	0.28	2010-12-09	0.20	2011-01-16	0.27
2010-11-02	0.28	2010-12-10	0.20	2011-01-17	0.28
2010-11-03	0.28	2010-12-11	0.20	2011-01-18	0.28
2010-11-04	0.28	2010-12-12	1.89	2011-01-19	0.28
2010-11-05	0.28	2010-12-13	3.56	2011-01-20	0.28
2010-11-06	0.28	2010-12-14	1.62	2011-01-21	0.28
2010-11-07	0.28	2010-12-15	1.27	2011-01-22	0.30
2010-11-08	0.28	2010-12-16	2.15	2011-01-23	0.32
2010-11-09	0.28	2010-12-17	1.56	2011-01-24	0.35
2010-11-10	0.28	2010-12-18	1.10	2011-01-25	0.43
2010-11-11	0.28	2010-12-19	0.82	2011-01-26	0.53
2010-11-12	0.27	2010-12-20	0.75	2011-01-27	0.54
2010-11-13	0.26	2010-12-21	0.54	2011-01-28	0.54
2010-11-14	0.25	2010-12-22	0.47	2011-01-29	0.54
2010-11-15	0.25	2010-12-23	0.45	2011-01-30	0.54
2010-11-16	0.25	2010-12-24	0.41	2011-01-31	0.54
2010-11-17	0.25	2010-12-25	0.37	2011-02-01	0.54
2010-11-18	0.25	2010-12-26	0.35	2011-02-02	0.49
2010-11-19	0.25	2010-12-27	0.34	2011-02-03	0.45
2010-11-20	0.25	2010-12-28	0.30	2011-02-04	0.41
2010-11-21	0.24	2010-12-29	0.30	2011-02-05	0.37
2010-11-22	0.24	2010-12-30	0.30	2011-02-06	0.35
2010-11-23	0.24	2010-12-31	0.30	2011-02-07	0.35
2010-11-24	0.23	2011-01-01	0.30	2011-02-08	0.33
2010-11-25	0.23	2011-01-02	0.30	2011-02-09	0.31
2010-11-26	0.23	2011-01-03	0.30	2011-02-10	0.30
2010-11-27	0.23	2011-01-04	0.30	2011-02-11	0.28
2010-11-28	0.23	2011-01-05	0.30	2011-02-12	0.29
2010-11-29	0.23	2011-01-06	0.30	2011-02-13	0.38

（续）

时间（年-月-日）	地下水位/mm	时间（年-月-日）	地下水位/mm	时间（年-月-日）	地下水位/mm
2011-02-14	0.58	2011-03-24	0.43	2011-05-01	13.48
2011-02-15	0.67	2011-03-25	0.43	2011-05-02	3.71
2011-02-16	0.68	2011-03-26	0.43	2011-05-03	2.02
2011-02-17	0.65	2011-03-27	0.43	2011-05-04	1.63
2011-02-18	0.62	2011-03-28	0.43	2011-05-05	1.39
2011-02-19	0.57	2011-03-29	0.43	2011-05-06	1.20
2011-02-20	0.52	2011-03-30	0.43	2011-05-07	1.10
2011-02-21	0.49	2011-03-31	0.43	2011-05-08	1.01
2011-02-22	0.47	2011-04-01	0.43	2011-05-09	0.93
2011-02-23	0.45	2011-04-02	0.42	2011-05-10	0.85
2011-02-24	0.43	2011-04-03	0.41	2011-05-11	4.38
2011-02-25	0.41	2011-04-04	0.39	2011-05-12	31.60
2011-02-26	0.40	2011-04-05	0.39	2011-05-13	15.86
2011-02-27	0.37	2011-04-06	0.39	2011-05-14	8.43
2011-02-28	0.33	2011-04-07	0.43	2011-05-15	4.62
2011-03-01	0.32	2011-04-08	0.50	2011-05-16	3.36
2011-03-02	0.31	2011-04-09	0.57	2011-05-17	2.65
2011-03-03	0.30	2011-04-10	0.64	2011-05-18	2.24
2011-03-04	0.30	2011-04-11	0.65	2011-05-19	2.01
2011-03-05	0.30	2011-04-12	0.63	2011-05-20	1.84
2011-03-06	0.28	2011-04-13	0.60	2011-05-21	1.71
2011-03-07	0.27	2011-04-14	0.57	2011-05-22	2.63
2011-03-08	0.27	2011-04-15	0.52	2011-05-23	3.46
2011-03-09	0.27	2011-04-16	0.47	2011-05-24	2.65
2011-03-10	0.27	2011-04-17	0.45	2011-05-25	2.10
2011-03-11	0.27	2011-04-18	0.45	2011-05-26	1.82
2011-03-12	0.27	2011-04-19	0.45	2011-05-27	1.67
2011-03-13	0.27	2011-04-20	0.45	2011-05-28	1.50
2011-03-14	0.27	2011-04-21	0.45	2011-05-29	1.35
2011-03-15	0.27	2011-04-22	0.43	2011-05-30	1.29
2011-03-16	0.27	2011-04-23	0.43	2011-05-31	1.23
2011-03-17	0.31	2011-04-24	0.42	2011-06-01	1.16
2011-03-18	0.34	2011-04-25	0.39	2011-06-02	1.16
2011-03-19	0.38	2011-04-26	0.35	2011-06-03	1.17
2011-03-20	0.41	2011-04-27	0.35	2011-06-04	1.18
2011-03-21	0.42	2011-04-28	0.33	2011-06-05	1.19
2011-03-22	0.43	2011-04-29	0.31	2011-06-06	1.19
2011-03-23	0.43	2011-04-30	1.35	2011-06-07	1.19

（续）

时间（年-月-日）	地下水位/mm	时间（年-月-日）	地下水位/mm	时间（年-月-日）	地下水位/mm
2011-06-08	1.19	2011-07-16	0.57	2011-08-23	0.36
2011-06-09	1.19	2011-07-17	0.56	2011-08-24	0.35
2011-06-10	1.27	2011-07-18	0.54	2011-08-25	0.35
2011-06-11	1.76	2011-07-19	0.54	2011-08-26	0.35
2011-06-12	1.68	2011-07-20	0.53	2011-08-27	0.35
2011-06-13	1.50	2011-07-21	0.52	2011-08-28	0.35
2011-06-14	1.34	2011-07-22	0.51	2011-08-29	0.35
2011-06-15	1.21	2011-07-23	0.50	2011-08-30	0.35
2011-06-16	1.19	2011-07-24	0.50	2011-08-31	0.35
2011-06-17	1.14	2011-07-25	0.49	2011-09-01	0.33
2011-06-18	1.10	2011-07-26	0.49	2011-09-02	0.33
2011-06-19	1.08	2011-07-27	0.48	2011-09-03	0.33
2011-06-20	1.06	2011-07-28	0.47	2011-09-04	0.32
2011-06-21	1.05	2011-07-29	0.46	2011-09-05	0.31
2011-06-22	1.01	2011-07-30	0.46	2011-09-06	0.31
2011-06-23	0.97	2011-07-31	0.45	2011-09-07	0.31
2011-06-24	0.90	2011-08-01	0.45	2011-09-08	0.31
2011-06-25	0.85	2011-08-02	0.45	2011-09-09	0.31
2011-06-26	0.82	2011-08-03	0.43	2011-09-10	0.31
2011-06-27	0.79	2011-08-04	0.43	2011-09-11	0.31
2011-06-28	0.78	2011-08-05	0.43	2011-09-12	0.31
2011-06-29	0.78	2011-08-06	0.43	2011-09-13	0.31
2011-06-30	0.78	2011-08-07	0.42	2011-09-14	0.31
2011-07-01	0.78	2011-08-08	0.41	2011-09-15	0.31
2011-07-02	0.75	2011-08-09	0.41	2011-09-16	0.31
2011-07-03	0.73	2011-08-10	0.40	2011-09-17	0.31
2011-07-04	0.72	2011-08-11	0.39	2011-09-18	0.31
2011-07-05	0.69	2011-08-12	0.39	2011-09-19	0.30
2011-07-06	0.66	2011-08-13	0.39	2011-09-20	0.28
2011-07-07	0.64	2011-08-14	0.39	2011-09-21	0.28
2011-07-08	0.63	2011-08-15	0.39	2011-09-22	0.28
2011-07-09	0.62	2011-08-16	0.39	2011-09-23	0.28
2011-07-10	0.61	2011-08-17	0.39	2011-09-24	0.28
2011-07-11	0.60	2011-08-18	0.39	2011-09-25	0.28
2011-07-12	0.58	2011-08-19	0.38	2011-09-26	0.28
2011-07-13	0.57	2011-08-20	0.37	2011-09-27	0.28
2011-07-14	0.57	2011-08-21	0.37	2011-09-28	0.28
2011-07-15	0.57	2011-08-22	0.37	2011-09-29	0.28

（续）

时间（年-月-日）	地下水位/mm	时间（年-月-日）	地下水位/mm	时间（年-月-日）	地下水位/mm
2011-09-30	0.28	2011-11-07	0.23	2011-12-15	0.19
2011-10-01	0.26	2011-11-08	0.23	2011-12-16	0.19
2011-10-02	0.25	2011-11-09	0.23	2011-12-17	0.19
2011-10-03	0.25	2011-11-10	0.23	2011-12-18	0.19
2011-10-04	0.25	2011-11-11	0.23	2011-12-19	0.19
2011-10-05	0.25	2011-11-12	0.23	2011-12-20	0.19
2011-10-06	0.25	2011-11-13	0.23	2011-12-21	0.18
2011-10-07	0.25	2011-11-14	0.23	2011-12-22	0.18
2011-10-08	0.25	2011-11-15	0.21	2011-12-23	0.18
2011-10-09	0.25	2011-11-16	0.20	2011-12-24	0.18
2011-10-10	0.25	2011-11-17	0.20	2011-12-25	0.18
2011-10-11	0.25	2011-11-18	0.20	2011-12-26	0.17
2011-10-12	0.25	2011-11-19	0.20	2011-12-27	0.17
2011-10-13	0.25	2011-11-20	0.20	2011-12-28	0.17
2011-10-14	0.25	2011-11-21	0.21	2011-12-29	0.17
2011-10-15	0.25	2011-11-22	0.21	2011-12-30	0.17
2011-10-16	0.25	2011-11-23	0.21	2011-12-31	0.17
2011-10-17	0.24	2011-11-24	0.21	2012-01-01	0.17
2011-10-18	0.23	2011-11-25	0.21	2012-01-02	0.17
2011-10-19	0.22	2011-11-26	0.20	2012-01-03	0.17
2011-10-20	0.21	2011-11-27	0.20	2012-01-04	0.17
2011-10-21	0.21	2011-11-28	0.20	2012-01-05	0.17
2011-10-22	0.21	2011-11-29	0.20	2012-01-06	0.17
2011-10-23	0.21	2011-11-30	0.19	2012-01-07	0.17
2011-10-24	0.21	2011-12-01	0.18	2012-01-08	0.16
2011-10-25	0.21	2011-12-02	0.18	2012-01-09	0.15
2011-10-26	0.21	2011-12-03	0.18	2012-01-10	0.15
2011-10-27	0.27	2011-12-04	0.18	2012-01-11	0.14
2011-10-28	0.68	2011-12-05	0.19	2012-01-12	0.14
2011-10-29	0.47	2011-12-06	0.20	2012-01-13	0.14
2011-10-30	0.34	2011-12-07	0.20	2012-01-14	0.15
2011-10-31	0.28	2011-12-08	0.20	2012-01-15	0.21
2011-11-01	0.24	2011-12-09	0.20	2012-01-16	0.40
2011-11-02	0.24	2011-12-10	0.20	2012-01-17	0.39
2011-11-03	0.24	2011-12-11	0.19	2012-01-18	0.39
2011-11-04	0.24	2011-12-12	0.19	2012-01-19	0.80
2011-11-05	0.24	2011-12-13	0.19	2012-01-20	0.69
2011-11-06	0.23	2011-12-14	0.19	2012-01-21	0.52

（续）

时间（年-月-日）	地下水位/mm	时间（年-月-日）	地下水位/mm	时间（年-月-日）	地下水位/mm
2012-01-22	0.43	2012-02-29	0.31	2012-04-07	0.41
2012-01-23	0.39	2012-03-01	0.32	2012-04-08	0.39
2012-01-24	0.37	2012-03-02	0.35	2012-04-09	0.37
2012-01-25	0.35	2012-03-03	0.39	2012-04-10	0.35
2012-01-26	0.33	2012-03-04	0.42	2012-04-11	0.33
2012-01-27	0.33	2012-03-05	0.45	2012-04-12	0.33
2012-01-28	0.33	2012-03-06	0.47	2012-04-13	0.33
2012-01-29	0.33	2012-03-07	0.47	2012-04-14	0.33
2012-01-30	0.31	2012-03-08	0.47	2012-04-15	0.33
2012-01-31	0.30	2012-03-09	0.45	2012-04-16	0.35
2012-02-01	0.28	2012-03-10	0.43	2012-04-17	0.37
2012-02-02	0.27	2012-03-11	0.41	2012-04-18	0.39
2012-02-03	0.27	2012-03-12	0.39	2012-04-19	0.41
2012-02-04	0.27	2012-03-13	0.37	2012-04-20	0.43
2012-02-05	0.25	2012-03-14	0.35	2012-04-21	0.45
2012-02-06	0.24	2012-03-15	0.33	2012-04-22	0.51
2012-02-07	0.24	2012-03-16	0.30	2012-04-23	0.54
2012-02-08	0.24	2012-03-17	0.30	2012-04-24	0.54
2012-02-09	0.24	2012-03-18	0.30	2012-04-25	0.52
2012-02-10	0.24	2012-03-19	0.30	2012-04-26	0.50
2012-02-11	0.12	2012-03-20	0.31	2012-04-27	0.49
2012-02-12	0.00	2012-03-21	0.33	2012-04-28	0.45
2012-02-13	0.60	2012-03-22	0.33	2012-04-29	0.41
2012-02-14	0.23	2012-03-23	0.33	2012-04-30	0.40
2012-02-15	0.21	2012-03-24	0.33	2012-05-01	0.45
2012-02-16	0.21	2012-03-25	0.33	2012-05-02	0.61
2012-02-17	0.21	2012-03-26	0.33	2012-05-03	1.39
2012-02-18	0.21	2012-03-27	0.33	2012-05-04	1.50
2012-02-19	0.22	2012-03-28	0.33	2012-05-05	2.80
2012-02-20	0.23	2012-03-29	0.44	2012-05-06	1.82
2012-02-21	0.24	2012-03-30	0.99	2012-05-07	1.16
2012-02-22	0.25	2012-03-31	1.29	2012-05-08	0.89
2012-02-23	0.27	2012-04-01	1.22	2012-05-09	0.84
2012-02-24	0.28	2012-04-02	1.00	2012-05-10	0.93
2012-02-25	0.30	2012-04-03	0.76	2012-05-11	1.04
2012-02-26	0.31	2012-04-04	0.65	2012-05-12	1.06
2012-02-27	0.31	2012-04-05	0.55	2012-05-13	1.10
2012-02-28	0.31	2012-04-06	0.47	2012-05-14	1.75

（续）

时间（年-月-日）	地下水位/mm	时间（年-月-日）	地下水位/mm	时间（年-月-日）	地下水位/mm
2012-05-15	4.52	2012-06-22	0.97	2012-07-30	0.75
2012-05-16	2.79	2012-06-23	0.93	2012-07-31	0.75
2012-05-17	1.82	2012-06-24	0.89	2012-08-01	0.72
2012-05-18	1.34	2012-06-25	0.85	2012-08-02	0.69
2012-05-19	0.99	2012-06-26	0.82	2012-08-03	0.69
2012-05-20	0.80	2012-06-27	0.82	2012-08-04	0.69
2012-05-21	0.72	2012-06-28	0.82	2012-08-05	0.69
2012-05-22	0.67	2012-06-29	0.82	2012-08-06	0.69
2012-05-23	1.05	2012-06-30	0.82	2012-08-07	0.69
2012-05-24	3.69	2012-07-01	0.82	2012-08-08	0.68
2012-05-25	3.98	2012-07-02	0.81	2012-08-09	0.65
2012-05-26	7.81	2012-07-03	0.78	2012-08-10	0.63
2012-05-27	6.42	2012-07-04	0.75	2012-08-11	0.60
2012-05-28	3.79	2012-07-05	0.72	2012-08-12	0.60
2012-05-29	2.93	2012-07-06	0.69	2012-08-13	0.60
2012-05-30	4.49	2012-07-07	0.69	2012-08-14	0.60
2012-05-31	4.20	2012-07-08	0.69	2012-08-15	0.60
2012-06-01	2.99	2012-07-09	0.69	2012-08-16	0.60
2012-06-02	2.19	2012-07-10	0.69	2012-08-17	0.59
2012-06-03	1.79	2012-07-11	0.69	2012-08-18	0.57
2012-06-04	1.47	2012-07-12	0.68	2012-08-19	0.54
2012-06-05	1.34	2012-07-13	0.65	2012-08-20	0.52
2012-06-06	1.29	2012-07-14	0.63	2012-08-21	0.50
2012-06-07	1.23	2012-07-15	0.72	2012-08-22	0.49
2012-06-08	1.14	2012-07-16	1.29	2012-08-23	0.49
2012-06-09	1.07	2012-07-17	1.40	2012-08-24	0.49
2012-06-10	1.41	2012-07-18	2.99	2012-08-25	0.49
2012-06-11	3.88	2012-07-19	3.26	2012-08-26	0.49
2012-06-12	3.33	2012-07-20	2.33	2012-08-27	0.49
2012-06-13	2.03	2012-07-21	1.76	2012-08-28	0.49
2012-06-14	1.55	2012-07-22	1.45	2012-08-29	0.49
2012-06-15	1.26	2012-07-23	1.24	2012-08-30	0.49
2012-06-16	1.15	2012-07-24	1.05	2012-08-31	0.49
2012-06-17	1.10	2012-07-25	0.89	2012-09-01	0.49
2012-06-18	1.06	2012-07-26	0.77	2012-09-02	0.49
2012-06-19	1.06	2012-07-27	0.75	2012-09-03	0.47
2012-06-20	1.05	2012-07-28	0.75	2012-09-04	0.45
2012-06-21	1.01	2012-07-29	0.75	2012-09-05	0.43

（续）

时间（年-月-日）	地下水位/mm	时间（年-月-日）	地下水位/mm	时间（年-月-日）	地下水位/mm
2012-09-06	0.43	2012-10-14	0.36	2012-11-21	0.95
2012-09-07	0.42	2012-10-15	0.35	2012-11-22	0.78
2012-09-08	0.41	2012-10-16	0.35	2012-11-23	0.62
2012-09-09	0.41	2012-10-17	0.33	2012-11-24	0.50
2012-09-10	0.40	2012-10-18	0.31	2012-11-25	0.45
2012-09-11	0.40	2012-10-19	0.30	2012-11-26	0.41
2012-09-12	0.40	2012-10-20	0.28	2012-11-27	0.42
2012-09-13	0.40	2012-10-21	0.27	2012-11-28	0.41
2012-09-14	0.40	2012-10-22	0.27	2012-11-29	0.40
2012-09-15	0.40	2012-10-23	0.28	2012-11-30	0.39
2012-09-16	0.39	2012-10-24	0.28	2012-12-01	0.38
2012-09-17	0.39	2012-10-25	0.30	2012-12-02	0.37
2012-09-18	0.39	2012-10-26	0.31	2012-12-03	0.35
2012-09-19	0.39	2012-10-27	0.32	2012-12-04	0.31
2012-09-20	0.39	2012-10-28	0.32	2012-12-05	0.27
2012-09-21	0.39	2012-10-29	0.32	2012-12-06	0.26
2012-09-22	0.39	2012-10-30	0.33	2012-12-07	0.27
2012-09-23	0.40	2012-10-31	0.33	2012-12-08	0.28
2012-09-24	0.41	2012-11-01	0.33	2012-12-09	0.29
2012-09-25	0.43	2012-11-02	0.32	2012-12-10	0.30
2012-09-26	0.44	2012-11-03	0.32	2012-12-11	0.31
2012-09-27	0.43	2012-11-04	0.32	2012-12-12	0.33
2012-09-28	0.41	2012-11-05	0.33	2012-12-13	0.35
2012-09-29	0.39	2012-11-06	0.33	2012-12-14	0.36
2012-09-30	0.39	2012-11-07	0.38	2012-12-15	0.37
2012-10-01	0.39	2012-11-08	0.63	2012-12-16	0.38
2012-10-02	0.38	2012-11-09	0.75	2012-12-17	0.37
2012-10-03	0.38	2012-11-10	0.66	2012-12-18	0.35
2012-10-04	0.37	2012-11-11	0.58	2012-12-19	0.32
2012-10-05	0.37	2012-11-12	0.54	2012-12-20	0.30
2012-10-06	0.37	2012-11-13	0.52	2012-12-21	0.29
2012-10-07	0.37	2012-11-14	0.49	2012-12-22	0.29
2012-10-08	0.37	2012-11-15	0.47	2012-12-23	0.30
2012-10-09	0.37	2012-11-16	0.57	2012-12-24	0.31
2012-10-10	0.37	2012-11-17	1.63	2012-12-25	0.32
2012-10-11	0.37	2012-11-18	1.55	2012-12-26	0.33
2012-10-12	0.36	2012-11-19	1.21	2012-12-27	0.34
2012-10-13	0.36	2012-11-20	1.06	2012-12-28	0.35

（续）

时间（年-月-日）	地下水位/mm	时间（年-月-日）	地下水位/mm	时间（年-月-日）	地下水位/mm
2012-12-29	0.37	2013-02-05	0.30	2013-03-15	0.96
2012-12-30	0.39	2013-02-06	0.30	2013-03-16	1.67
2012-12-31	0.41	2013-02-07	0.30	2013-03-17	1.39
2013-01-01	0.42	2013-02-08	0.30	2013-03-18	1.09
2013-01-02	0.43	2013-02-09	0.30	2013-03-19	2.01
2013-01-03	0.43	2013-02-10	0.30	2013-03-20	16.54
2013-01-04	0.43	2013-02-11	0.30	2013-03-21	6.85
2013-01-05	0.43	2013-02-12	0.30	2013-03-22	3.18
2013-01-06	0.42	2013-02-13	0.30	2013-03-23	2.08
2013-01-07	0.41	2013-02-14	0.30	2013-03-24	2.18
2013-01-08	0.39	2013-02-15	0.30	2013-03-25	2.50
2013-01-09	0.37	2013-02-16	0.30	2013-03-26	2.32
2013-01-10	0.35	2013-02-17	0.30	2013-03-27	2.97
2013-01-11	0.35	2013-02-18	0.30	2013-03-28	2.75
2013-01-12	0.35	2013-02-19	0.30	2013-03-29	2.61
2013-01-13	0.35	2013-02-20	0.30	2013-03-30	2.46
2013-01-14	0.35	2013-02-21	0.30	2013-03-31	2.36
2013-01-15	0.35	2013-02-22	0.30	2013-04-01	2.21
2013-01-16	0.35	2013-02-23	0.30	2013-04-02	2.01
2013-01-17	0.35	2013-02-24	0.30	2013-04-03	1.88
2013-01-18	0.35	2013-02-25	0.30	2013-04-04	1.79
2013-01-19	0.35	2013-02-26	0.28	2013-04-05	1.71
2013-01-20	0.35	2013-02-27	0.28	2013-04-06	1.87
2013-01-21	0.35	2013-02-28	0.28	2013-04-07	2.32
2013-01-22	0.36	2013-03-01	0.28	2013-04-08	2.04
2013-01-23	0.36	2013-03-02	0.28	2013-04-09	1.57
2013-01-24	0.35	2013-03-03	0.28	2013-04-10	1.27
2013-01-25	0.33	2013-03-04	0.28	2013-04-11	1.20
2013-01-26	0.32	2013-03-05	0.28	2013-04-12	1.19
2013-01-27	0.31	2013-03-06	0.28	2013-04-13	1.19
2013-01-28	0.31	2013-03-07	0.28	2013-04-14	1.19
2013-01-29	0.31	2013-03-08	0.28	2013-04-15	1.19
2013-01-30	0.31	2013-03-09	0.28	2013-04-16	1.18
2013-01-31	0.31	2013-03-10	0.28	2013-04-17	1.09
2013-02-01	0.31	2013-03-11	0.28	2013-04-18	0.97
2013-02-02	0.31	2013-03-12	0.28	2013-04-19	0.89
2013-02-03	0.31	2013-03-13	0.47	2013-04-20	0.79
2013-02-04	0.30	2013-03-14	0.68	2013-04-21	0.72

（续）

时间（年-月-日）	地下水位/mm	时间（年-月-日）	地下水位/mm	时间（年-月-日）	地下水位/mm
2013-04-22	0.71	2013-05-30	6.41	2013-07-07	1.01
2013-04-23	0.71	2013-05-31	6.66	2013-07-08	0.89
2013-04-24	1.07	2013-06-01	5.44	2013-07-09	0.79
2013-04-25	5.59	2013-06-02	4.48	2013-07-10	0.72
2013-04-26	7.13	2013-06-03	3.79	2013-07-11	0.66
2013-04-27	3.09	2013-06-04	3.26	2013-07-12	0.66
2013-04-28	1.93	2013-06-05	2.80	2013-07-13	0.66
2013-04-29	1.60	2013-06-06	2.47	2013-07-14	0.66
2013-04-30	6.45	2013-06-07	2.30	2013-07-15	0.66
2013-05-01	5.68	2013-06-08	2.17	2013-07-16	0.66
2013-05-02	3.85	2013-06-09	2.15	2013-07-17	0.66
2013-05-03	3.00	2013-06-10	2.28	2013-07-18	0.66
2013-05-04	2.56	2013-06-11	3.08	2013-07-19	0.66
2013-05-05	2.38	2013-06-12	2.94	2013-07-20	0.66
2013-05-06	2.32	2013-06-13	2.55	2013-07-21	0.66
2013-05-07	3.16	2013-06-14	2.29	2013-07-22	0.66
2013-05-08	9.46	2013-06-15	2.09	2013-07-23	0.66
2013-05-09	6.84	2013-06-16	2.00	2013-07-24	0.66
2013-05-10	4.88	2013-06-17	1.94	2013-07-25	0.66
2013-05-11	6.91	2013-06-18	1.86	2013-07-26	0.66
2013-05-12	5.72	2013-06-19	1.74	2013-07-27	0.65
2013-05-13	4.31	2013-06-20	1.62	2013-07-28	0.63
2013-05-14	3.67	2013-06-21	1.55	2013-07-29	0.63
2013-05-15	3.19	2013-06-22	1.45	2013-07-30	0.63
2013-05-16	2.98	2013-06-23	1.34	2013-07-31	0.63
2013-05-17	2.88	2013-06-24	1.24	2013-08-01	0.63
2013-05-18	4.81	2013-06-25	1.14	2013-08-02	0.63
2013-05-19	7.48	2013-06-26	1.06	2013-08-03	0.62
2013-05-20	5.58	2013-06-27	1.36	2013-08-04	0.60
2013-05-21	6.33	2013-06-28	2.38	2013-08-05	0.60
2013-05-22	5.18	2013-06-29	2.04	2013-08-06	0.60
2013-05-23	4.26	2013-06-30	1.87	2013-08-07	0.60
2013-05-24	3.70	2013-07-01	1.73	2013-08-08	0.59
2013-05-25	3.34	2013-07-02	1.56	2013-08-09	0.57
2013-05-26	10.78	2013-07-03	1.45	2013-08-10	0.54
2013-05-27	12.87	2013-07-04	1.34	2013-08-11	0.52
2013-05-28	7.35	2013-07-05	1.24	2013-08-12	0.52
2013-05-29	5.81	2013-07-06	1.14	2013-08-13	0.52

（续）

时间（年-月-日）	地下水位/mm	时间（年-月-日）	地下水位/mm	时间（年-月-日）	地下水位/mm
2013-08-14	0.52	2013-09-21	0.30	2013-10-29	0.34
2013-08-15	0.49	2013-09-22	0.30	2013-10-30	0.28
2013-08-16	0.47	2013-09-23	0.30	2013-10-31	0.28
2013-08-17	0.47	2013-09-24	0.31	2013-11-01	0.30
2013-08-18	0.45	2013-09-25	1.60	2013-11-02	0.30
2013-08-19	0.45	2013-09-26	1.07	2013-11-03	0.30
2013-08-20	0.45	2013-09-27	0.76	2013-11-04	0.30
2013-08-21	0.43	2013-09-28	0.62	2013-11-05	0.30
2013-08-22	0.43	2013-09-29	0.52	2013-11-06	0.30
2013-08-23	0.43	2013-09-30	0.45	2013-11-07	0.28
2013-08-24	0.43	2013-10-01	0.41	2013-11-08	0.27
2013-08-25	0.43	2013-10-02	0.39	2013-11-09	0.24
2013-08-26	0.41	2013-10-03	0.37	2013-11-10	0.23
2013-08-27	0.41	2013-10-04	0.35	2013-11-11	0.22
2013-08-28	0.41	2013-10-05	0.33	2013-11-12	0.25
2013-08-29	0.41	2013-10-06	0.32	2013-11-13	0.28
2013-08-30	0.41	2013-10-07	0.31	2013-11-14	0.28
2013-08-31	0.40	2013-10-08	0.31	2013-11-15	0.28
2013-09-01	0.39	2013-10-09	0.31	2013-11-16	0.28
2013-09-02	0.39	2013-10-10	0.30	2013-11-17	0.27
2013-09-03	0.39	2013-10-11	0.29	2013-11-18	0.26
2013-09-04	0.39	2013-10-12	0.31	2013-11-19	0.25
2013-09-05	0.39	2013-10-13	0.35	2013-11-20	0.24
2013-09-06	0.39	2013-10-14	0.37	2013-11-21	0.23
2013-09-07	0.39	2013-10-15	0.39	2013-11-22	0.23
2013-09-08	0.38	2013-10-16	0.40	2013-11-23	0.23
2013-09-09	0.35	2013-10-17	0.39	2013-11-24	0.22
2013-09-10	0.35	2013-10-18	0.36	2013-11-25	0.21
2013-09-11	0.35	2013-10-19	0.33	2013-11-26	0.21
2013-09-12	0.35	2013-10-20	0.30	2013-11-27	0.22
2013-09-13	0.35	2013-10-21	0.27	2013-11-28	0.23
2013-09-14	0.35	2013-10-22	0.25	2013-11-29	0.24
2013-09-15	0.35	2013-10-23	0.24	2013-11-30	0.25
2013-09-16	0.35	2013-10-24	0.23	2013-12-01	0.27
2013-09-17	0.35	2013-10-25	0.22	2013-12-02	0.27
2013-09-18	0.33	2013-10-26	0.22	2013-12-03	0.27
2013-09-19	0.31	2013-10-27	0.23	2013-12-04	0.27
2013-09-20	0.31	2013-10-28	0.25	2013-12-05	0.25

（续）

时间（年-月-日）	地下水位/mm	时间（年-月-日）	地下水位/mm	时间（年-月-日）	地下水位/mm
2013-12-06	0.24	2014-01-13	0.23	2014-02-20	0.19
2013-12-07	0.23	2014-01-14	0.23	2014-02-21	0.18
2013-12-08	0.21	2014-01-15	0.23	2014-02-22	0.18
2013-12-09	0.20	2014-01-16	0.23	2014-02-23	0.18
2013-12-10	0.20	2014-01-17	0.23	2014-02-24	0.18
2013-12-11	0.20	2014-01-18	0.23	2014-02-25	0.19
2013-12-12	0.22	2014-01-19	0.23	2014-02-26	0.21
2013-12-13	0.23	2014-01-20	0.23	2014-02-27	0.21
2013-12-14	0.24	2014-01-21	0.23	2014-02-28	0.21
2013-12-15	0.31	2014-01-22	0.23	2014-03-01	0.21
2013-12-16	0.86	2014-01-23	0.23	2014-03-02	0.21
2013-12-17	1.05	2014-01-24	0.23	2014-03-03	0.22
2013-12-18	0.86	2014-01-25	0.23	2014-03-04	0.23
2013-12-19	0.72	2014-01-26	0.23	2014-03-05	0.24
2013-12-20	0.60	2014-01-27	0.23	2014-03-06	0.25
2013-12-21	0.50	2014-01-28	0.23	2014-03-07	0.25
2013-12-22	0.43	2014-01-29	0.23	2014-03-08	0.25
2013-12-23	0.37	2014-01-30	0.23	2014-03-09	0.25
2013-12-24	0.32	2014-01-31	0.21	2014-03-10	0.25
2013-12-25	0.30	2014-02-01	0.20	2014-03-11	0.24
2013-12-26	0.28	2014-02-02	0.20	2014-03-12	0.24
2013-12-27	0.28	2014-02-03	0.20	2014-03-13	0.25
2013-12-28	0.28	2014-02-04	0.20	2014-03-14	0.27
2013-12-29	0.28	2014-02-05	0.20	2014-03-15	0.28
2013-12-30	0.27	2014-02-06	0.19	2014-03-16	0.30
2013-12-31	0.25	2014-02-07	0.19	2014-03-17	0.30
2014-01-01	0.23	2014-02-08	0.19	2014-03-18	0.30
2014-01-02	0.23	2014-02-09	0.19	2014-03-19	0.30
2014-01-03	0.23	2014-02-10	0.19	2014-03-20	0.30
2014-01-04	0.23	2014-02-11	0.19	2014-03-21	0.30
2014-01-05	0.23	2014-02-12	0.19	2014-03-22	0.31
2014-01-06	0.23	2014-02-13	0.19	2014-03-23	0.30
2014-01-07	0.23	2014-02-14	0.19	2014-03-24	0.28
2014-01-08	0.23	2014-02-15	0.19	2014-03-25	0.27
2014-01-09	0.23	2014-02-16	0.19	2014-03-26	0.29
2014-01-10	0.23	2014-02-17	0.19	2014-03-27	0.52
2014-01-11	0.23	2014-02-18	0.19	2014-03-28	0.57
2014-01-12	0.23	2014-02-19	0.19	2014-03-29	0.57

（续）

时间（年-月-日）	地下水位/mm	时间（年-月-日）	地下水位/mm	时间（年-月-日）	地下水位/mm
2014-03-30	0.58	2014-05-07	0.38	2014-06-14	1.50
2014-03-31	0.65	2014-05-08	0.39	2014-06-15	1.50
2014-04-01	0.89	2014-05-09	4.14	2014-06-16	1.44
2014-04-02	0.90	2014-05-10	16.76	2014-06-17	1.34
2014-04-03	0.69	2014-05-11	9.23	2014-06-18	1.25
2014-04-04	0.53	2014-05-12	3.45	2014-06-19	1.36
2014-04-05	0.65	2014-05-13	2.25	2014-06-20	13.21
2014-04-06	18.08	2014-05-14	1.71	2014-06-21	15.21
2014-04-07	8.39	2014-05-15	1.46	2014-06-22	7.31
2014-04-08	3.53	2014-05-16	1.35	2014-06-23	5.46
2014-04-09	7.93	2014-05-17	1.34	2014-06-24	4.51
2014-04-10	3.67	2014-05-18	1.34	2014-06-25	3.89
2014-04-11	2.10	2014-05-19	1.34	2014-06-26	3.38
2014-04-12	1.67	2014-05-20	1.34	2014-06-27	3.08
2014-04-13	1.35	2014-05-21	1.33	2014-06-28	2.89
2014-04-14	1.15	2014-05-22	1.55	2014-06-29	2.80
2014-04-15	1.01	2014-05-23	3.51	2014-06-30	2.97
2014-04-16	0.90	2014-05-24	2.97	2014-07-01	4.27
2014-04-17	0.85	2014-05-25	2.81	2014-07-02	5.00
2014-04-18	0.78	2014-05-26	7.78	2014-07-03	3.68
2014-04-19	0.71	2014-05-27	5.39	2014-07-04	3.05
2014-04-20	0.63	2014-05-28	3.63	2014-07-05	3.03
2014-04-21	0.57	2014-05-29	2.83	2014-07-06	2.87
2014-04-22	0.54	2014-05-30	2.38	2014-07-07	2.60
2014-04-23	0.52	2014-05-31	2.08	2014-07-08	2.24
2014-04-24	0.49	2014-06-01	1.87	2014-07-09	2.01
2014-04-25	0.47	2014-06-02	1.92	2014-07-10	1.87
2014-04-26	0.45	2014-06-03	3.42	2014-07-11	1.74
2014-04-27	0.43	2014-06-04	3.05	2014-07-12	1.62
2014-04-28	0.43	2014-06-05	3.24	2014-07-13	1.52
2014-04-29	0.42	2014-06-06	2.88	2014-07-14	2.19
2014-04-30	0.41	2014-06-07	2.44	2014-07-15	8.42
2014-05-01	0.39	2014-06-08	2.02	2014-07-16	4.83
2014-05-02	0.37	2014-06-09	1.76	2014-07-17	2.95
2014-05-03	0.35	2014-06-10	1.62	2014-07-18	2.19
2014-05-04	0.33	2014-06-11	1.52	2014-07-19	1.88
2014-05-05	0.34	2014-06-12	1.50	2014-07-20	1.68
2014-05-06	0.38	2014-06-13	1.50	2014-07-21	1.51

（续）

时间（年-月-日）	地下水位/mm	时间（年-月-日）	地下水位/mm	时间（年-月-日）	地下水位/mm
2014-07-22	1.40	2014-08-29	0.72	2014-10-06	0.41
2014-07-23	1.34	2014-08-30	0.71	2014-10-07	0.42
2014-07-24	1.29	2014-08-31	0.69	2014-10-08	0.43
2014-07-25	1.25	2014-09-01	0.66	2014-10-09	0.43
2014-07-26	1.23	2014-09-02	0.66	2014-10-10	0.43
2014-07-27	1.19	2014-09-03	0.66	2014-10-11	0.45
2014-07-28	1.14	2014-09-04	0.66	2014-10-12	0.45
2014-07-29	1.10	2014-09-05	0.68	2014-10-13	0.45
2014-07-30	1.05	2014-09-06	0.86	2014-10-14	0.43
2014-07-31	1.01	2014-09-07	0.85	2014-10-15	0.41
2014-08-01	0.93	2014-09-08	0.82	2014-10-16	0.39
2014-08-02	0.82	2014-09-09	0.78	2014-10-17	0.39
2014-08-03	0.72	2014-09-10	0.75	2014-10-18	0.39
2014-08-04	0.62	2014-09-11	0.69	2014-10-19	0.39
2014-08-05	0.52	2014-09-12	0.69	2014-10-20	0.41
2014-08-06	0.44	2014-09-13	0.69	2014-10-21	0.42
2014-08-07	0.43	2014-09-14	0.69	2014-10-22	0.42
2014-08-08	0.42	2014-09-15	0.69	2014-10-23	0.41
2014-08-09	0.41	2014-09-16	0.69	2014-10-24	0.39
2014-08-10	0.40	2014-09-17	0.69	2014-10-25	0.37
2014-08-11	0.39	2014-09-18	0.69	2014-10-26	0.35
2014-08-12	0.45	2014-09-19	0.69	2014-10-27	0.33
2014-08-13	0.91	2014-09-20	0.69	2014-10-28	0.32
2014-08-14	0.94	2014-09-21	0.69	2014-10-29	0.36
2014-08-15	0.93	2014-09-22	0.69	2014-10-30	0.82
2014-08-16	0.92	2014-09-23	0.69	2014-10-31	1.45
2014-08-17	0.83	2014-09-24	0.69	2014-11-01	2.38
2014-08-18	0.86	2014-09-25	0.69	2014-11-02	4.36
2014-08-19	1.35	2014-09-26	0.68	2014-11-03	1.62
2014-08-20	1.35	2014-09-27	0.66	2014-11-04	1.05
2014-08-21	1.05	2014-09-28	0.62	2014-11-05	0.86
2014-08-22	0.93	2014-09-29	0.57	2014-11-06	0.76
2014-08-23	0.86	2014-09-30	0.52	2014-11-07	1.17
2014-08-24	0.82	2014-10-01	0.48	2014-11-08	5.50
2014-08-25	0.78	2014-10-02	0.47	2014-11-09	3.07
2014-08-26	0.73	2014-10-03	0.49	2014-11-10	1.81
2014-08-27	0.72	2014-10-04	0.45	2014-11-11	1.54
2014-08-28	0.72	2014-10-05	0.43	2014-11-12	1.86

（续）

时间（年-月-日）	地下水位/mm	时间（年-月-日）	地下水位/mm	时间（年-月-日）	地下水位/mm
2014-11-13	1.77	2014-12-21	0.43	2015-01-28	0.39
2014-11-14	1.45	2014-12-22	0.43	2015-01-29	0.40
2014-11-15	1.21	2014-12-23	0.43	2015-01-30	0.40
2014-11-16	1.08	2014-12-24	0.45	2015-01-31	0.40
2014-11-17	0.90	2014-12-25	0.47	2015-02-01	0.40
2014-11-18	0.75	2014-12-26	0.49	2015-02-02	0.40
2014-11-19	0.62	2014-12-27	0.47	2015-02-03	0.39
2014-11-20	0.52	2014-12-28	0.45	2015-02-04	0.38
2014-11-21	0.44	2014-12-29	0.42	2015-02-05	0.37
2014-11-22	0.45	2014-12-30	0.39	2015-02-06	0.37
2014-11-23	0.47	2014-12-31	0.35	2015-02-07	0.38
2014-11-24	0.49	2015-01-01	0.32	2015-02-08	0.39
2014-11-25	0.52	2015-01-02	0.33	2015-02-09	0.40
2014-11-26	0.56	2015-01-03	0.35	2015-02-10	0.41
2014-11-27	0.54	2015-01-04	0.37	2015-02-11	0.41
2014-11-28	0.49	2015-01-05	0.40	2015-02-12	0.41
2014-11-29	0.45	2015-01-06	0.42	2015-02-13	0.40
2014-11-30	0.43	2015-01-07	0.42	2015-02-14	0.39
2014-12-01	0.41	2015-01-08	0.41	2015-02-15	0.37
2014-12-02	0.41	2015-01-09	0.40	2015-02-16	0.37
2014-12-03	0.41	2015-01-10	0.39	2015-02-17	0.37
2014-12-04	0.41	2015-01-11	0.38	2015-02-18	0.37
2014-12-05	0.41	2015-01-12	0.38	2015-02-19	6.75
2014-12-06	0.40	2015-01-13	0.37	2015-02-20	5.43
2014-12-07	0.37	2015-01-14	0.36	2015-02-21	2.45
2014-12-08	0.33	2015-01-15	0.36	2015-02-22	1.68
2014-12-09	0.30	2015-01-16	0.35	2015-02-23	1.34
2014-12-10	0.27	2015-01-17	0.35	2015-02-24	1.11
2014-12-11	0.26	2015-01-18	0.35	2015-02-25	1.01
2014-12-12	0.28	2015-01-19	0.35	2015-02-26	0.93
2014-12-13	0.32	2015-01-20	0.35	2015-02-27	0.85
2014-12-14	0.39	2015-01-21	0.35	2015-02-28	0.75
2014-12-15	0.47	2015-01-22	0.35	2015-03-01	0.69
2014-12-16	0.55	2015-01-23	0.35	2015-03-02	0.68
2014-12-17	0.54	2015-01-24	0.35	2015-03-03	0.65
2014-12-18	0.52	2015-01-25	0.37	2015-03-04	0.63
2014-12-19	0.49	2015-01-26	0.38	2015-03-05	0.63
2014-12-20	0.47	2015-01-27	0.39	2015-03-06	0.62

（续）

时间（年-月-日）	地下水位/mm	时间（年-月-日）	地下水位/mm	时间（年-月-日）	地下水位/mm
2015-03-07	0.59	2015-04-14	0.48	2015-05-22	0.49
2015-03-08	0.54	2015-04-15	0.49	2015-05-23	0.52
2015-03-09	0.49	2015-04-16	0.50	2015-05-24	0.54
2015-03-10	0.45	2015-04-17	0.52	2015-05-25	0.57
2015-03-11	0.41	2015-04-18	0.54	2015-05-26	0.56
2015-03-12	0.43	2015-04-19	0.56	2015-05-27	0.52
2015-03-13	0.45	2015-04-20	0.52	2015-05-28	0.47
2015-03-14	0.47	2015-04-21	0.49	2015-05-29	2.98
2015-03-15	0.49	2015-04-22	0.45	2015-05-30	9.82
2015-03-16	0.49	2015-04-23	0.43	2015-05-31	3.35
2015-03-17	0.49	2015-04-24	0.41	2015-06-01	2.41
2015-03-18	0.49	2015-04-25	0.39	2015-06-02	1.77
2015-03-19	0.49	2015-04-26	0.37	2015-06-03	2.23
2015-03-20	0.50	2015-04-27	0.36	2015-06-04	11.03
2015-03-21	0.52	2015-04-28	0.37	2015-06-05	5.73
2015-03-22	0.52	2015-04-29	0.37	2015-06-06	3.39
2015-03-23	0.52	2015-04-30	0.36	2015-06-07	2.88
2015-03-24	0.52	2015-05-01	0.35	2015-06-08	4.16
2015-03-25	0.52	2015-05-02	0.35	2015-06-09	6.53
2015-03-26	0.52	2015-05-03	0.37	2015-06-10	4.48
2015-03-27	0.54	2015-05-04	0.39	2015-06-11	4.26
2015-03-28	0.57	2015-05-05	0.41	2015-06-12	2.54
2015-03-29	0.59	2015-05-06	0.42	2015-06-13	1.89
2015-03-30	0.60	2015-05-07	0.43	2015-06-14	1.87
2015-03-31	0.60	2015-05-08	0.43	2015-06-15	2.15
2015-04-01	0.62	2015-05-09	0.43	2015-06-16	2.23
2015-04-02	0.62	2015-05-10	0.43	2015-06-17	1.93
2015-04-03	0.61	2015-05-11	0.43	2015-06-18	2.48
2015-04-04	0.59	2015-05-12	0.43	2015-06-19	4.56
2015-04-05	0.57	2015-05-13	0.43	2015-06-20	3.76
2015-04-06	0.56	2015-05-14	0.43	2015-06-21	3.37
2015-04-07	0.55	2015-05-15	0.43	2015-06-22	3.15
2015-04-08	0.54	2015-05-16	0.43	2015-06-23	2.87
2015-04-09	0.52	2015-05-17	0.46	2015-06-24	2.55
2015-04-10	0.49	2015-05-18	0.47	2015-06-25	2.30
2015-04-11	0.47	2015-05-19	0.51	2015-06-26	2.12
2015-04-12	0.48	2015-05-20	0.49	2015-06-27	2.19
2015-04-13	0.48	2015-05-21	0.48	2015-06-28	2.10

（续）

时间（年-月-日）	地下水位/mm	时间（年-月-日）	地下水位/mm	时间（年-月-日）	地下水位/mm
2015-06-29	2.13	2015-08-06	1.86	2015-09-13	1.29
2015-06-30	2.07	2015-08-07	1.74	2015-09-14	1.34
2015-07-01	1.73	2015-08-08	1.62	2015-09-15	1.39
2015-07-02	0.71	2015-08-09	1.55	2015-09-16	1.44
2015-07-03	0.56	2015-08-10	1.45	2015-09-17	1.42
2015-07-04	0.50	2015-08-11	1.39	2015-09-18	1.39
2015-07-05	0.45	2015-08-12	1.28	2015-09-19	1.35
2015-07-06	0.43	2015-08-13	1.88	2015-09-20	1.34
2015-07-07	0.43	2015-08-14	2.34	2015-09-21	1.33
2015-07-08	0.43	2015-08-15	1.71	2015-09-22	1.29
2015-07-09	0.43	2015-08-16	1.42	2015-09-23	1.24
2015-07-10	0.43	2015-08-17	1.34	2015-09-24	1.19
2015-07-11	0.44	2015-08-18	1.29	2015-09-25	1.17
2015-07-12	0.52	2015-08-19	1.24	2015-09-26	1.11
2015-07-13	0.64	2015-08-20	1.20	2015-09-27	1.10
2015-07-14	0.82	2015-08-21	1.19	2015-09-28	1.10
2015-07-15	1.00	2015-08-22	1.19	2015-09-29	1.10
2015-07-16	1.12	2015-08-23	1.19	2015-09-30	1.10
2015-07-17	1.05	2015-08-24	1.19	2015-10-01	1.10
2015-07-18	0.97	2015-08-25	1.19	2015-10-02	1.10
2015-07-19	0.85	2015-08-26	1.19	2015-10-03	1.10
2015-07-20	0.75	2015-08-27	1.19	2015-10-04	1.12
2015-07-21	0.69	2015-08-28	5.94	2015-10-05	1.55
2015-07-22	0.78	2015-08-29	4.58	2015-10-06	2.40
2015-07-23	2.67	2015-08-30	3.67	2015-10-07	1.61
2015-07-24	3.56	2015-08-31	2.81	2015-10-08	1.01
2015-07-25	3.39	2015-09-01	2.97	2015-10-09	0.89
2015-07-26	3.21	2015-09-02	15.14	2015-10-10	0.81
2015-07-27	3.04	2015-09-03	6.03	2015-10-11	0.71
2015-07-28	2.88	2015-09-04	3.73	2015-10-12	0.60
2015-07-29	2.73	2015-09-05	2.82	2015-10-13	0.52
2015-07-30	2.58	2015-09-06	2.32	2015-10-14	0.45
2015-07-31	2.43	2015-09-07	2.07	2015-10-15	0.38
2015-08-01	2.29	2015-09-08	1.86	2015-10-16	0.32
2015-08-02	2.16	2015-09-09	1.62	2015-10-17	0.31
2015-08-03	2.08	2015-09-10	1.39	2015-10-18	0.31
2015-08-04	2.00	2015-09-11	1.22	2015-10-19	0.31
2015-08-05	1.94	2015-09-12	1.24	2015-10-20	0.30

（续）

时间（年-月-日）	地下水位/mm	时间（年-月-日）	地下水位/mm	时间（年-月-日）	地下水位/mm
2015-10-21	0.29	2015-11-28	0.89	2016-01-05	0.85
2015-10-22	0.31	2015-11-29	0.91	2016-01-06	0.79
2015-10-23	0.35	2015-11-30	0.93	2016-01-07	0.75
2015-10-24	0.38	2015-12-01	0.98	2016-01-08	0.75
2015-10-25	0.41	2015-12-02	1.19	2016-01-09	0.75
2015-10-26	0.43	2015-12-03	1.77	2016-01-10	0.75
2015-10-27	0.47	2015-12-04	1.77	2016-01-11	0.75
2015-10-28	0.54	2015-12-05	7.70	2016-01-12	0.75
2015-10-29	0.59	2015-12-06	6.69	2016-01-13	0.75
2015-10-30	0.63	2015-12-07	3.66	2016-01-14	0.76
2015-10-31	0.69	2015-12-08	2.32	2016-01-15	0.87
2015-11-01	0.74	2015-12-09	1.96	2016-01-16	1.29
2015-11-02	0.75	2015-12-10	1.86	2016-01-17	1.24
2015-11-03	0.75	2015-12-11	1.75	2016-01-18	1.10
2015-11-04	0.72	2015-12-12	1.69	2016-01-19	0.98
2015-11-05	0.72	2015-12-13	1.67	2016-01-20	0.90
2015-11-06	0.71	2015-12-14	1.62	2016-01-21	0.89
2015-11-07	0.69	2015-12-15	1.56	2016-01-22	0.89
2015-11-08	0.65	2015-12-16	1.50	2016-01-23	0.85
2015-11-09	0.63	2015-12-17	1.44	2016-01-24	0.82
2015-11-10	0.62	2015-12-18	1.34	2016-01-25	0.78
2015-11-11	0.64	2015-12-19	1.25	2016-01-26	0.75
2015-11-12	0.78	2015-12-20	1.19	2016-01-27	0.75
2015-11-13	0.95	2015-12-21	1.14	2016-01-28	0.75
2015-11-14	0.93	2015-12-22	1.10	2016-01-29	0.75
2015-11-15	0.89	2015-12-23	1.05	2016-01-30	0.72
2015-11-16	1.25	2015-12-24	1.01	2016-01-31	0.69
2015-11-17	3.56	2015-12-25	0.98	2016-02-01	0.66
2015-11-18	2.29	2015-12-26	0.97	2016-02-02	0.66
2015-11-19	1.63	2015-12-27	0.97	2016-02-03	0.66
2015-11-20	1.34	2015-12-28	0.97	2016-02-04	0.66
2015-11-21	1.12	2015-12-29	0.97	2016-02-05	0.66
2015-11-22	1.05	2015-12-30	0.97	2016-02-06	0.66
2015-11-23	0.98	2015-12-31	0.98	2016-02-07	0.71
2015-11-24	0.94	2016-01-01	1.04	2016-02-08	0.72
2015-11-25	0.89	2016-01-02	1.04	2016-02-09	0.72
2015-11-26	0.83	2016-01-03	1.13	2016-02-10	0.72
2015-11-27	0.86	2016-01-04	0.95	2016-02-11	0.71

（续）

时间（年-月-日）	地下水位/mm	时间（年-月-日）	地下水位/mm	时间（年-月-日）	地下水位/mm
2016-02-12	0.69	2016-03-21	0.56	2016-04-28	4.18
2016-02-13	0.65	2016-03-22	0.73	2016-04-29	2.93
2016-02-14	0.60	2016-03-23	2.66	2016-04-30	2.70
2016-02-15	0.57	2016-03-24	3.07	2016-05-01	2.62
2016-02-16	0.55	2016-03-25	1.72	2016-05-02	1.26
2016-02-17	0.54	2016-03-26	1.27	2016-05-03	4.84
2016-02-18	0.55	2016-03-27	1.14	2016-05-04	3.02
2016-02-19	0.57	2016-03-28	1.05	2016-05-05	2.74
2016-02-20	0.57	2016-03-29	0.97	2016-05-06	2.68
2016-02-21	0.59	2016-03-30	0.89	2016-05-07	2.50
2016-02-22	0.57	2016-03-31	0.82	2016-05-08	2.18
2016-02-23	0.57	2016-04-01	0.79	2016-05-09	2.01
2016-02-24	0.56	2016-04-02	0.78	2016-05-10	1.94
2016-02-25	0.52	2016-04-03	0.78	2016-05-11	1.96
2016-02-26	0.52	2016-04-04	0.75	2016-05-12	2.08
2016-02-27	0.52	2016-04-05	0.75	2016-05-13	1.87
2016-02-28	0.52	2016-04-06	0.82	2016-05-14	1.63
2016-02-29	0.49	2016-04-07	1.32	2016-05-15	6.69
2016-03-01	0.47	2016-04-08	1.53	2016-05-16	5.87
2016-03-02	0.47	2016-04-09	1.53	2016-05-17	3.86
2016-03-03	0.47	2016-04-10	1.63	2016-05-18	2.53
2016-03-04	0.47	2016-04-11	1.50	2016-05-19	1.94
2016-03-05	0.53	2016-04-12	1.35	2016-05-20	1.57
2016-03-06	0.66	2016-04-13	1.24	2016-05-21	1.32
2016-03-07	0.66	2016-04-14	1.14	2016-05-22	1.29
2016-03-08	0.66	2016-04-15	1.06	2016-05-23	1.29
2016-03-09	0.67	2016-04-16	1.06	2016-05-24	1.30
2016-03-10	0.85	2016-04-17	1.62	2016-05-25	1.35
2016-03-11	1.37	2016-04-18	3.66	2016-05-26	1.44
2016-03-12	1.29	2016-04-19	2.83	2016-05-27	1.50
2016-03-13	1.10	2016-04-20	1.95	2016-05-28	1.55
2016-03-14	0.94	2016-04-21	1.45	2016-05-29	1.56
2016-03-15	0.86	2016-04-22	1.55	2016-05-30	1.56
2016-03-16	0.81	2016-04-23	1.89	2016-05-31	1.56
2016-03-17	0.75	2016-04-24	2.80	2016-06-01	1.56
2016-03-18	0.69	2016-04-25	3.26	2016-06-02	1.56
2016-03-19	0.63	2016-04-26	5.62	2016-06-03	1.57
2016-03-20	0.57	2016-04-27	6.10	2016-06-04	1.66

（续）

时间（年-月-日）	地下水位/mm	时间（年-月-日）	地下水位/mm	时间（年-月-日）	地下水位/mm
2016-06-05	1.68	2016-07-13	2.38	2016-08-20	1.02
2016-06-06	1.66	2016-07-14	2.00	2016-08-21	1.04
2016-06-07	1.55	2016-07-15	1.68	2016-08-22	1.01
2016-06-08	1.40	2016-07-16	1.43	2016-08-23	0.97
2016-06-09	1.29	2016-07-17	1.39	2016-08-24	0.93
2016-06-10	1.19	2016-07-18	1.39	2016-08-25	0.85
2016-06-11	1.11	2016-07-19	1.39	2016-08-26	0.79
2016-06-12	1.10	2016-07-20	1.39	2016-08-27	0.78
2016-06-13	1.10	2016-07-21	1.39	2016-08-28	0.78
2016-06-14	1.27	2016-07-22	1.39	2016-08-29	0.78
2016-06-15	3.51	2016-07-23	1.39	2016-08-30	0.78
2016-06-16	7.45	2016-07-24	1.39	2016-08-31	0.78
2016-06-17	3.73	2016-07-25	1.39	2016-09-01	0.78
2016-06-18	2.31	2016-07-26	1.37	2016-09-02	0.78
2016-06-19	1.89	2016-07-27	1.24	2016-09-03	0.78
2016-06-20	1.73	2016-07-28	1.14	2016-09-04	0.75
2016-06-21	1.56	2016-07-29	1.05	2016-09-05	0.72
2016-06-22	1.39	2016-07-30	0.97	2016-09-06	0.69
2016-06-23	1.25	2016-07-31	0.89	2016-09-07	0.69
2016-06-24	1.14	2016-08-01	0.83	2016-09-08	0.69
2016-06-25	1.05	2016-08-02	0.86	2016-09-09	0.69
2016-06-26	0.98	2016-08-03	0.89	2016-09-10	0.73
2016-06-27	0.97	2016-08-04	0.93	2016-09-11	0.84
2016-06-28	0.97	2016-08-05	0.95	2016-09-12	0.89
2016-06-29	0.97	2016-08-06	0.97	2016-09-13	0.93
2016-06-30	0.97	2016-08-07	10.51	2016-09-14	0.97
2016-07-01	1.04	2016-08-08	5.35	2016-09-15	1.01
2016-07-02	3.84	2016-08-09	4.56	2016-09-16	1.00
2016-07-03	14.49	2016-08-10	2.48	2016-09-17	0.93
2016-07-04	23.27	2016-08-11	1.68	2016-09-18	0.85
2016-07-05	23.15	2016-08-12	1.45	2016-09-19	0.78
2016-07-06	16.84	2016-08-13	1.29	2016-09-20	0.72
2016-07-07	11.02	2016-08-14	1.15	2016-09-21	0.69
2016-07-08	7.92	2016-08-15	1.05	2016-09-22	0.69
2016-07-09	5.54	2016-08-16	0.98	2016-09-23	0.69
2016-07-10	4.35	2016-08-17	0.97	2016-09-24	0.69
2016-07-11	3.49	2016-08-18	0.98	2016-09-25	0.69
2016-07-12	2.88	2016-08-19	1.01	2016-09-26	0.69

（续）

时间（年-月-日）	地下水位/mm	时间（年-月-日）	地下水位/mm	时间（年-月-日）	地下水位/mm
2016-09-27	0.69	2016-11-04	0.37	2016-12-12	0.31
2016-09-28	0.69	2016-11-05	0.37	2016-12-13	0.31
2016-09-29	0.69	2016-11-06	0.36	2016-12-14	0.31
2016-09-30	0.69	2016-11-07	0.35	2016-12-15	0.31
2016-10-01	0.68	2016-11-08	0.33	2016-12-16	0.31
2016-10-02	0.63	2016-11-09	0.60	2016-12-17	0.31
2016-10-03	0.57	2016-11-10	0.87	2016-12-18	0.31
2016-10-04	0.52	2016-11-11	0.64	2016-12-19	0.32
2016-10-05	0.47	2016-11-12	0.57	2016-12-20	0.35
2016-10-06	0.44	2016-11-13	0.54	2016-12-21	0.38
2016-10-07	0.47	2016-11-14	0.52	2016-12-22	0.45
2016-10-08	0.47	2016-11-15	0.49	2016-12-23	0.45
2016-10-09	0.47	2016-11-16	0.47	2016-12-24	0.43
2016-10-10	0.47	2016-11-17	0.45	2016-12-25	0.43
2016-10-11	0.47	2016-11-18	0.43	2016-12-26	0.21
2016-10-12	0.47	2016-11-19	0.41	2016-12-27	0.00
2016-10-13	0.47	2016-11-20	0.41	2016-12-28	0.00
2016-10-14	0.45	2016-11-21	0.40	2016-12-29	0.00
2016-10-15	0.43	2016-11-22	0.39	2016-12-30	0.00
2016-10-16	0.41	2016-11-23	0.39	2016-12-31	0.00
2016-10-17	0.43	2016-11-24	0.39	2017-01-01	2.42
2016-10-18	0.45	2016-11-25	0.39	2017-01-02	0.00
2016-10-19	0.47	2016-11-26	0.38	2017-01-03	0.00
2016-10-20	0.47	2016-11-27	0.37	2017-01-04	0.00
2016-10-21	0.47	2016-11-28	0.35	2017-01-05	0.00
2016-10-22	0.45	2016-11-29	0.33	2017-01-06	0.00
2016-10-23	0.43	2016-11-30	0.31	2017-01-07	0.00
2016-10-24	0.41	2016-12-01	0.30	2017-01-08	0.00
2016-10-25	0.41	2016-12-02	0.33	2017-01-09	0.00
2016-10-26	0.41	2016-12-03	0.33	2017-01-10	0.00
2016-10-27	0.40	2016-12-04	0.33	2017-01-11	0.00
2016-10-28	0.40	2016-12-05	0.33	2017-01-12	0.00
2016-10-29	0.39	2016-12-06	0.33	2017-01-13	0.00
2016-10-30	0.39	2016-12-07	0.33	2017-01-14	0.00
2016-10-31	0.39	2016-12-08	0.33	2017-01-15	0.00
2016-11-01	0.38	2016-12-09	0.33	2017-01-16	0.00
2016-11-02	0.37	2016-12-10	0.32	2017-01-17	0.00
2016-11-03	0.37	2016-12-11	0.31	2017-01-18	0.00

（续）

时间（年-月-日）	地下水位/mm	时间（年-月-日）	地下水位/mm	时间（年-月-日）	地下水位/mm
2017-01-19	0.00	2017-02-26	0.00	2017-04-05	0.00
2017-01-20	0.00	2017-02-27	0.00	2017-04-06	0.00
2017-01-21	0.00	2017-02-28	0.00	2017-04-07	0.00
2017-01-22	0.00	2017-03-01	0.00	2017-04-08	0.00
2017-01-23	0.00	2017-03-02	0.00	2017-04-09	0.00
2017-01-24	0.00	2017-03-03	0.00	2017-04-10	0.00
2017-01-25	0.00	2017-03-04	0.00	2017-04-11	0.00
2017-01-26	0.00	2017-03-05	0.00	2017-04-12	0.00
2017-01-27	0.00	2017-03-06	0.00	2017-04-13	0.00
2017-01-28	0.00	2017-03-07	0.00	2017-04-14	0.00
2017-01-29	0.00	2017-03-08	0.00	2017-04-15	0.00
2017-01-30	0.00	2017-03-09	0.00	2017-04-16	0.00
2017-01-31	0.00	2017-03-10	0.00	2017-04-17	0.00
2017-02-01	0.00	2017-03-11	0.00	2017-04-18	0.00
2017-02-02	0.00	2017-03-12	0.00	2017-04-19	0.00
2017-02-03	0.00	2017-03-13	0.00	2017-04-20	0.00
2017-02-04	0.00	2017-03-14	0.00	2017-04-21	0.00
2017-02-05	0.00	2017-03-15	0.00	2017-04-22	0.00
2017-02-06	0.00	2017-03-16	0.00	2017-04-23	0.00
2017-02-07	0.00	2017-03-17	0.00	2017-04-24	0.00
2017-02-08	0.00	2017-03-18	0.00	2017-04-25	0.00
2017-02-09	0.00	2017-03-19	0.00	2017-04-26	0.00
2017-02-10	0.00	2017-03-20	0.00	2017-04-27	0.00
2017-02-11	0.00	2017-03-21	0.00	2017-04-28	0.00
2017-02-12	0.00	2017-03-22	0.00	2017-04-29	0.00
2017-02-13	0.00	2017-03-23	0.00	2017-04-30	0.00
2017-02-14	0.00	2017-03-24	0.00	2017-05-01	0.00
2017-02-15	0.00	2017-03-25	0.00	2017-05-02	0.00
2017-02-16	0.00	2017-03-26	0.00	2017-05-03	0.00
2017-02-17	0.00	2017-03-27	0.00	2017-05-04	0.00
2017-02-18	0.00	2017-03-28	0.00	2017-05-05	0.00
2017-02-19	0.00	2017-03-29	0.00	2017-05-06	0.00
2017-02-20	0.00	2017-03-30	0.00	2017-05-07	0.00
2017-02-21	0.00	2017-03-31	0.00	2017-05-08	0.00
2017-02-22	0.00	2017-04-01	0.00	2017-05-09	0.00
2017-02-23	0.00	2017-04-02	0.00	2017-05-10	0.00
2017-02-24	0.00	2017-04-03	0.00	2017-05-11	0.00
2017-02-25	0.00	2017-04-04	0.00	2017-05-12	0.00

（续）

时间（年-月-日）	地下水位/mm	时间（年-月-日）	地下水位/mm	时间（年-月-日）	地下水位/mm
2017-05-13	0.00	2017-06-20	0.00	2017-07-28	0.00
2017-05-14	0.00	2017-06-21	0.00	2017-07-29	0.00
2017-05-15	0.00	2017-06-22	0.00	2017-07-30	0.00
2017-05-16	0.00	2017-06-23	0.00	2017-07-31	0.00
2017-05-17	0.00	2017-06-24	0.00	2017-08-01	0.00
2017-05-18	0.00	2017-06-25	0.00	2017-08-02	0.00
2017-05-19	0.00	2017-06-26	0.00	2017-08-03	0.00
2017-05-20	0.00	2017-06-27	0.00	2017-08-04	0.00
2017-05-21	0.00	2017-06-28	0.00	2017-08-05	0.00
2017-05-22	0.00	2017-06-29	0.00	2017-08-06	0.00
2017-05-23	0.00	2017-06-30	0.00	2017-08-07	0.00
2017-05-24	0.00	2017-07-01	0.00	2017-08-08	0.00
2017-05-25	0.00	2017-07-02	0.00	2017-08-09	0.00
2017-05-26	0.00	2017-07-03	0.00	2017-08-10	0.00
2017-05-27	0.00	2017-07-04	0.00	2017-08-11	0.00
2017-05-28	0.00	2017-07-05	0.00	2017-08-12	0.00
2017-05-29	0.00	2017-07-06	0.00	2017-08-13	0.00
2017-05-30	0.00	2017-07-07	0.00	2017-08-14	0.00
2017-05-31	0.00	2017-07-08	0.00	2017-08-15	0.00
2017-06-01	0.00	2017-07-09	0.00	2017-08-16	0.00
2017-06-02	0.00	2017-07-10	0.00	2017-08-17	0.00
2017-06-03	0.00	2017-07-11	0.00	2017-08-18	0.00
2017-06-04	0.00	2017-07-12	0.00	2017-08-19	0.00
2017-06-05	0.00	2017-07-13	0.00	2017-08-20	0.00
2017-06-06	0.00	2017-07-14	0.00	2017-08-21	0.00
2017-06-07	0.00	2017-07-15	0.00	2017-08-22	0.00
2017-06-08	0.00	2017-07-16	0.00	2017-08-23	0.00
2017-06-09	0.00	2017-07-17	0.00	2017-08-24	0.00
2017-06-10	0.00	2017-07-18	0.00	2017-08-25	0.00
2017-06-11	0.00	2017-07-19	0.00	2017-08-26	0.00
2017-06-12	0.00	2017-07-20	0.00	2017-08-27	0.00
2017-06-13	0.00	2017-07-21	0.00	2017-08-28	0.00
2017-06-14	0.00	2017-07-22	0.00	2017-08-29	0.00
2017-06-15	0.00	2017-07-23	0.00	2017-08-30	0.00
2017-06-16	0.00	2017-07-24	0.00	2017-08-31	0.00
2017-06-17	0.00	2017-07-25	0.00	2017-09-01	0.00
2017-06-18	0.00	2017-07-26	0.00	2017-09-02	0.00
2017-06-19	0.00	2017-07-27	0.00	2017-09-03	0.00

（续）

时间（年-月-日）	地下水位/mm	时间（年-月-日）	地下水位/mm	时间（年-月-日）	地下水位/mm
2017-09-04	0.00	2017-10-12	0.00	2017-11-19	0.00
2017-09-05	0.00	2017-10-13	0.00	2017-11-20	0.00
2017-09-06	0.00	2017-10-14	0.00	2017-11-21	0.00
2017-09-07	0.00	2017-10-15	0.00	2017-11-22	0.00
2017-09-08	0.00	2017-10-16	0.00	2017-11-23	0.00
2017-09-09	0.00	2017-10-17	0.00	2017-11-24	0.00
2017-09-10	0.00	2017-10-18	0.00	2017-11-25	0.00
2017-09-11	0.00	2017-10-19	0.00	2017-11-26	0.00
2017-09-12	0.00	2017-10-20	0.00	2017-11-27	0.00
2017-09-13	0.00	2017-10-21	0.00	2017-11-28	0.00
2017-09-14	0.00	2017-10-22	0.00	2017-11-29	0.00
2017-09-15	0.00	2017-10-23	0.00	2017-11-30	0.00
2017-09-16	0.00	2017-10-24	0.00	2017-12-01	0.00
2017-09-17	0.00	2017-10-25	0.00	2017-12-02	0.00
2017-09-18	0.00	2017-10-26	0.00	2017-12-03	0.00
2017-09-19	0.00	2017-10-27	0.00	2017-12-04	0.00
2017-09-20	0.00	2017-10-28	0.00	2017-12-05	0.00
2017-09-21	0.00	2017-10-29	0.00	2017-12-06	0.00
2017-09-22	0.00	2017-10-30	0.00	2017-12-07	0.00
2017-09-23	0.00	2017-10-31	0.00	2017-12-08	0.00
2017-09-24	0.00	2017-11-01	0.00	2017-12-09	0.00
2017-09-25	0.00	2017-11-02	0.00	2017-12-10	0.00
2017-09-26	0.00	2017-11-03	0.00	2017-12-11	0.00
2017-09-27	0.00	2017-11-04	0.00	2017-12-12	0.00
2017-09-28	0.00	2017-11-05	0.00	2017-12-13	0.00
2017-09-29	0.00	2017-11-06	0.00	2017-12-14	0.00
2017-09-30	0.00	2017-11-07	0.00	2017-12-15	0.00
2017-10-01	0.00	2017-11-08	0.00	2017-12-16	0.00
2017-10-02	0.00	2017-11-09	0.00	2017-12-17	0.00
2017-10-03	0.00	2017-11-10	0.00	2017-12-18	0.00
2017-10-04	0.00	2017-11-11	0.00	2017-12-19	0.00
2017-10-05	0.00	2017-11-12	0.00	2017-12-20	0.00
2017-10-06	0.00	2017-11-13	0.00	2017-12-21	0.00
2017-10-07	0.00	2017-11-14	0.00	2017-12-22	0.00
2017-10-08	0.00	2017-11-15	0.00	2017-12-23	0.00
2017-10-09	0.00	2017-11-16	0.00	2017-12-24	0.00
2017-10-10	0.00	2017-11-17	0.00	2017-12-25	0.00
2017-10-11	0.00	2017-11-18	0.00	2017-12-26	0.00

（续）

时间（年-月-日）	地下水位/mm	时间（年-月-日）	地下水位/mm	时间（年-月-日）	地下水位/mm
2017-12-27	0.00	2018-02-03	0.25	2018-03-13	0.31
2017-12-28	0.00	2018-02-04	0.13	2018-03-14	0.17
2017-12-29	0.00	2018-02-05	0.14	2018-03-15	0.00
2017-12-30	0.00	2018-02-06	0.15	2018-03-16	0.35
2017-12-31	0.00	2018-02-07	0.00	2018-03-17	0.00
2018-01-01	0.00	2018-02-08	0.00	2018-03-18	0.00
2018-01-02	0.21	2018-02-09	0.00	2018-03-19	0.56
2018-01-03	0.00	2018-02-10	0.00	2018-03-20	0.00
2018-01-04	0.43	2018-02-11	0.76	2018-03-21	0.34
2018-01-05	0.22	2018-02-12	0.00	2018-03-22	0.00
2018-01-06	0.23	2018-02-13	0.00	2018-03-23	0.35
2018-01-07	0.22	2018-02-14	0.00	2018-03-24	0.17
2018-01-08	0.00	2018-02-15	0.00	2018-03-25	0.00
2018-01-09	0.00	2018-02-16	0.76	2018-03-26	0.31
2018-01-10	0.64	2018-02-17	0.00	2018-03-27	0.00
2018-01-11	0.21	2018-02-18	0.31	2018-03-28	0.38
2018-01-12	0.00	2018-02-19	0.00	2018-03-29	0.10
2018-01-13	0.00	2018-02-20	0.00	2018-03-30	0.25
2018-01-14	0.61	2018-02-21	0.48	2018-03-31	0.23
2018-01-15	0.20	2018-02-22	0.00	2018-04-01	0.20
2018-01-16	0.20	2018-02-23	0.00	2018-04-02	0.00
2018-01-17	0.00	2018-02-24	0.00	2018-04-03	0.00
2018-01-18	0.38	2018-02-25	0.66	2018-04-04	0.00
2018-01-19	0.20	2018-02-26	0.00	2018-04-05	0.00
2018-01-20	0.21	2018-02-27	0.00	2018-04-06	0.96
2018-01-21	0.21	2018-02-28	0.00	2018-04-07	0.00
2018-01-22	0.00	2018-03-01	0.68	2018-04-08	0.00
2018-01-23	0.00	2018-03-02	0.00	2018-04-09	0.00
2018-01-24	0.64	2018-03-03	0.34	2018-04-10	0.77
2018-01-25	0.21	2018-03-04	0.23	2018-04-11	0.19
2018-01-26	0.20	2018-03-05	0.10	2018-04-12	0.00
2018-01-27	0.20	2018-03-06	0.15	2018-04-13	0.00
2018-01-28	0.19	2018-03-07	0.00	2018-04-14	0.00
2018-01-29	0.18	2018-03-08	0.00	2018-04-15	0.00
2018-01-30	0.16	2018-03-09	0.00	2018-04-16	0.91
2018-01-31	0.14	2018-03-10	0.00	2018-04-17	0.00
2018-02-01	0.13	2018-03-11	0.76	2018-04-18	0.00
2018-02-02	0.00	2018-03-12	0.00	2018-04-19	0.00

（续）

时间（年-月-日）	地下水位/mm	时间（年-月-日）	地下水位/mm	时间（年-月-日）	地下水位/mm
2018-04-20	0.73	2018-05-28	2.51	2018-07-05	0.66
2018-04-21	0.18	2018-05-29	3.09	2018-07-06	0.61
2018-04-22	0.00	2018-05-30	6.26	2018-07-07	0.00
2018-04-23	0.00	2018-05-31	10.01	2018-07-08	1.17
2018-04-24	0.00	2018-06-01	4.51	2018-07-09	0.56
2018-04-25	0.68	2018-06-02	2.83	2018-07-10	0.53
2018-04-26	0.18	2018-06-03	1.59	2018-07-11	0.50
2018-04-27	0.00	2018-06-04	2.38	2018-07-12	0.00
2018-04-28	0.00	2018-06-05	0.93	2018-07-13	0.00
2018-04-29	0.00	2018-06-06	1.74	2018-07-14	0.00
2018-04-30	0.73	2018-06-07	1.62	2018-07-15	0.00
2018-05-01	0.18	2018-06-08	1.29	2018-07-16	2.47
2018-05-02	0.20	2018-06-09	1.04	2018-07-17	0.48
2018-05-03	0.21	2018-06-10	0.87	2018-07-18	0.46
2018-05-04	0.22	2018-06-11	0.76	2018-07-19	0.44
2018-05-05	0.23	2018-06-12	0.98	2018-07-20	0.42
2018-05-06	0.24	2018-06-13	0.47	2018-07-21	0.39
2018-05-07	8.21	2018-06-14	0.77	2018-07-22	0.00
2018-05-08	3.33	2018-06-15	0.70	2018-07-23	0.00
2018-05-09	1.97	2018-06-16	0.63	2018-07-24	0.00
2018-05-10	1.01	2018-06-17	0.57	2018-07-25	0.00
2018-05-11	0.79	2018-06-18	0.53	2018-07-26	1.93
2018-05-12	0.68	2018-06-19	0.49	2018-07-27	0.00
2018-05-13	0.57	2018-06-20	0.90	2018-07-28	0.77
2018-05-14	0.49	2018-06-21	8.21	2018-07-29	0.39
2018-05-15	0.45	2018-06-22	9.96	2018-07-30	0.42
2018-05-16	0.41	2018-06-23	2.53	2018-07-31	0.00
2018-05-17	0.38	2018-06-24	3.62	2018-08-01	0.85
2018-05-18	0.36	2018-06-25	2.26	2018-08-02	0.41
2018-05-19	0.34	2018-06-26	1.59	2018-08-03	0.40
2018-05-20	0.32	2018-06-27	1.32	2018-08-04	0.38
2018-05-21	0.31	2018-06-28	1.14	2018-08-05	0.36
2018-05-22	0.45	2018-06-29	0.97	2018-08-06	0.35
2018-05-23	0.16	2018-06-30	0.86	2018-08-07	0.00
2018-05-24	0.34	2018-07-01	0.81	2018-08-08	0.00
2018-05-25	0.32	2018-07-02	0.76	2018-08-09	0.00
2018-05-26	0.47	2018-07-03	0.73	2018-08-10	0.00
2018-05-27	4.23	2018-07-04	0.70	2018-08-11	1.74

（续）

时间（年-月-日）	地下水位/mm	时间（年-月-日）	地下水位/mm	时间（年-月-日）	地下水位/mm
2018-08-12	0.00	2018-09-19	0.00	2018-10-27	0.00
2018-08-13	0.00	2018-09-20	0.00	2018-10-28	0.43
2018-08-14	0.00	2018-09-21	1.34	2018-10-29	0.22
2018-08-15	0.00	2018-09-22	0.00	2018-10-30	0.23
2018-08-16	1.75	2018-09-23	0.54	2018-10-31	0.22
2018-08-17	0.00	2018-09-24	0.26	2018-11-01	0.23
2018-08-18	0.00	2018-09-25	0.00	2018-11-02	0.19
2018-08-19	0.00	2018-09-26	0.51	2018-11-03	0.20
2018-08-20	0.00	2018-09-27	0.25	2018-11-04	0.19
2018-08-21	1.74	2018-09-28	0.23	2018-11-05	0.18
2018-08-22	0.00	2018-09-29	0.22	2018-11-06	0.18
2018-08-23	0.00	2018-09-30	0.21	2018-11-07	0.00
2018-08-24	0.00	2018-10-01	0.20	2018-11-08	0.00
2018-08-25	1.39	2018-10-02	0.00	2018-11-09	0.00
2018-08-26	0.34	2018-10-03	0.43	2018-11-10	0.00
2018-08-27	0.00	2018-10-04	0.22	2018-11-11	0.91
2018-08-28	0.00	2018-10-05	0.23	2018-11-12	0.26
2018-08-29	0.00	2018-10-06	0.25	2018-11-13	0.14
2018-08-30	0.00	2018-10-07	0.00	2018-11-14	0.31
2018-08-31	1.80	2018-10-08	0.51	2018-11-15	0.13
2018-09-01	0.19	2018-10-09	0.25	2018-11-16	0.34
2018-09-02	0.00	2018-10-10	0.23	2018-11-17	0.38
2018-09-03	0.00	2018-10-11	0.23	2018-11-18	0.18
2018-09-04	0.00	2018-10-12	0.00	2018-11-19	0.34
2018-09-05	1.25	2018-10-13	0.00	2018-11-20	0.32
2018-09-06	0.31	2018-10-14	0.68	2018-11-21	0.31
2018-09-07	0.00	2018-10-15	0.22	2018-11-22	0.29
2018-09-08	0.60	2018-10-16	0.21	2018-11-23	0.28
2018-09-09	0.00	2018-10-17	0.00	2018-11-24	0.26
2018-09-10	0.58	2018-10-18	0.00	2018-11-25	0.00
2018-09-11	0.27	2018-10-19	0.00	2018-11-26	0.51
2018-09-12	0.00	2018-10-20	0.00	2018-11-27	0.25
2018-09-13	0.00	2018-10-21	1.07	2018-11-28	0.00
2018-09-14	0.00	2018-10-22	0.00	2018-11-29	0.00
2018-09-15	0.00	2018-10-23	0.00	2018-11-30	0.00
2018-09-16	1.34	2018-10-24	0.00	2018-12-01	0.96
2018-09-17	0.00	2018-10-25	0.00	2018-12-02	0.23
2018-09-18	0.00	2018-10-26	1.07	2018-12-03	0.22

（续）

时间（年-月-日）	地下水位/mm	时间（年-月-日）	地下水位/mm	时间（年-月-日）	地下水位/mm
2018-12-04	0.21	2019-01-11	1.65	2019-02-18	0.00
2018-12-05	0.00	2019-01-12	1.04	2019-02-19	0.00
2018-12-06	0.41	2019-01-13	0.75	2019-02-20	0.68
2018-12-07	0.00	2019-01-14	0.63	2019-02-21	0.26
2018-12-08	0.41	2019-01-15	0.53	2019-02-22	0.43
2018-12-09	0.20	2019-01-16	0.46	2019-02-23	0.58
2018-12-10	0.00	2019-01-17	0.41	2019-02-24	0.59
2018-12-11	0.38	2019-01-18	0.40	2019-02-25	0.67
2018-12-12	0.00	2019-01-19	0.37	2019-02-26	0.67
2018-12-13	0.38	2019-01-20	0.36	2019-02-27	0.58
2018-12-14	0.20	2019-01-21	0.35	2019-02-28	0.50
2018-12-15	0.21	2019-01-22	0.00	2019-03-01	0.45
2018-12-16	0.22	2019-01-23	0.00	2019-03-02	0.41
2018-12-17	0.20	2019-01-24	0.00	2019-03-03	0.37
2018-12-18	0.00	2019-01-25	0.00	2019-03-04	0.33
2018-12-19	0.41	2019-01-26	1.74	2019-03-05	2.09
2018-12-20	0.20	2019-01-27	0.00	2019-03-06	2.33
2018-12-21	0.19	2019-01-28	0.70	2019-03-07	2.12
2018-12-22	0.00	2019-01-29	0.34	2019-03-08	1.28
2018-12-23	0.00	2019-01-30	0.33	2019-03-09	0.92
2018-12-24	0.00	2019-01-31	0.32	2019-03-10	0.69
2018-12-25	0.00	2019-02-01	0.32	2019-03-11	0.59
2018-12-26	0.90	2019-02-02	0.31	2019-03-12	0.52
2018-12-27	0.00	2019-02-03	0.30	2019-03-13	0.48
2018-12-28	0.00	2019-02-04	0.27	2019-03-14	0.46
2018-12-29	0.00	2019-02-05	0.26	2019-03-15	0.44
2018-12-30	0.00	2019-02-06	0.25	2019-03-16	0.42
2018-12-31	0.00	2019-02-07	0.00	2019-03-17	0.40
2019-01-01	1.09	2019-02-08	0.00	2019-03-18	0.38
2019-01-02	0.18	2019-02-09	0.00	2019-03-19	0.00
2019-01-03	0.20	2019-02-10	0.00	2019-03-20	0.00
2019-01-04	0.24	2019-02-11	1.20	2019-03-21	1.10
2019-01-05	0.28	2019-02-12	0.00	2019-03-22	0.36
2019-01-06	0.30	2019-02-13	0.00	2019-03-23	0.34
2019-01-07	0.30	2019-02-14	0.00	2019-03-24	0.32
2019-01-08	0.43	2019-02-15	0.00	2019-03-25	0.31
2019-01-09	1.23	2019-02-16	1.20	2019-03-26	0.30
2019-01-10	1.97	2019-02-17	0.23	2019-03-27	0.00

（续）

时间（年-月-日）	地下水位/mm	时间（年-月-日）	地下水位/mm	时间（年-月-日）	地下水位/mm
2019-03-28	0.59	2019-05-05	0.64	2019-06-12	23.03
2019-03-29	0.29	2019-05-06	0.74	2019-06-13	7.46
2019-03-30	0.28	2019-05-07	1.41	2019-06-14	9.54
2019-03-31	0.26	2019-05-08	4.96	2019-06-15	6.29
2019-04-01	0.25	2019-05-09	4.21	2019-06-16	5.25
2019-04-02	0.24	2019-05-10	4.02	2019-06-17	5.75
2019-04-03	0.00	2019-05-11	2.15	2019-06-18	11.80
2019-04-04	0.00	2019-05-12	1.56	2019-06-19	7.91
2019-04-05	0.00	2019-05-13	1.24	2019-06-20	5.47
2019-04-06	0.99	2019-05-14	1.03	2019-06-21	3.99
2019-04-07	0.00	2019-05-15	0.93	2019-06-22	3.25
2019-04-08	0.00	2019-05-16	0.88	2019-06-23	2.73
2019-04-09	0.00	2019-05-17	8.58	2019-06-24	2.38
2019-04-10	0.00	2019-05-18	6.07	2019-06-25	2.15
2019-04-11	1.27	2019-05-19	5.74	2019-06-26	2.01
2019-04-12	0.00	2019-05-20	2.89	2019-06-27	1.90
2019-04-13	0.00	2019-05-21	1.99	2019-06-28	1.83
2019-04-14	0.00	2019-05-22	1.68	2019-06-29	1.77
2019-04-15	1.01	2019-05-23	1.81	2019-06-30	1.70
2019-04-16	0.26	2019-05-24	1.59	2019-07-01	1.69
2019-04-17	0.29	2019-05-25	1.13	2019-07-02	1.65
2019-04-18	0.31	2019-05-26	1.94	2019-07-03	1.55
2019-04-19	0.44	2019-05-27	4.45	2019-07-04	1.47
2019-04-20	0.54	2019-05-28	4.52	2019-07-05	1.42
2019-04-21	0.34	2019-05-29	3.78	2019-07-06	1.55
2019-04-22	1.06	2019-05-30	2.58	2019-07-07	1.75
2019-04-23	4.10	2019-05-31	2.04	2019-07-08	12.98
2019-04-24	3.00	2019-06-01	1.78	2019-07-09	13.23
2019-04-25	2.67	2019-06-02	1.83	2019-07-10	19.88
2019-04-26	1.61	2019-06-03	1.91	2019-07-11	8.93
2019-04-27	1.74	2019-06-04	0.00	2019-07-12	8.26
2019-04-28	1.87	2019-06-05	2.94	2019-07-13	9.32
2019-04-29	1.42	2019-06-06	1.06	2019-07-14	11.70
2019-04-30	1.06	2019-06-07	0.89	2019-07-15	8.00
2019-05-01	0.84	2019-06-08	0.84	2019-07-16	5.86
2019-05-02	0.73	2019-06-09	3.52	2019-07-17	4.43
2019-05-03	0.70	2019-06-10	17.75	2019-07-18	3.98
2019-05-04	0.67	2019-06-11	17.04	2019-07-19	3.62

（续）

时间（年-月-日）	地下水位/mm	时间（年-月-日）	地下水位/mm	时间（年-月-日）	地下水位/mm
2019-07-20	3.16	2019-08-27	0.59	2019-10-04	0.99
2019-07-21	2.84	2019-08-28	0.56	2019-10-05	0.32
2019-07-22	2.58	2019-08-29	0.00	2019-10-06	0.31
2019-07-23	2.35	2019-08-30	0.00	2019-10-07	0.00
2019-07-24	2.10	2019-08-31	0.00	2019-10-08	0.00
2019-07-25	1.94	2019-09-01	2.18	2019-10-09	0.00
2019-07-26	1.80	2019-09-02	0.54	2019-10-10	1.19
2019-07-27	1.68	2019-09-03	0.53	2019-10-11	0.29
2019-07-28	1.56	2019-09-04	0.51	2019-10-12	0.29
2019-07-29	1.47	2019-09-05	0.49	2019-10-13	0.00
2019-07-30	1.42	2019-09-06	0.46	2019-10-14	0.00
2019-07-31	1.37	2019-09-07	0.00	2019-10-15	0.00
2019-08-01	1.32	2019-09-08	0.00	2019-10-16	1.19
2019-08-02	1.26	2019-09-09	0.00	2019-10-17	0.00
2019-08-03	1.22	2019-09-10	0.00	2019-10-18	0.00
2019-08-04	1.15	2019-09-11	2.24	2019-10-19	0.89
2019-08-05	1.07	2019-09-12	0.44	2019-10-20	0.29
2019-08-06	1.04	2019-09-13	0.42	2019-10-21	0.27
2019-08-07	0.99	2019-09-14	0.55	2019-10-22	0.29
2019-08-08	0.95	2019-09-15	0.26	2019-10-23	0.00
2019-08-09	0.91	2019-09-16	0.39	2019-10-24	0.00
2019-08-10	0.88	2019-09-17	0.00	2019-10-25	0.00
2019-08-11	0.84	2019-09-18	0.00	2019-10-26	1.26
2019-08-12	0.80	2019-09-19	0.00	2019-10-27	0.32
2019-08-13	0.77	2019-09-20	0.00	2019-10-28	0.00
2019-08-14	0.00	2019-09-21	1.93	2019-10-29	0.00
2019-08-15	0.00	2019-09-22	0.00	2019-10-30	0.97
2019-08-16	2.25	2019-09-23	0.00	2019-10-31	0.31
2019-08-17	0.73	2019-09-24	0.00	2019-11-01	0.29
2019-08-18	0.70	2019-09-25	1.54	2019-11-02	0.00
2019-08-19	0.67	2019-09-26	0.38	2019-11-03	0.00
2019-08-20	0.00	2019-09-27	0.00	2019-11-04	0.00
2019-08-21	1.31	2019-09-28	0.00	2019-11-05	0.00
2019-08-22	0.00	2019-09-29	1.10	2019-11-06	1.41
2019-08-23	0.00	2019-09-30	0.35	2019-11-07	0.28
2019-08-24	1.97	2019-10-01	0.34	2019-11-08	0.26
2019-08-25	0.64	2019-10-02	0.00	2019-11-09	0.25
2019-08-26	0.61	2019-10-03	0.00	2019-11-10	0.00

（续）

时间（年-月-日）	地下水位/mm	时间（年-月-日）	地下水位/mm	时间（年-月-日）	地下水位/mm
2019-11-11	0.48	2019-11-28	0.21	2019-12-15	0.00
2019-11-12	0.25	2019-11-29	0.00	2019-12-16	0.96
2019-11-13	0.26	2019-11-30	0.00	2019-12-17	0.19
2019-11-14	0.27	2019-12-01	0.61	2019-12-18	0.19
2019-11-15	0.29	2019-12-02	0.00	2019-12-19	0.18
2019-11-16	0.30	2019-12-03	0.00	2019-12-20	0.18
2019-11-17	0.29	2019-12-04	0.00	2019-12-21	0.19
2019-11-18	0.28	2019-12-05	0.00	2019-12-22	0.24
2019-11-19	0.26	2019-12-06	1.02	2019-12-23	0.29
2019-11-20	0.25	2019-12-07	0.20	2019-12-24	0.28
2019-11-21	0.23	2019-12-08	0.20	2019-12-25	0.26
2019-11-22	0.24	2019-12-09	0.00	2019-12-26	0.25
2019-11-23	0.00	2019-12-10	0.00	2019-12-27	0.00
2019-11-24	0.00	2019-12-11	0.58	2019-12-28	0.00
2019-11-25	0.00	2019-12-12	0.00	2019-12-29	0.00
2019-11-26	0.91	2019-12-13	0.00	2019-12-30	0.00
2019-11-27	0.22	2019-12-14	0.00	2019-12-31	0.00

3.3.3 穿透雨降水量数据集

3.3.3.1 概述

穿透雨是指由直接穿透植被冠层的雨量和冠层叶片滴漏量组成的雨水，是描述水文过程的重要指标。穿透雨是林地土壤水分和径流的主要来源，其大小与林分密度、植被类型及降雨强度有关。观测数据集为会同森林生态系统 2009—2019 年穿透雨降水量观测数据。

3.3.3.2 数据采集和处理方法

会同杉木林站的穿透雨观测采用的是人工观测法，即通过雨水收集器采集雨水，然后人工测量雨水体积的方法。在穿透雨观测场地设置 6 个直径为 20 cm 的雨量器收集林内穿透雨，每次降雨时在 8 时用专用量杯直接测定雨量器内的水量，最后计算每个月的总降水量。为了防止储水瓶（罐）溢出，应该注意随时观测并记录下观测时间。此外，为了减少灌木及草本植物对穿透雨的影响，应使雨量器离地面的高度不低于 50 cm。

3.3.3.3 数据质量控制和评估

①原始数据采集过程中的质量控制。观测场中雨量器的设置要合理，要全面、真实地反映样地穿透雨降水量的多少。测量过程要多次测量，取平均值。当降雨强度很大时，要随时观测，防止储水瓶溢出。

②数据质量控制。数据录入之后，再次核对、整理和分析，避免录入过程出现错误。最后，将原始数据保存，统一编号，并在数据处理和上报完毕后归档保存。原始电子数据必须备份一份，并打印一份存档。

③数据质量综合评价。对已录入的数据，从数据的合理性、准确性、一致性、完整性、对比性和连续性等方面进行评价。如果发现异常数据，应详细分析，根据分析结果修正或者去除该数据。最

后，由站长和数据管理员审核认定之后上报。

3.3.3.4 数据使用方法和建议

穿透雨是降雨再分配的主要组分，对土壤水分补给和植被生长具有关键作用。分析会同杉木林站长期观测的穿透雨数据，可以了解亚热带常绿阔叶林的穿透雨特征与影响因素，有助于理解植被对降雨的利用状况和土壤水分补给过程，对于揭示植被冠层影响下的生态水文过程机理具有重要意义。

3.3.3.5 数据

具体数据见表 3-24。

表 3-24 会同杉木林森林生态系统穿透雨观测数据

时间（年-月）	穿透雨降水量/mm	时间（年-月）	穿透雨降水量/mm	时间（年-月）	穿透雨降水量/mm
2009-01	8.13	2011-08	23.12	2014-03	78.68
2009-02	13.23	2011-09	20.01	2014-04	145.60
2009-03	63.41	2011-10	122.31	2014-05	230.30
2009-04	255.61	2011-11	14.53	2014-06	189.30
2009-05	110.28	2011-12	1.04	2014-07	106.90
2009-06	94.47	2012-01	19.15	2014-08	150.10
2009-07	144.83	2012-02	3.70	2014-09	60.50
2009-08	50.58	2012-03	43.45	2014-10	41.00
2009-09	12.16	2012-04	94.04	2014-11	47.00
2009-10	10.61	2012-05	180.15	2014-12	20.00
2009-11	3.58	2012-06	60.33	2015-01	28.28
2009-12	11.86	2012-07	113.65	2015-02	7.94
2010-01	2.55	2012-08	38.00	2015-03	19.21
2010-02	0.88	2012-09	68.41	2015-04	41.15
2010-03	57.91	2012-10	7.68	2015-05	145.00
2010-04	131.75	2012-11	51.94	2015-06	174.77
2010-05	186.63	2012-12	5.45	2015-07	162.87
2010-06	310.16	2013-01	15.35	2015-08	157.98
2010-07	23.47	2013-02	22.59	2015-09	82.06
2010-08	22.02	2013-03	170.28	2015-10	44.78
2010-09	56.05	2013-04	135.99	2015-11	61.73
2010-10	29.29	2013-05	235.32	2015-12	151.87
2010-11	6.69	2013-06	120.56	2016-01	50.99
2010-12	97.27	2013-07	1.20	2016-02	14.52
2011-01	20.39	2013-08	69.85	2016-03	108.19
2011-02	28.12	2013-09	134.83	2016-04	157.33
2011-03	9.79	2013-10	15.51	2016-05	128.23
2011-04	80.02	2013-11	17.91	2016-06	94.78
2011-05	254.83	2013-12	50.43	2016-07	264.63
2011-06	96.50	2014-01	5.00	2016-08	180.78
2011-07	12.11	2014-02	32.88	2016-09	48.20

（续）

时间（年-月）	穿透雨降水量/mm	时间（年-月）	穿透雨降水量/mm	时间（年-月）	穿透雨降水量/mm
2016 - 10	53.08	2018 - 07	9.33	2019 - 04	134.85
2016 - 11	25.33	2018 - 08	41.23	2019 - 05	150.13
2016 - 12	30.21	2018 - 09	58.44	2019 - 06	290.66
2018 - 01	11.33	2018 - 10	50.04	2019 - 07	235.58
2018 - 02	18.37	2018 - 11	41.64	2019 - 08	52.00
2018 - 03	26.84	2018 - 12	29.65	2019 - 09	13.14
2018 - 04	55.32	2019 - 01	99.44	2019 - 10	95.96
2018 - 05	252.79	2019 - 02	39.75	2019 - 11	38.17
2018 - 06	150.73	2019 - 03	46.06	2019 - 12	46.68

3.4　气象观测数据

3.4.1　气象自动观测要素——气温数据集

3.4.1.1　概述

本数据集为会同杉木林站气象观测场自动观测要素——气温数据，包括 2008—2018 年月平均气温、月平均最高气温、月平均最低气温、极端最高气温和极端最低气温等指标。

3.4.1.2　数据采集和处理方法

数据获取方法：HMP45D 温湿度传感器观测。每 10 s 采测 1 个温度值，每分钟采测 6 个温度值，去除一个最大值和一个最小值后取平均值，作为每分钟的温度值存储。正点时采测温度值存储。

数据产品处理方法：用质控后的日平均值合计值除以天数获得月平均值。日平均值缺测 6 次或者以上时，不做月统计。

3.4.1.3　数据质量控制和评估

根据 CERN《生态系统大气环境观测规范》，气温数据具体质量控制和评估方法：a. 超出气候学界限值域−80～60 ℃的数据为错误数据；b. 1 min 内允许的最大变化值为 3 ℃，1 h 内变化幅度的最小值为 0.1 ℃；c. 定时气温大于等于日最低气温且小于等于日最高气温；d. 气温大于等于露点温度；e. 24 h 气温变化范围小于 50 ℃；f. 利用与台站下垫面及周围环境相似的一个或多个邻近站观测数据计算本站气温值，比较台站观测值和计算值，如果超出阈值即认为观测数据可疑；g. 某一定时气温缺测时，用前、后两个定时数据内插求得，按正常数据统计，若连续两个或以上定时数据缺测时，不能内插，仍按缺测处理；h. 一日中若 24 次定时观测记录有缺测时，该日按照 2 时、8 时、14 时、20 时 4 次定时记录做日平均，若 4 次定时记录缺测一次或以上，但该日各定时记录缺测 5 次或以下时，按实有记录做日统计，缺测 6 次或以上时，不做日平均。

3.4.1.4　数据

具体数据见表 3 - 25。

表 3 - 25　气象观测场自动观测：空气温度

时间（年-月）	平均气温/℃	平均最高气温/℃	平均最低气温/℃	极端最高气温/℃	极高出现日期	极端最低气温/℃	极低出现日期	有效数据/条
2008 - 01	2.7	6.1	0.4	22.0	10	−3.2	27	31
2008 - 02	5.0	9.5	2.0	22.4	23	−5.4	15	29

（续）

时间(年-月)	平均气温/℃	平均最高气温/℃	平均最低气温/℃	极端最高气温/℃	极高出现日期	极端最低气温/℃	极低出现日期	有效数据/条
2008-03	13.4	19.3	9.5	26.6	28	−0.5	1	31
2008-04	18.0	23.0	14.5	33.7	8	9.0	26	30
2008-05	22.1	28.0	17.9	32.6	21	11.7	12	31
2008-06	25.1	30.6	21.1	35.1	4	18.5	4	30
2008-07	26.9	32.3	22.9	37.2	27	20.5	8	31
2008-08	26.0	31.1	22.7	35.4	21	20.4	31	31
2008-09	24.2	29.6	20.5	36.5	22	16.2	27	30
2008-10	19.3	24.8	15.6	29.9	21	12.3	26	31
2008-11	12.5	17.8	9.3	23.6	4	1.7	28	30
2008-12	8.3	14.6	4.3	23.9	20	−2.0	23	31
2009-01	5.1	10.1	1.7	21.3	17	−3.4	14	31
2009-02	10.9	15.1	8.2	29.1	13	2.5	27	28
2009-03	12.7	18.0	8.8	31.3	21	1.8	14	31
2009-04	17.1	22.1	13.8	31.0	22	5.8	7	30
2009-05	21.2	26.0	17.8	33.0	21	13.9	4	31
2009-06	25.7	31.6	21.6	35.8	19	15.1	5	30
2009-07	26.9	32.1	22.7	38.4	18	19.6	4	31
2009-08	27.4	33.9	22.7	38.7	23	17.8	31	31
2009-09	25.0	31.9	20.3	37.7	7	13.8	23	30
2009-10	19.6	25.0	16.3	32.7	2	12.4	6	31
2009-11	10.2	16.3	6.1	30.0	9	−1.4	22	30
2009-12	7.3	10.6	4.9	17.3	5	−0.2	28	31
2010-01	7.5	11.9	4.5	23.1	19	−2.0	13	31
2010-02	8.8	13.9	5.2	29.8	28	−2.0	20	28
2010-03	11.5	17.1	7.5	29.6	18	−0.9	11	31
2010-04	15.0	19.6	11.9	31.0	30	4.2	16	30
2010-05	20.7	25.3	17.6	34.7	24	13.0	11	31
2010-06	23.6	28.0	20.8	33.5	15	16.4	4	30
2010-07	28.3	33.7	24.0	35.6	15	22.0	26	31
2010-08	27.6	34.8	22.3	38.9	10	17.8	29	31
2010-09	23.7	28.4	20.3	38.3	19	15.0	24	30
2010-10	16.9	22.2	13.5	29.6	6	4.7	30	31
2010-11	12.7	19.3	8.6	27.6	10	4.3	23	30
2010-12	7.9	14.3	4.0	22.9	4	−1.4	16	31
2011-01	2.1	4.9	0.1	11.7	12	−5.6	21	31
2011-02	9.4	15.1	5.5	25.8	27	−4.5	2	28
2011-03	9.7	14.4	6.6	24.6	29	1.3	4	31
2011-04	17.4	23.2	13.3	35.1	27	5.3	4	30

（续）

时间（年-月）	平均气温/℃	平均最高气温/℃	平均最低气温/℃	极端最高气温/℃	极高出现日期	极端最低气温/℃	极低出现日期	有效数据/条
2011-05	21.0	27.4	16.0	35.0	29	11.2	23	31
2011-06	25.2	30.2	22.0	37.7	22	17.3	3	30
2011-07	28.0	34.5	22.3	38.6	29	18.5	17	31
2011-08	27.1	34.0	21.3	37.2	3	15.7	25	31
2011-09	23.7	29.6	19.6	37.5	15	12.7	20	30
2011-10	17.6	22.6	14.4	32.9	10	10.8	29	31
2011-11	15.7	23.0	11.7	27.9	17	6.2	11	30
2011-12	6.9	10.8	4.4	15.1	3	−2.7	25	31
2012-01	4.3	6.6	2.5	15.2	31	−3.4	25	31
2012-02	5.2	7.2	3.7	12.6	19	−1.0	19	29
2012-03	10.4	13.9	8.1	25.8	25	4.2	9	31
2012-04	18.8	25.1	14.7	36.0	24	5.6	1	30
2012-05	21.9	26.4	19.0	34.6	18	13.7	16	31
2012-06	25.1	30.1	21.7	37.5	30	17.3	2	30
2012-07	27.7	33.3	23.6	37.3	30	21.8	6	31
2012-08	27.0	33.5	22.9	36.9	11	19.6	24	31
2012-09	22.5	28.2	18.9	36.1	1	13.2	15	30
2012-10	18.3	23.0	15.3	30.8	2	8.3	18	31
2012-11	11.7	15.2	9.3	24.7	2	4.5	27	30
2012-12	6.5	10.0	4.2	23.9	14	−2.7	24	31
2013-01	6.4	11.0	3.6	21.0	30	−3.0	10	31
2013-02	8.7	12.5	6.3	29.7	3	−0.3	9	28
2013-03	14.3	21.2	9.8	30.7	22	0.0	4	31
2013-04	16.6	22.0	13.0	32.8	18	5.5	7	30
2013-05	22.0	27.9	17.9	36.0	23	11.7	12	31
2013-06	26.0	31.8	21.7	36.9	20	13.7	13	30
2013-07	28.8	34.9	23.4	38.0	14	21.8	31	31
2013-08	27.7	33.9	23.0	39.5	13	21.4	7	31
2013-09	22.4	28.3	18.5	35.6	17	12.0	26	30
2013-10	17.7	23.9	13.8	32.7	13	9.4	26	31
2013-11	13.8	19.2	10.4	30.0	9	2.6	29	30
2013-12	7.3	13.4	3.5	22.9	2	−2.0	31	31
2014-01	7.7	14.7	3.3	25.4	31	−3.8	22	31
2014-02	6.2	9.4	4.0	26.5	1	−4.7	14	28
2014-03	13.2	17.4	10.4	28.8	29	5.3	9	31
2014-04	18.4	22.5	15.4	31.3	18	10.7	4	30
2014-05	21.1	26.1	17.8	34.1	31	11.2	1	31
2014-06	24.8	28.8	22.2	36.1	15	19.6	22	30

（续）

时间（年-月）	平均气温/℃	平均最高气温/℃	平均最低气温/℃	极端最高气温/℃	极高出现日期	极端最低气温/℃	极低出现日期	有效数据/条
2014-07	27.8	33.5	23.9	37.4	11	21.9	30	31
2014-08	26.2	31.3	22.8	36.5	6	18.8	21	31
2014-09	24.6	29.6	20.9	35.6	8	15.5	23	30
2014-10	19.9	25.6	15.9	30.4	26	10.7	24	31
2014-11	13.0	15.6	11.2	21.7	6	6.6	14	30
2014-12	7.3	12.2	4.1	20.2	30	−2.5	22	31
2015-01	7.1	10.9	4.6	18.1	23	−1.1	30	31
2015-02	8.0	12.0	5.2	23.7	15	−3.0	6	28
2015-03	11.4	15.2	9.1	30.7	31	2.3	6	31
2015-04	17.6	23.4	13.6	33.8	3	6.3	8	30
2015-05	22.1	26.7	18.9	35.1	29	11.9	12	31
2015-06	25.5	29.9	22.4	35.4	30	18.5	5	30
2015-07	25.0	29.7	21.6	36.8	13	16.7	8	31
2015-08	25.2	30.4	21.6	34.3	7	18.0	24	31
2015-09	23.2	27.5	20.3	32.6	5	16.9	13	30
2015-10	18.0	23.5	14.4	29.1	26	10.4	31	31
2015-11	12.7	15.8	10.9	30.9	7	4.0	26	30
2015-12	7.3	10.2	5.4	17.5	21	−0.9	17	31
2016-01	5.8	8.2	4.2	23.5	4	−2.7	25	31
2016-02	7.6	14.8	2.9	26.4	28	−2.9	3	29
2016-03	12.0	16.9	8.7	26.1	8	0.6	10	31
2016-04	18.2	22.8	15.4	31.0	16	9.2	18	30
2016-05	20.4	25.5	17.1	33.2	31	11.2	17	31
2016-06	25.6	31.2	21.6	36.1	6	17.0	17	30
2016-07	27.8	33.5	23.5	38.4	31	22.0	30	31
2016-08	26.9	32.8	23.1	37.7	25	16.7	29	31
2016-09	23.5	30.2	18.9	34.3	27	14.2	22	30
2016-10	19.0	24.2	15.7	33.7	3	8.8	30	31
2016-11	12.8	17.5	9.9	27.5	19	1.1	28	30
2016-12	7.8	12.9	4.8	21.7	9	−1.6	29	31
2017-01	8.0	11.5	5.8	20.7	26	−0.1	22	31
2017-02	7.6	13.1	4.2	24.9	17	−2.6	12	28
2017-03	10.7	13.9	8.5	22.6	27	2.9	2	31
2017-04	17.8	24.5	13.2	31.1	8	6.1	1	30
2017-05	21.5	28.5	16.7	34.2	28	11.9	27	31
2017-06	23.6	27.4	21.1	32.9	21	18.1	2	30
2017-07	27.4	34.0	22.6	38.7	27	21.3	3	31
2017-08	27.3	33.6	23.3	37.7	22	21.5	17	31
2017-09	24.5	29.8	21.2	34.6	18	18.9	16	30

（续）

时间（年-月）	平均气温/℃	平均最高气温/℃	平均最低气温/℃	极端最高气温/℃	极高出现日期	极端最低气温/℃	极低出现日期	有效数据/条
2017-10	17.7	22.0	15.0	34.1	2	6.7	31	31
2017-11	12.3	16.8	9.4	26.4	3	2.1	27	30
2017-12	7.4	13.1	3.9	20.3	22	−4.0	20	31
2018-01	4.3	7.4	2.4	14.4	17	−3.3	9	31
2018-02	7.9	12.8	4.6	25.2	17	−6.0	6	28
2018-03	13.5	19.8	9.6	29.1	3	0.9	10	31
2018-04	18.4	25.2	13.6	31.2	30	6.0	8	30
2018-05	23.7	28.7	20.1	34.5	20	16.6	8	31
2018-06	24.9	30.4	21.0	35.1	18	16.8	6	30
2018-07	28.3	35.0	23.6	38.5	18	22.3	29	31
2018-08	27.0	33.5	22.8	36.9	19	18.8	26	31
2018-09	23.6	29.2	20.1	36.8	6	16.0	26	30
2018-10	16.8	22.2	13.3	28.7	6	7.9	31	31
2018-11	11.7	17.1	8.7	25.7	4	4.4	22	30
2018-12	6.1	8.6	4.3	21.1	2	−3.7	30	31

3.4.2　气象自动观测要素——相对湿度数据集

3.4.2.1　概述

本数据集为会同杉木林站气象观测场自动观测要素——相对湿度数据，包括2008—2018年月平均相对湿度、月平均最低相对湿度和极端最低相对湿度等指标。

3.4.2.2　数据采集和处理方法

数据获取方法：HMP45D温湿度传感器观测。每10 s采测1个湿度值，每分钟采测6个湿度值，去除1个最大值和1个最小值后取平均值，作为每分钟的湿度值存储。正点时采测湿度值存储。

数据产品处理方法：用质控后的日平均值合计值除以天数获得月平均值。日平均值缺测6次或者以上时，不做月统计。

3.4.2.3　数据质量控制和评估

根据CERN《生态系统大气环境观测规范》，相对湿度数据具体质量控制和评估方法：a. 相对湿度介于0～100%；b. 定时相对湿度大于等于日最低相对湿度；c. 干球温度大于等于湿球温度（结冰期除外）；d. 某一定时相对湿度缺测时，用前、后两个定时数据内插求得，按正常数据统计，若连续两个或以上定时数据缺测时，不能内插，仍按缺测处理；e. 一日中若24次定时观测记录有缺测时，该日按照2时、8时、14时、20时4次定时记录做日平均，若4次定时记录缺测一次或以上，但该日各定时记录缺测5次或以下时，按实有记录做日统计，缺测6次或以上时不做日平均。

3.4.2.4　数据

具体数据见表3-26。

表3-26　气象观测场自动观测：相对湿度

时间（年-月）	平均相对湿度/%	平均最低相对湿度/%	极端最低相对湿度/%	极低出现日期	有效数据/条
2008-01	79	65	22	2	31

（续）

时间（年-月）	平均相对湿度/%	平均最低相对湿度/%	极端最低相对湿度/%	极低出现日期	有效数据/条
2008-02	74	51	16	14	29
2008-03	78	56	13	2	31
2008-04	76	55	26	25	30
2008-05	76	52	20	20	31
2008-06	75	52	25	28	30
2008-07	74	51	27	27	31
2008-08	78	57	42	23	31
2008-09	75	52	35	22	30
2008-10	74	53	30	7	31
2008-11	79	54	22	30	30
2008-12	72	46	26	6	31
2009-01	70	47	22	13	31
2009-02	78	63	34	11	28
2009-03	74	52	26	15	31
2009-04	77	55	21	21	30
2009-05	76	56	25	31	31
2009-06	73	48	23	4	30
2009-07	73	52	35	18	31
2009-08	70	44	28	23	31
2009-09	69	43	24	23	30
2009-10	74	50	18	6	31
2009-11	72	49	25	3	30
2009-12	78	60	33	5	31
2010-01	74	56	28	14	31
2010-02	70	52	26	19	28
2010-03	72	52	12	18	31
2010-04	76	58	24	27	30
2010-05	76	59	19	24	31
2010-06	78	58	35	15	30
2010-07	71	47	38	30	31
2010-08	67	34	6	5	31
2010-09	76	57	27	19	30
2010-10	76	54	21	6	31
2010-11	77	51	23	10	30
2010-12	76	52	24	9	31
2011-01	71	54	25	12	31
2011-02	72	51	28	1	28
2011-03	76	56	16	29	31

（续）

时间（年-月）	平均相对湿度/%	平均最低相对湿度/%	极端最低相对湿度/%	极低出现日期	有效数据/条
2011-04	74	52	20	23	30
2011-05	73	49	18	17	31
2011-06	77	57	38	22	30
2011-07	66	40	23	17	31
2011-08	67	40	17	30	31
2011-09	69	47	30	16	30
2011-10	78	58	28	15	31
2011-11	78	52	39	11	30
2011-12	69	49	26	25	31
2012-01	77	65	32	31	31
2012-02	78	68	28	19	29
2012-03	78	63	16	25	31
2012-04	73	49	23	1	30
2012-05	79	61	21	17	31
2012-06	77	56	29	18	30
2012-07	74	51	36	22	31
2012-08	73	46	33	10	31
2012-09	76	53	27	30	30
2012-10	78	60	29	18	31
2012-11	80	64	35	1	30
2012-12	80	65	31	5	31
2013-01	76	55	23	1	31
2013-02	80	66	32	3	28
2013-03	75	53	19	5	31
2013-04	77	56	24	26	30
2013-05	77	55	13	12	31
2013-06	75	51	27	12	30
2013-07	67	43	33	13	31
2013-08	72	48	27	13	31
2013-09	77	53	22	15	30
2013-10	76	50	19	10	31
2013-11	79	55	32	30	30
2013-12	74	46	21	30	31
2014-01	69	43	15	23	31
2014-02	78	65	34	1	28
2014-03	80	62	40	16	31
2014-04	79	62	28	3	30
2014-05	80	62	22	1	31

（续）

时间（年-月）	平均相对湿度/%	平均最低相对湿度/%	极端最低相对湿度/%	极低出现日期	有效数据/条
2014-06	82	68	34	12	30
2014-07	77	55	35	23	31
2014-08	79	58	41	30	31
2014-09	77	57	38	22	30
2014-10	76	51	31	23	31
2014-11	82	69	38	3	30
2014-12	68	43	24	30	31
2015-01	80	61	22	1	31
2015-02	79	61	13	12	28
2015-03	85	68	40	31	31
2015-04	75	50	20	12	30
2015-05	82	61	33	1	31
2015-06	80	60	38	6	30
2015-07	80	58	31	25	31
2015-08	79	55	25	23	31
2015-09	81	61	35	16	30
2015-10	80	54	22	12	31
2015-11	88	75	40	2	30
2015-12	88	71	32	17	31
2016-01	87	73	37	25	31
2016-02	77	46	16	8	29
2016-03	87	66	26	27	31
2016-04	89	71	34	16	30
2016-05	88	67	34	3	31
2016-06	84	62	38	6	30
2016-07	83	60	38	31	31
2016-08	85	60	41	29	31
2016-09	80	52	35	2	30
2016-10	82	63	28	4	31
2016-11	87	68	40	28	30
2016-12	88	64	29	6	31
2017-01	85	67	35	22	31
2017-02	84	61	22	13	28
2017-03	89	71	26	2	31
2017-04	82	56	32	28	30
2017-05	82	53	15	13	31
2017-06	90	74	45	18	30
2017-07	82	54	35	27	31

（续）

时间（年-月）	平均相对湿度/%	平均最低相对湿度/%	极端最低相对湿度/%	极低出现日期	有效数据/条
2017-08	84	59	44	1	31
2017-09	87	67	50	16	30
2017-10	86	67	33	31	31
2017-11	85	63	31	23	30
2017-12	81	54	23	19	31
2018-01	88	73	31	12	31
2018-02	78	54	22	5	28
2018-03	86	62	24	10	31
2018-04	83	57	23	17	30
2018-05	86	66	48	24	31
2018-06	85	62	38	6	30
2018-07	80	52	32	17	31
2018-08	83	54	36	25	31
2018-09	84	60	30	30	30
2018-10	85	58	23	31	31
2018-11	90	69	30	1	30
2018-12	90	77	36	17	31

3.4.3 气象自动观测要素——气压数据集

3.4.3.1 概述

本数据集为会同杉木林站气象观测场自动观测要素——气压数据，包括2008—2018年月平均气压、月平均最高气压、月平均最低气压、极端最高气压和极端最低气压等指标。

3.4.3.2 数据采集和处理方法

数据获取方法：DPA501数字气压表观测。每10 s采测1个气压值，每分钟采测6个气压值，去除一个最大值和一个最小值后取平均值，作为每分钟的气压值。正点时采测气压值存储。

数据产品处理方法：用质控后的日平均值合计值除以天数获得月平均值。日平均值缺测6次或者以上时，不做月统计。

3.4.3.3 数据质量控制和评估

根据CERN《生态系统大气环境观测规范》，气压数据具体质量控制和评估方法：a. 超出气候学界限值域300～1 100 hPa的数据为错误数据；b. 所观测的气压不小于日最低气压且不大于日最高气压，海拔高度大于0 m时，台站气压小于海平面气压，海拔高度等于0 m时，台站气压等于海平面气压，海拔高度小于0 m时，台站气压大于海平面气压；c. 24 h变压的绝对值小于50 hPa；d. 1 min内允许的最大变化值为1.0 hPa，1 h内变化幅度的最小值为0.1 hPa；e. 某一定时气压缺测时，用前、后两个定时数据内插求得，按正常数据统计，若连续两个或以上定时数据缺测时，不能内插，仍按缺测处理；f. 一日中若24次定时观测记录有缺测时，该日按照2时、8时、14时、20时4次定时记录做日平均，若4次定时记录缺测一次或以上，但该日各定时记录缺测5次或以下时，按实有记录做日统计，缺测6次或以上时，不做日平均。

3.4.3.4 数据

具体数据见表 3 - 27。

表 3 - 27 气象观测场自动观测：气压

时间（年-月）	平均气压/hPa	平均最高气压/hPa	平均最低气压/hPa	极端最高气压/hPa	极高出现日期	极端最低气压/hPa	极低出现日期	有效数据/条
2008 - 01	991.2	993.9	988.0	1 002.4	16	972.5	10	31
2008 - 02	991.8	994.3	988.6	1 000.0	27	980.6	23	29
2008 - 03	983.1	985.9	979.9	994.3	8	969.2	28	31
2008 - 04	979.3	981.9	976.0	992.5	23	963.3	8	30
2008 - 05	975.3	977.5	972.2	985.1	13	965.9	27	31
2008 - 06	972.2	973.9	970.2	977.5	3	966.7	22	30
2008 - 07	971.1	972.8	968.8	975.6	26	965.2	22	31
2008 - 08	973.2	975.0	970.8	982.1	31	965.4	15	31
2008 - 09	977.9	979.9	975.7	986.2	30	970.1	22	30
2008 - 10	984.4	986.7	981.9	992.2	24	976.3	3	31
2008 - 11	989.1	991.7	986.2	999.6	19	978.2	6	30
2008 - 12	989.9	993.0	985.9	1 003.8	22	977.0	3	31
2009 - 01	992.1	995.0	988.3	1 004.2	13	978.8	22	31
2009 - 02	982.4	985.5	978.4	994.1	20	960.3	12	28
2009 - 03	983.0	986.2	979.0	998.3	14	965.4	21	31
2009 - 04	979.8	982.2	977.1	992.5	1	966.7	19	30
2009 - 05	978.1	980.2	975.6	988.0	2	971.3	27	31
2009 - 06	970.7	972.5	968.4	976.4	11	965.4	7	30
2009 - 07	971.0	972.6	969.0	976.6	21	965.7	19	31
2009 - 08	973.7	975.5	971.2	983.9	30	964.9	3	31
2009 - 09	977.8	980.1	975.2	986.1	21	968.7	5	30
2009 - 10	983.1	985.4	980.8	990.8	14	975.8	7	31
2009 - 11	988.9	991.8	985.2	1 004.3	17	970.7	9	30
2009 - 12	989.1	991.8	985.9	1 001.1	19	977.7	28	31
2010 - 01	989.2	992.2	985.7	999.4	22	978.4	3	31
2010 - 02	983.9	987.1	980.1	1 000.2	12	962.9	24	28
2010 - 03	984.4	987.8	980.2	1 005.7	9	970.8	22	31
2010 - 04	982.2	985.3	978.3	994.1	15	968.4	20	30
2010 - 05	975.5	977.7	972.9	983.9	1	966.7	4	31
2010 - 06	974.3	976.0	972.1	983.0	4	966.5	19	30
2010 - 07	972.8	974.2	970.9	977.2	18	968.1	5	31
2010 - 08	976.4	978.0	974.2	981.3	27	971.9	4	31
2010 - 09	978.1	980.0	975.8	987.2	29	969.3	20	30
2010 - 10	985.3	987.7	982.6	998.8	27	971.5	10	31
2010 - 11	987.5	990.3	984.3	997.1	15	975.4	21	30
2010 - 12	986.3	989.4	982.7	1 001.5	16	976.0	12	31

（续）

时间（年-月）	平均气压/hPa	平均最高气压/hPa	平均最低气压/hPa	极端最高气压/hPa	极高出现日期	极端最低气压/hPa	极低出现日期	有效数据/条
2011-01	993.7	996.3	990.8	1 002.4	28	983.0	12	31
2011-02	984.5	987.2	981.2	995.7	1	969.7	8	28
2011-03	988.5	991.6	984.0	1 001.3	15	970.0	20	31
2011-04	981.2	983.5	978.4	991.7	4	969.3	30	30
2011-05	976.9	979.2	973.9	986.1	16	963.9	9	31
2011-06	971.5	973.1	969.4	979.9	1	963.9	23	30
2011-07	971.2	972.9	968.8	975.8	24	964.6	6	31
2011-08	973.8	975.7	971.4	980.3	20	965.9	5	31
2011-09	978.2	980.4	975.4	988.9	20	968.6	7	30
2011-10	985.2	987.5	982.8	992.7	28	977.1	22	31
2011-11	985.5	988.2	982.5	995.1	23	976.0	17	30
2011-12	993.2	995.7	990.3	1 002.9	10	983.1	3	31
2012-01	990.6	993.1	987.8	1 000.7	4	980.7	17	31
2012-02	987.3	989.9	984.1	997.2	3	975.4	22	29
2012-03	984.3	987.1	980.9	995.8	31	974.8	19	31
2012-04	977.7	980.5	973.9	990.4	3	962.4	24	30
2012-05	975.7	977.7	973.2	982.5	15	969.0	12	31
2012-06	970.4	972.0	968.3	980.2	1	963.2	10	30
2012-07	970.5	972.0	968.5	975.4	1	965.3	31	31
2012-08	972.8	974.6	970.5	980.9	23	965.8	5	31
2012-09	980.3	982.1	978.0	987.7	29	971.8	1	30
2012-10	984.2	986.5	981.6	993.5	17	978.2	2	31
2012-11	985.5	988.3	982.3	994.5	26	977.5	2	30
2012-12	989.1	992.4	985.6	1 004.0	23	977.5	13	31
2013-01	989.8	992.6	986.5	1 003.3	3	979.0	31	31
2013-02	986.8	989.9	983.1	997.8	8	970.2	28	28
2013-03	982.5	985.7	978.1	1 000.2	2	970.5	19	31
2013-04	979.6	982.5	976.1	992.0	10	967.9	18	30
2013-05	975.4	977.6	972.6	983.4	4	964.1	14	31
2013-06	972.1	974.0	969.6	979.6	12	964.5	18	30
2013-07	971.5	973.2	969.2	976.2	11	966.6	25	31
2013-08	972.2	974.2	969.7	979.5	31	964.8	24	31
2013-09	979.3	981.6	976.7	990.6	26	969.1	23	30
2013-10	985.9	988.5	983.7	994.1	17	976.8	13	31
2013-11	988.6	991.8	985.3	1 000.1	28	976.9	8	30
2013-12	990.9	993.6	987.7	999.5	21	977.4	8	31
2014-01	989.5	992.4	986.1	1 001.2	18	975.7	31	31
2014-02	987.1	989.6	984.0	997.7	13	974.0	2	28

（续）

时间（年-月）	平均气压/hPa	平均最高气压/hPa	平均最低气压/hPa	极端最高气压/hPa	极高出现日期	极端最低气压/hPa	极低出现日期	有效数据/条
2014-03	984.4	987.1	981.2	995.3	14	969.6	28	31
2014-04	980.6	983.0	977.7	988.4	27	970.8	16	30
2014-05	976.7	979.3	973.7	988.5	5	965.9	13	31
2014-06	972.1	973.8	970.1	977.0	20	964.5	19	30
2014-07	972.5	974.2	970.1	978.7	27	965.1	8	31
2014-08	974.4	976.3	972.2	984.8	27	966.6	3	31
2014-09	977.7	979.6	975.5	986.3	30	970.4	11	30
2014-10	984.1	986.8	981.4	992.9	13	977.4	20	31
2014-11	987.1	989.5	984.4	995.8	18	977.1	27	30
2014-12	992.7	995.7	988.7	1 004.0	16	981.9	30	31
2015-01	990.7	993.5	987.8	1 002.7	1	975.6	5	31
2015-02	987.6	990.3	984.3	1 000.6	4	976.2	24	28
2015-03	985.7	988.5	982.1	997.7	1	968.5	17	31
2015-04	981.3	983.8	978.0	995.1	8	962.2	3	30
2015-05	975.6	978.2	972.5	985.3	11	966.0	28	31
2015-06	973.4	975.1	971.7	977.7	13	970.7	1	30
2015-07	973.8	975.9	971.9	980.6	23	968.6	22	31
2015-08	975.4	977.4	973.2	984.7	13	969.6	9	31
2015-09	979.6	981.5	977.2	988.0	12	968.9	2	30
2015-10	985.3	987.6	982.8	996.5	31	977.6	20	31
2015-11	987.7	990.1	985.1	998.6	25	975.5	6	30
2015-12	992.0	994.4	989.3	1 000.8	17	982.0	12	31
2016-01	990.9	993.6	988.1	1 010.6	24	979.0	16	31
2016-02	991.4	994.5	987.3	1 002.2	24	967.4	12	29
2016-03	985.4	988.1	981.8	1 000.0	10	972.7	8	31
2016-04	977.9	980.4	974.7	988.3	18	968.8	16	30
2016-05	977.1	979.3	974.3	989.7	15	968.9	31	31
2016-06	973.6	975.4	971.1	980.3	26	966.1	14	30
2016-07	972.2	973.9	970.0	978.3	29	964.5	10	31
2016-08	972.6	974.5	970.1	983.4	27	964.4	17	31
2016-09	978.4	980.2	976.2	988.4	21	969.3	1	30
2016-10	983.0	985.3	980.4	997.2	29	974.3	24	31
2016-11	988.2	991.0	984.8	1 000.4	24	975.6	5	30
2016-12	991.0	993.6	987.7	1 001.5	27	979.0	9	31
2017-01	990.3	993.0	987.4	1 000.0	21	975.9	28	31
2017-02	990.0	992.8	986.4	999.9	11	974.3	19	28
2017-03	985.8	988.4	982.9	994.7	26	976.8	13	31
2017-04	980.7	983.1	977.3	994.4	1	969.4	9	30

（续）

时间（年-月）	平均气压/hPa	平均最高气压/hPa	平均最低气压/hPa	极端最高气压/hPa	极高出现日期	极端最低气压/hPa	极低出现日期	有效数据/条
2017-05	978.6	980.7	975.7	986.9	6	968.3	31	31
2017-06	973.7	975.4	971.5	981.1	7	966.1	1	30
2017-07	973.6	975.3	971.1	979.9	12	965.5	30	31
2017-08	973.2	975.1	970.8	980.9	30	964.5	2	31
2017-09	978.2	980.2	975.8	983.9	28	970.5	2	30
2017-10	986.2	988.3	983.9	999.0	30	975.2	1	31
2017-11	988.6	991.0	985.8	997.7	20	978.2	17	30
2017-12	992.5	995.3	989.0	1 004.8	20	981.4	9	31
2018-01	989.7	992.3	986.6	1 000.1	10	979.8	17	31
2018-02	988.8	992.1	984.8	1 001.9	5	973.5	17	28
2018-03	983.5	986.1	980.1	996.7	8	966.9	3	31
2018-04	980.9	983.6	977.4	998.1	7	969.3	22	30
2018-05	976.5	978.8	973.5	987.2	3	967.3	15	31
2018-06	973.1	974.7	970.7	983.2	1	965.5	18	30
2018-07	970.8	972.4	968.4	975.3	15	963.1	3	31
2018-08	971.5	973.3	969.1	975.8	8	965.5	13	31
2018-09	979.3	981.3	976.8	986.1	28	969.1	5	30
2018-10	986.8	988.9	984.5	992.7	27	981.1	8	31
2018-11	988.1	990.6	985.1	996.7	22	980.5	4	30
2018-12	992.2	994.6	989.3	1 005.1	30	976.3	2	31

3.4.4 气象自动观测要素——10 min 平均风速数据集

3.4.4.1 概述

本数据集为会同杉木站气象观测场自动观测要素——10 min 平均风速数据，包括 2008—2018 年月平均风速、月平均最高风速和极端最高风速等指标。

3.4.4.2 数据采集和处理方法

数据获取方法：WAA151 或者 WAC151 风速传感器观测。每秒采测 1 次风速数据，以 1 s 为步长求 3 s 滑动平均值，以 3 s 为步长求 1 min 滑动平均风速，然后以 1 min 为步长求 10 min 滑动平均风速。正点时存储 10 min 平均风速值。

数据产品处理方法：用质控后的日平均值合计值除以天数获得月平均值。日平均值缺测 6 次或者以上时，不做月统计。

3.4.4.3 数据质量控制和评估

根据 CERN《生态系统大气环境观测规范》，10 min 平均风速数据具体质量控制和评估方法：a. 超出气候学界限值域 0～75 m/s 的数据为错误数据；b. 10 min 平均风速小于最大风速；c. 一日中若 24 次定时观测记录有缺测时，该日按照 2 时、8 时、14 时、20 时 4 次定时记录做日平均，若 4 次定时记录缺测一次或以上，但该日各定时记录缺测 5 次或以下时，按实有记录做日统计，缺测 6 次或以上时，不做日平均。

3.4.4.4 数据

具体数据见表 3-28。

表 3-28 气象观测场自动观测：风速

时间（年-月）	平均风速/（m/s）	平均最高风速/（m/s）	极端最高风速/（m/s）	极高出现日期	有效数据/条
2008-01	3.3	5.6	7.7	15	31
2008-02	4.0	5.7	6.1	16	29
2008-03	1.7	3.6	6.2	4	31
2008-04	0.8	1.7	3.7	1	30
2008-05	0.7	1.3	1.7	3	31
2008-06	0.6	1.2	3.3	17	30
2008-07	0.7	1.4	3.8	24	31
2008-08	0.7	1.3	2.4	22	31
2008-09	0.7	1.3	2.6	4	30
2008-10	0.9	1.8	5.8	31	31
2008-11	2.6	4.9	6.2	1	30
2008-12	3.9	6.0	6.2	3	31
2009-01	4.4	5.9	6.3	26	31
2009-02	3.3	5.5	6.1	1	28
2009-03	2.8	5.0	6.3	14	31
2009-04	1.5	3.2	6.3	7	30
2009-05	0.9	1.9	4.7	26	31
2009-06	0.7	1.4	3.9	5	30
2009-07	0.6	1.1	1.6	8	31
2009-08	0.7	1.3	3.0	25	31
2009-09	0.8	1.6	3.2	23	30
2009-10	1.3	2.5	4.3	18	31
2009-11	3.7	5.6	6.4	3	30
2009-12	4.4	6.1	15.4	12	31
2010-01	4.4	5.8	6.6	21	31
2010-02	4.1	5.6	6.2	7	28
2010-03	3.5	5.5	6.3	27	31
2010-04	2.5	4.9	6.5	27	30
2010-05	1.2	2.8	5.8	28	31
2010-06	0.8	1.6	6.6	27	30
2010-07	0.8	1.7	2.9	26	31
2010-08	1.2	2.7	4.4	27	31
2010-09	1.1	2.5	6.7	24	30
2010-10	3.1	5.4	6.5	5	31
2010-11	3.8	5.8	6.4	22	30
2010-12	4.1	6.0	6.8	11	31

（续）

时间（年-月）	平均风速/（m/s）	平均最高风速/（m/s）	极端最高风速/（m/s）	极高出现日期	有效数据/条
2011-01	4.6	6.6	12.9	18	31
2011-02	4.2	5.9	6.3	1	28
2011-03	4.1	6.3	14.5	6	31
2011-04	2.9	5.6	6.3	8	30
2011-05	2.4	5.0	6.3	11	31
2011-06	1.4	2.9	6.0	3	30
2011-07	1.3	2.6	5.8	17	31
2011-08	1.7	4.0	17.1	7	31
2011-09	1.7	3.4	5.5	19	30
2011-10	3.0	5.6	6.5	28	31
2011-11	3.5	5.8	6.4	10	30
2011-12	5.1	6.3	6.6	13	31
2012-01	5.2	6.5	10.6	5	31
2012-02	5.0	6.3	6.6	11	29
2012-03	4.6	6.2	6.6	11	31
2012-04	3.4	5.8	6.3	1	30
2012-05	3.1	5.9	6.9	6	31
2012-06	2.4	5.2	6.6	3	30
2012-07	1.4	3.5	6.2	2	31
2012-08	2.3	4.9	6.5	28	31
2012-09	3.3	6.1	8.2	22	30
2012-10	4.2	6.1	7.2	3	31
2012-11	4.8	6.3	6.7	10	30
2012-12	5.2	6.2	6.6	8	31
2013-01	5.0	6.2	6.8	25	31
2013-02	5.0	6.3	6.5	14	28
2013-03	4.7	6.3	6.7	18	31
2013-04	4.7	6.3	6.7	23	30
2013-05	4.3	6.4	7.0	1	31
2013-06	3.7	6.4	6.9	21	30
2013-07	3.3	6.3	7.0	28	31
2013-08	3.6	6.3	7.2	14	31
2013-09	4.4	6.3	6.9	17	30
2013-10	5.0	6.4	6.8	22	31
2013-11	5.1	6.5	8.8	29	30
2013-12	5.2	7.3	10.2	2	31
2014-01	5.1	7.0	9.7	18	31
2014-02	5.0	6.3	7.6	20	28

（续）

时间（年-月）	平均风速/（m/s）	平均最高风速/（m/s）	极端最高风速/（m/s）	极高出现日期	有效数据/条
2014-03	5.0	6.2	6.5	5	31
2014-04	3.5	6.0	8.1	3	30
2014-05	2.9	5.5	6.7	20	31
2014-06	0.9	2.2	4.3	2	30
2014-07	0.9	2.3	3.8	24	31
2014-08	0.9	2.1	3.3	19	31
2014-09	1.1	2.4	3.9	29	30
2014-10	0.9	2.1	4.0	5	31
2014-11	0.9	2.0	3.5	2	30
2014-12	1.1	2.4	3.7	16	31
2015-01	0.3	1.0	1.8	16	31
2015-02	0.3	1.1	1.8	5	28
2015-03	0.3	1.0	1.6	18	31
2015-04	0.4	1.2	2.2	19	30
2015-05	0.3	1.1	2.2	8	31
2015-06	0.3	0.8	1.3	26	30
2015-07	0.3	1.1	1.6	17	31
2015-08	0.2	0.9	1.6	8	31
2015-09	0.1	0.6	1.3	29	30
2015-10	0.1	0.8	1.4	8	31
2015-11	0.3	0.6	1.3	26	25
2015-12	0.4	1.0	6.9	3	31
2016-01	0.4	0.8	1.4	18	31
2016-02	0.5	1.0	1.7	10	29
2016-03	0.4	0.9	1.6	8	31
2016-04	0.4	1.0	1.6	16	30
2016-05	0.4	0.9	2.7	2	31
2016-06	0.5	1.0	1.4	2	30
2016-07	0.5	1.0	2.2	13	31
2016-08	0.4	0.9	1.3	2	31
2016-09	0.5	0.9	1.3	7	30
2016-10	0.4	0.9	1.2	27	31
2016-11	0.4	0.9	2.1	28	30
2016-12	0.4	0.7	1.3	1	31
2017-01	0.4	0.8	1.3	28	31
2017-02	0.4	0.9	1.4	19	28
2017-03	0.4	0.8	1.2	30	31
2017-04	0.5	1.0	1.5	3	30

（续）

时间（年-月）	平均风速/（m/s）	平均最高风速/（m/s）	极端最高风速/（m/s）	极高出现日期	有效数据/条
2017-05	0.5	0.9	1.7	11	31
2017-06	0.4	0.8	1.4	9	30
2017-07	0.5	1.0	1.7	9	31
2017-08	0.5	1.0	1.8	3	31
2017-09	0.4	0.9	1.8	10	30
2017-10	0.4	0.9	1.7	2	31
2017-11	0.4	0.8	1.3	22	30
2017-12	0.4	0.8	1.4	18	31
2018-01	0.4	0.7	1.2	28	31
2018-02	0.4	1.0	1.7	17	28
2018-03	0.5	1.0	1.8	30	31
2018-04	0.5	1.0	1.5	5	30
2018-05	0.5	1.1	1.8	1	31
2018-06	0.4	0.9	1.4	20	30
2018-07	0.5	1.1	2.7	13	31
2018-08	0.4	1.1	2.2	4	31
2018-09	0.5	1.0	2.0	7	30
2018-10	0.4	0.8	1.3	30	31
2018-11	0.4	0.7	1.1	22	30
2018-12	0.4	0.8	1.1	16	31

3.4.5 气象自动观测要素——降水数据集

3.4.5.1 概述

本数据集为会同杉木林站气象观测场自动观测要素——降水数据，包括 2008—2018 年月降水总量等指标。

3.4.5.2 数据采集和处理方法

数据获取方法：RG13H 型雨量计观测。每分钟计算出 1 min 降水量，正点时计算、存储 1 h 的累积降水量，每日 20 时存储每日累积降水。在荒漠生态站和干旱地区安装感雨器，记录微降水次数和起止时间。

数据产品处理方法：一月中降水量缺测 6 d 或以下时，按实有记录做月合计，缺测 7 d 或以上时，该月不做月合计。

3.4.5.3 数据质量控制和评估

根据 CERN《生态系统大气环境观测规范》，降水数据具体质量控制和评估方法：a. 降雨强度超出气候学界限值域 0～400 mm/min 的数据为错误数据；b. 降水量大于 0.0 mm 或者微量时，应有降水或者雪暴天气现象；c. 一日中各时降水量缺测数小时但不是全天缺测时，按实有记录做日合计，全天缺测时，不做日合计，按缺测处理。

3.4.5.4 数据

具体数据见表 3-29。

表 3-29　气象观测场自动观测：降水

时间（年-月）	降水总量/mm	有效数据/条	时间（年-月）	降水总量/mm	有效数据/条
2008-01	23.8	31	2011-03	37.7	31
2008-02	131.8	29	2011-04	88.0	30
2008-03	115.5	31	2011-05	269.8	31
2008-04	71.8	30	2011-06	110.4	30
2008-05	155.0	31	2011-07	16.9	31
2008-06	160.9	30	2011-08	31.8	31
2008-07	210.4	31	2011-09	40.7	30
2008-08	260.5	31	2011-10	177.3	31
2008-09	27.2	30	2011-11	54.3	30
2008-10	56.9	31	2011-12	8.8	31
2008-11	221.3	30	2012-01	77.5	31
2008-12	11.8	31	2012-02	11.7	29
2009-01	31.9	31	2012-03	69.9	31
2009-02	53.6	28	2012-04	100.5	30
2009-03	102.9	31	2012-05	241.4	31
2009-04	295.9	30	2012-06	81.6	30
2009-05	132.7	31	2012-07	181.7	31
2009-06	123.3	30	2012-08	44.8	31
2009-07	171.6	31	2012-09	101.8	30
2009-08	57.0	31	2012-10	41.4	31
2009-09	13.1	30	2012-11	77.0	30
2009-10	45.3	31	2012-12	39.7	31
2009-11	17.7	30	2013-01	34.8	31
2009-12	50.1	31	2013-02	11.6	28
2010-01	11.3	31	2013-03	267.0	31
2010-02	1.6	28	2013-04	216.3	30
2010-03	84.1	31	2013-05	307.6	31
2010-04	174.1	30	2013-06	123.5	30
2010-05	238.5	31	2013-07	1.7	31
2010-06	369.9	30	2013-08	95.4	31
2010-07	31.4	31	2013-09	143.6	30
2010-08	30.6	31	2013-10	44.3	31
2010-09	81.1	30	2013-11	49.4	30
2010-10	42.2	31	2013-12	64.1	31
2010-11	29.1	30	2014-01	8.2	31
2010-12	129.9	31	2014-02	38.1	28
2011-01	42.9	31	2014-03	80.0	31
2011-02	42.3	28	2014-04	176.0	30

（续）

时间（年-月）	降水总量/mm	有效数据/条	时间（年-月）	降水总量/mm	有效数据/条
2014-05	302.9	31	2016-09	74.1	30
2014-06	191.2	30	2016-10	71.9	31
2014-07	107.0	31	2016-11	85.8	30
2014-08	158.7	31	2016-12	57.9	31
2014-09	75.2	30	2017-01	39.6	31
2014-10	40.5	31	2017-02	68.1	28
2014-11	48.3	30	2017-03	111.8	31
2014-12	25.7	31	2017-04	63.7	30
2015-01	43.3	31	2017-05	187.2	31
2015-02	103.3	28	2017-06	387.2	30
2015-03	49.3	31	2017-07	77.1	31
2015-04	48.6	30	2017-08	118.6	31
2015-05	164.6	31	2017-09	122.6	30
2015-06	213.1	30	2017-10	29.1	31
2015-07	206.6	31	2017-11	36.4	30
2015-08	181.4	31	2017-12	19.4	31
2015-09	115.4	30	2018-01	47.8	31
2015-10	79.3	31	2018-02	20.5	28
2015-11	124.2	30	2018-03	89.0	31
2015-12	110.4	31	2018-04	64.5	30
2016-01	71.9	31	2018-05	282.3	31
2016-02	30.6	29	2018-06	169.4	30
2016-03	130.3	31	2018-07	11.3	31
2016-04	193.4	30	2018-08	91.9	31
2016-05	155.3	31	2018-09	62.3	30
2016-06	122.4	30	2018-10	89.8	31
2016-07	368.7	31	2018-11	92.5	30
2016-08	210.4	31	2018-12	41.0	31

3.4.6　气象自动观测要素——太阳辐射总量数据集

3.4.6.1　概述

本数据集为会同杉木林站气象观测场自动观测要素——太阳辐射总量数据，包括 2008—2018 年月太阳辐射总量、月平均最高太阳辐射和月极端最高太阳辐射等指标。

3.4.6.2　数据采集和处理方法

数据获取方法：总辐射表观测。每 10 s 采测 1 次，每分钟采测 6 次辐照度（瞬时值），去除一个最大值和 1 个最小值后取平均值。正点（地方平均太阳时）采集存储辐照度，同时计存储曝辐量（累积值）。

数据产品处理方法：一月中辐射曝辐量日总量缺测 9 d 或以下时，月平均日合计等于实有记录之和除以实有记录天数。缺测 10 d 或以上时，该月不做月统计，按缺测处理。

3.4.6.3 数据质量控制和评估

根据 CERN《生态系统大气环境观测规范》，太阳辐射数据具体质量控制和评估方法：a. 总辐射最大值不能超过气候学界限值 2 000 W/m²；b. 当前瞬时值与前一次值的差异小于最大变幅 800 W/m²；c. 小时总辐射量大于等于小时净辐射、反射辐射和紫外辐射；d. 除阴天、雨天和雪天外总辐射一般在中午前后出现极大值；e. 小时总辐射累积值应小于同一地理位置大气层顶的辐射总量，小时总辐射累积值可以稍微大于同一地理位置在大气具有很大透过率和非常晴朗天空状态下的小时总辐射累积值，所有夜间观测的小时总辐射累积值小于 0 W/m² 时用 0 W/m² 代替；f. 辐射曝辐量缺测数小时但不是全天缺测时，按实有记录做日合计，全天缺测时，不做日合计。

3.4.6.4 数据

具体数据见表 3－30。

表 3－30 气象观测场自动观测：太阳辐射

时间（年-月）	太阳辐射总量/（MJ/m²）	平均最高太阳辐射/（W/m²）	极端最高太阳辐射/（W/m²）	极高出现日期	有效数据/条
2008－01	110.5	203.7	647.7	2	31
2008－02	202.1	391.2	816.0	29	29
2008－03	254.0	435.2	930.7	23	31
2008－04	300.3	524.3	931.7	17	30
2008－05	411.9	631.9	1 002.2	20	31
2008－06	449.3	677.1	997.2	28	30
2008－07	523.1	782.4	1 014.7	13	31
2008－08	419.4	688.7	983.7	21	31
2008－09	385.4	641.2	909.5	10	30
2008－10	295.3	502.3	812.7	6	31
2008－11	212.2	422.5	715.3	8	30
2008－12	201.3	373.8	617.9	9	31
2009－01	173.7	339.1	706.7	30	31
2009－02	139.0	266.2	722.8	12	28
2009－03	277.7	480.3	918.3	14	31
2009－04	287.5	534.7	961.7	14	30
2009－05	361.7	576.4	1 016.7	21	31
2009－06	479.5	761.6	1 028.2	4	30
2009－07	497.7	740.7	1 065.2	20	31
2009－08	549.0	785.9	1 012.2	2	31
2009－09	453.5	710.6	971.2	1	30
2009－10	274.1	463.0	813.7	1	31
2009－11	212.2	376.2	761.8	3	30
2009－12	122.3	251.2	595.4	28	31
2010－01	133.8	260.4	631.4	26	31
2010－02	180.5	336.8	770.6	19	28
2010－03	243.6	393.5	924.8	26	31

（续）

时间（年-月）	太阳辐射总量/（MJ/m²）	平均最高太阳辐射/（W/m²）	极端最高太阳辐射/（W/m²）	极高出现日期	有效数据/条
2010-04	255.2	454.9	960.0	28	30
2010-05	282.7	466.4	1 113.3	23	31
2010-06	301.4	568.3	1 005.2	9	30
2010-07	535.3	773.1	949.8	4	31
2010-08	585.6	791.7	945.3	24	31
2010-09	316.3	550.9	1 000.3	14	30
2010-10	280.6	466.4	861.3	4	31
2010-11	238.9	449.1	733.4	1	30
2010-12	175.8	365.7	655.4	2	31
2011-01	119.5	226.9	634.1	12	31
2011-02	189.9	381.9	665.3	17	28
2011-03	218.1	349.5	927.0	28	31
2011-04	295.1	502.3	942.0	23	30
2011-05	484.4	702.5	1 063.8	16	31
2011-06	385.8	649.3	1 032.8	26	30
2011-07	661.3	887.7	1 017.3	30	31
2011-08	590.2	836.8	1 051.6	8	31
2011-09	342.7	590.3	913.0	13	30
2011-10	261.2	458.3	864.0	7	31
2011-11	255.6	500.0	787.3	10	30
2011-12	157.9	313.7	658.0	2	31
2012-01	98.7	178.2	680.3	31	31
2012-02	86.3	165.5	743.6	19	29
2012-03	181.2	302.1	937.2	24	31
2012-04	364.6	649.3	985.8	21	30
2012-05	302.8	494.2	946.8	16	31
2012-06	377.8	607.6	1 007.8	9	30
2012-07	524.6	803.2	1 059.8	27	31
2012-08	509.8	781.3	1 006.7	3	31
2012-09	373.3	596.1	944.3	14	30
2012-10	231.4	400.5	826.0	17	31
2012-11	141.7	287.0	725.5	1	30
2012-12	121.3	221.1	624.4	6	31
2013-01	150.0	287.0	661.9	27	31
2013-02	130.0	258.1	798.3	23	28
2013-03	283.8	495.4	924.2	29	31
2013-04	303.5	500.0	968.8	26	30
2013-05	412.6	641.2	1 029.0	12	31

（续）

时间（年-月）	太阳辐射总量/（MJ/m²）	平均最高太阳辐射/（W/m²）	极端最高太阳辐射/（W/m²）	极高出现日期	有效数据/条
2013-06	521.5	765.0	1 013.0	12	30
2013-07	636.9	913.2	1 050.0	12	31
2013-08	494.1	733.8	991.7	10	31
2013-09	369.1	604.2	924.9	15	30
2013-10	324.0	516.2	834.0	10	31
2013-11	218.4	429.4	679.2	17	30
2013-12	222.5	401.6	680.7	19	31
2014-01	248.6	427.1	733.2	23	31
2014-02	135.8	263.9	860.5	20	28
2014-03	219.9	415.5	909.5	29	31
2014-04	262.8	452.5	921.5	30	30
2014-05	316.8	552.1	985.1	1	31
2014-06	291.0	488.4	869.2	26	30
2014-07	545.0	833.3	1 022.9	3	31
2014-08	462.5	724.5	960.2	20	31
2014-09	426.7	743.1	1 005.9	21	30
2014-10	385.3	606.5	847.7	6	31
2014-11	144.1	295.1	766.6	3	30
2014-12	242.9	453.7	690.2	29	31
2015-01	159.7	300.9	679.9	2	31
2015-02	160.1	340.3	754.8	12	28
2015-03	177.6	333.3	867.8	31	31
2015-04	382.3	634.3	938.4	21	30
2015-05	348.8	603.0	957.0	6	31
2015-06	403.1	706.0	1 063.2	24	30
2015-07	430.6	671.3	1 014.0	6	31
2015-08	479.0	754.6	992.1	10	31
2015-09	325.0	562.5	902.8	3	30
2015-10	355.2	552.1	869.9	12	31
2015-11	140.6	281.3	791.4	7	30
2015-12	129.9	259.3	711.6	7	31
2016-01	109.4	206.0	675.9	18	31
2016-02	277.9	503.5	860.1	28	29
2016-03	231.1	414.4	961.9	27	31
2016-04	262.5	488.4	1 124.6	18	30
2016-05	339.4	550.9	966.1	16	31
2016-06	463.5	719.9	999.5	6	30
2016-07	534.6	769.7	1 039.2	25	31

（续）

时间（年-月）	太阳辐射总量/（MJ/m²）	平均最高太阳辐射/（W/m²）	极端最高太阳辐射/（W/m²）	极高出现日期	有效数据/条
2016-08	494.8	770.8	995.5	20	31
2016-09	466.3	724.5	966.0	1	30
2016-10	274.8	465.3	881.4	3	31
2016-11	188.9	395.8	819.7	5	30
2016-12	183.0	355.3	680.2	16	31
2017-01	125.9	247.7	652.7	26	31
2017-02	178.2	364.6	806.5	28	28
2017-03	169.0	320.6	953.1	26	31
2017-04	362.8	604.2	997.4	22	30
2017-05	482.9	703.7	1 045.5	13	31
2017-06	289.2	508.1	975.1	21	30
2017-07	594.2	840.3	1 031.4	4	31
2017-08	522.0	813.7	1 037.8	11	31
2017-09	353.5	614.6	938.8	26	30
2017-10	247.6	429.4	834.6	1	31
2017-11	185.4	353.0	725.1	1	30
2017-12	188.0	362.3	652.3	19	31
2018-01	113.0	222.2	635.5	22	31
2018-02	179.5	390.0	800.8	25	28
2018-03	278.4	480.3	900.2	27	31
2018-04	365.6	625.0	977.5	17	30
2018-05	407.2	629.6	983.8	14	31
2018-06	435.8	681.7	1 069.6	25	30
2018-07	577.3	824.1	955.2	14	31
2018-08	490.8	798.6	1 001.1	8	31
2018-09	351.7	622.7	996.1	2	30
2018-10	293.5	504.6	854.6	4	31
2018-11	176.0	346.1	694.3	1	30
2018-12	83.6	165.5	557.9	17	31

3.4.7 气象自动观测要素——地表温度数据集

3.4.7.1 概述

本数据集为会同杉木林站气象观测场自动观测要素——地表温度数据，包括 2008—2018 年月平均地表温度、月平均最高地表温度、月平均最低地表温度、极端最高地表温度和极端最低地表温度等指标。

3.4.7.2 数据采集和处理方法

数据获取方法：QMT110 土壤温度传感器。每 10 s 采测 1 次地表温度值，每分钟采测 6 次，去除 1

个最大值和1个最小值后取平均值，作为每分钟的地表温度值存储。正点时采测地表温度值存储。

数据产品处理方法：用质控后的日平均值合计值除以天数获得月平均值。日平均值缺测6次或者以上时，不做月统计。

3.4.7.3 数据质量控制和评估

根据CERN《生态系统大气环境观测规范》，地表温度数据具体质量控制和评估方法：a. 超出气候学界限值域－90～90 ℃的数据为错误数据；b. 1 min内允许的最大变化值为5 ℃，1 h内变化幅度的最小值为0.1 ℃；c. 定时观测地表温度大于等于日地表最低温度且小于等于日地表最高温度；d. 地表温度24 h变化范围小于60 ℃；e. 某一定时地表温度缺测时，用前、后两个定时数据内插求得，按正常数据统计，若连续两个或以上定时数据缺测时，不能内插，仍按缺测处理；f. 一日中若24次定时观测记录有缺测时，该日按照2时、8时、14时、20时4次定时记录做日平均，若4次定时记录缺测一次或以上，但该日各定时记录缺测5次或以下时，按实有记录做日统计，缺测6次或以上时，不做日平均。

3.4.7.4 数据

具体数据见表3-31。

表3-31 气象观测场自动观测：地表温度

时间（年-月）	平均地表温度/℃	平均最高地表温度/℃	平均最低地表温度/℃	极端最高地表温度/℃	极高出现日期	极端最低地表温度/℃	极低出现日期	有效数据/条
2008-01	5.5	8.8	3.4	25.2	10	0.6	27	31
2008-02	7.4	11.6	4.7	25.7	23	−1.1	15	29
2008-03	15.6	22.2	11.5	31.4	28	2.6	1	31
2008-04	21.0	27.8	16.8	48.8	8	10.9	26	30
2008-05	26.0	35.0	20.5	45.1	21	13.6	12	31
2008-06	30.3	40.8	24.1	54.6	4	21.1	4	30
2008-07	33.3	45.7	26.3	64.9	27	23.4	8	31
2008-08	31.6	42.1	26.0	55.8	21	23.3	31	31
2008-09	29.1	39.8	23.4	61.4	22	18.5	27	30
2008-10	22.3	29.8	17.9	37.9	21	14.3	26	31
2008-11	14.6	20.4	11.4	27.1	4	4.3	28	30
2008-12	10.5	17.0	6.6	27.5	20	1.5	23	31
2009-01	7.4	12.2	4.4	24.3	17	0.5	14	31
2009-02	13.1	17.8	10.1	36.0	13	4.9	27	28
2009-03	15.1	21.2	11.0	41.2	21	4.4	14	31
2009-04	19.8	26.2	16.0	40.6	22	7.8	7	30
2009-05	24.6	31.6	20.3	46.6	21	16.0	4	31
2009-06	31.4	43.9	24.8	57.7	19	17.3	5	30
2009-07	33.8	46.7	26.0	72.4	18	22.3	4	31
2009-08	35.0	51.4	26.0	74.6	23	20.3	31	31
2009-09	30.9	45.7	23.1	68.0	7	15.9	23	30
2009-10	22.8	30.5	18.7	45.4	2	14.5	6	31
2009-11	12.5	19.3	8.3	38.2	9	1.9	22	30
2009-12	9.3	12.6	7.1	19.7	5	2.9	28	31

（续）

时间（年-月）	平均地表温度/℃	平均最高地表温度/℃	平均最低地表温度/℃	极端最高地表温度/℃	极高出现日期	极端最低地表温度/℃	极低出现日期	有效数据/条
2010-01	9.6	14.1	6.9	26.5	19	1.5	13	31
2010-02	11.1	16.8	7.6	37.5	28	1.5	20	28
2010-03	13.9	20.1	9.6	37.2	18	2.3	11	31
2010-04	17.5	22.9	13.9	40.5	30	6.4	16	30
2010-05	24.0	30.9	20.1	52.6	24	15.1	11	31
2010-06	27.8	35.2	23.8	48.2	15	18.8	4	30
2010-07	35.8	49.6	27.7	56.9	15	25.2	26	31
2010-08	35.9	55.5	25.6	75.7	10	20.3	29	31
2010-09	28.8	38.9	23.2	71.9	19	17.2	24	30
2010-10	19.5	25.9	15.7	37.1	6	6.8	30	31
2010-11	14.9	22.3	10.6	33.2	10	6.5	23	30
2010-12	10.1	16.6	6.4	26.3	4	1.9	16	31
2011-01	4.7	7.1	3.1	13.7	12	−1.3	21	31
2011-02	11.7	17.6	7.8	30.2	27	−0.4	2	28
2011-03	11.8	16.7	8.7	28.5	29	4.0	4	31
2011-04	20.5	28.7	15.5	54.6	27	7.3	4	30
2011-05	25.0	35.5	18.3	53.8	29	13.2	23	31
2011-06	30.6	41.0	25.3	68.0	22	19.7	3	30
2011-07	36.3	53.4	25.6	74.1	29	21.1	17	31
2011-08	34.7	51.7	24.4	64.8	3	17.9	25	31
2011-09	29.0	41.5	22.4	66.6	15	14.7	20	30
2011-10	20.4	27.0	16.6	46.2	10	12.7	29	31
2011-11	18.2	26.7	13.7	33.7	17	8.2	11	30
2011-12	9.0	12.8	6.7	17.3	3	1.0	25	31
2012-01	6.5	8.6	5.0	17.5	31	0.5	25	31
2012-02	7.3	9.2	6.0	14.6	19	2.3	19	29
2012-03	12.4	16.3	10.1	30.3	25	6.4	9	31
2012-04	22.0	30.7	17.0	58.4	24	7.6	1	30
2012-05	25.7	32.9	21.7	52.4	18	15.8	16	31
2012-06	30.4	40.6	24.9	66.7	30	19.8	2	30
2012-07	34.9	48.7	27.2	65.7	30	24.9	6	31
2012-08	34.0	49.9	26.3	63.5	11	22.3	24	31
2012-09	26.8	36.8	21.6	59.3	1	15.3	15	30
2012-10	21.0	26.9	17.6	40.1	2	10.2	18	31
2012-11	13.7	17.6	11.3	28.6	2	6.6	27	30
2012-12	8.6	12.1	6.4	27.5	14	1.0	24	31
2013-01	8.6	13.2	6.1	24.0	30	0.8	10	31
2013-02	10.8	14.9	8.4	37.4	3	2.8	9	28

（续）

时间（年-月）	平均地表温度/℃	平均最高地表温度/℃	平均最低地表温度/℃	极端最高地表温度/℃	极高出现日期	极端最低地表温度/℃	极低出现日期	有效数据/条
2013-03	16.7	24.8	11.9	39.7	22	3.0	4	31
2013-04	19.3	26.4	15.1	45.8	18	7.5	7	30
2013-05	26.2	36.4	20.5	58.6	23	13.6	12	31
2013-06	32.3	44.9	25.0	63.1	20	15.8	13	30
2013-07	37.5	54.4	27.0	70.0	14	24.9	31	31
2013-08	35.8	53.1	26.3	79.9	13	24.4	7	31
2013-09	26.9	37.7	21.1	56.9	17	14.0	26	30
2013-10	20.6	29.0	15.9	45.5	13	11.2	26	31
2013-11	16.1	22.3	12.3	38.1	9	5.0	29	30
2013-12	9.5	15.6	5.9	26.2	2	1.5	31	31
2014-01	9.9	17.1	5.8	29.7	31	0.1	22	31
2014-02	8.5	11.8	6.4	31.3	1	−0.6	14	28
2014-03	15.4	20.3	12.4	35.6	29	7.3	9	31
2014-04	21.2	26.6	17.7	41.4	18	12.6	4	30
2014-05	24.6	32.1	20.4	50.3	31	13.1	1	31
2014-06	29.5	37.4	25.4	58.9	15	22.3	22	30
2014-07	35.2	49.6	27.6	66.1	11	25.1	30	31
2014-08	32.1	43.3	26.2	60.9	6	21.4	21	31
2014-09	29.6	38.9	23.9	56.5	8	17.7	23	30
2014-10	23.0	30.5	18.2	39.0	26	12.7	24	31
2014-11	15.1	17.9	13.2	24.8	6	8.5	14	30
2014-12	9.4	14.2	6.4	23.0	30	1.2	22	31
2015-01	9.3	13.0	6.8	20.6	23	2.1	30	31
2015-02	10.2	14.3	7.5	27.3	15	0.8	6	28
2015-03	13.6	17.9	11.1	39.9	31	4.8	6	31
2015-04	20.7	28.7	15.8	49.2	3	8.2	8	30
2015-05	25.8	33.1	21.6	54.5	29	13.8	12	31
2015-06	30.8	39.4	25.8	55.9	30	21.1	5	30
2015-07	30.1	39.1	24.7	62.9	13	19.1	8	31
2015-08	30.4	40.5	24.7	51.2	7	20.5	24	31
2015-09	27.0	33.7	23.2	45.1	5	19.3	13	30
2015-10	20.7	27.6	16.6	36.1	26	12.3	31	31
2015-11	14.6	18.8	12.4	40.4	7	5.5	26	30
2015-12	8.8	13.4	6.6	20.9	27	0.1	17	31
2016-01	7.4	11.0	5.4	24.5	4	−0.9	25	31
2016-02	8.8	18.5	3.9	29.8	28	−1.0	6	29
2016-03	13.5	20.5	9.6	30.7	2	1.3	10	31
2016-04	20.0	26.4	16.6	35.8	16	12.6	18	30

（续）

时间（年-月）	平均地表温度/℃	平均最高地表温度/℃	平均最低地表温度/℃	极端最高地表温度/℃	极高出现日期	极端最低地表温度/℃	极低出现日期	有效数据/条
2016-05	22.8	29.7	19.1	39.0	31	14.9	17	31
2016-06	27.8	35.8	23.2	42.4	6	20.4	16	30
2016-07	30.4	39.9	25.1	55.3	31	23.5	4	31
2016-08	29.4	38.9	24.5	53.1	1	18.6	30	31
2016-09	24.8	33.1	20.0	39.5	8	16.0	22	30
2016-10	20.9	29.1	16.9	43.0	6	11.6	30	31
2016-11	14.6	21.3	11.3	30.7	5	2.8	28	30
2016-12	9.5	16.4	6.2	23.2	9	0.1	29	31
2017-01	9.3	14.3	6.8	24.3	26	1.9	16	31
2017-02	9.3	16.4	5.5	28.4	17	−0.7	13	28
2017-03	12.3	17.5	9.7	31.1	26	4.3	2	31
2017-04	20.0	28.9	15.2	35.9	13	8.6	1	30
2017-05	24.6	33.3	19.4	39.7	13	16.4	8	31
2017-06	25.8	31.7	22.5	40.7	21	20.3	16	30
2017-07	31.2	43.9	24.5	57.8	28	22.7	1	31
2017-08	31.0	43.3	25.1	59.5	4	23.2	18	31
2017-09	26.7	33.4	23.4	39.9	27	21.6	16	30
2017-10	20.2	25.7	17.6	39.2	1	11.6	31	31
2017-11	14.6	19.9	12.2	27.8	3	6.4	27	30
2017-12	9.4	15.7	6.5	21.0	9	0.0	21	31
2018-01	6.6	10.4	4.7	18.6	22	−0.4	29	31
2018-02	9.3	15.6	6.3	25.3	17	−1.2	6	28
2018-03	15.2	22.4	11.6	31.0	31	5.2	9	31
2018-04	20.7	29.2	16.3	37.4	30	11.7	8	30
2018-05	25.6	33.3	21.7	41.5	21	18.6	8	31
2018-06	27.4	34.3	23.5	40.2	26	20.6	5	30
2018-07	32.8	46.5	25.8	56.6	30	24.8	9	31
2018-08	30.6	43.3	25.0	55.7	20	22.1	26	31
2018-09	25.9	32.2	22.7	40.4	6	19.3	29	30
2018-10	19.0	24.0	16.5	31.1	4	12.6	31	31
2018-11	14.2	19.0	11.8	26.0	4	8.5	30	30
2018-12	9.1	11.4	7.7	21.4	2	0.8	30	31

3.4.8 气象自动观测要素——5 cm 土壤温度数据集

3.4.8.1 概述

本数据集为会同杉木林站气象观测场自动观测要素——5 cm 土壤温度数据，包括 2008—2018 年月平均土壤温度、月平均最高土壤温度、月平均最低土壤温度、极端最高土壤温度和极端最低土壤温度等指标。

3.4.8.2 数据采集和处理方法

数据获取方法：QMT110 土壤温度传感器。每 10 s 采测 1 次 5 cm 土壤温度值，每分钟采测 6 次，去除 1 个最大值和 1 个最小值后取平均值，作为每分钟的 5 cm 土壤温度值存储。正点时采测 5 cm土壤温度值存储。

数据产品处理方法：用质控后的日平均值合计值除以天数获得月平均值。日平均值缺测 6 次或者以上时，不做月统计。

3.4.8.3 数据质量控制和评估

根据 CERN《生态系统大气环境观测规范》，5 cm 土壤温度数据具体质量控制和评估方法：a. 超出气候学界限值域－80～80 ℃的数据为错误数据；b. 1 min 内允许的最大变化值为 1 ℃，2 h 内变化幅度的最小值为 0.1 ℃；c. 5 cm 土壤温度 24 h 变化范围小于 40 ℃；d. 某一定时土壤温度（5 cm）缺测时，用前、后两个定时数据内插求得，按正常数据统计，若连续两个或以上定时数据缺测时，不能内插，仍按缺测处理；e. 一日中若 24 次定时观测记录有缺测时，该日按照 2 时、8 时、14 时、20 时 4 次定时记录做日平均，若 4 次定时记录缺测一次或以上，但该日各定时记录缺测 5 次或以下时，按实有记录做日统计，缺测 6 次或以上时，不做日平均。

3.4.8.4 数据

具体数据见表 3－32。

表 3－32 气象观测场自动观测：5 cm 土壤温度

时间（年-月）	平均土壤温度/℃	平均最高土壤温度/℃	平均最低土壤温度/℃	极端最高土壤温度/℃	极高出现日期	极端最低土壤温度/℃	极低出现日期	有效数据/条
2008－01	5.8	6.1	5.5	12.8	11	1.5	29	31
2008－02	4.2	4.5	4.0	10.5	25	1.6	7	29
2008－03	13.1	13.4	12.8	17.0	29	7.6	1	31
2008－04	18.1	18.6	17.7	22.0	20	13.5	1	30
2008－05	23.0	23.5	22.7	26.5	30	20.5	16	31
2008－06	26.6	26.8	26.4	28.3	24	24.0	1	30
2008－07	29.1	29.3	28.9	30.5	31	27.1	8	31
2008－08	29.7	29.9	29.5	30.9	23	28.1	28	31
2008－09	28.0	28.3	27.8	30.1	24	24.1	30	30
2008－10	23.1	23.5	22.8	25.9	4	20.0	27	31
2008－11	17.0	17.3	16.7	22.5	6	11.9	29	30
2008－12	11.4	11.8	10.9	14.3	4	6.9	24	31
2009－01	7.0	7.3	6.7	8.8	21	5.3	11	31
2009－02	12.4	12.8	12.0	18.2	14	7.9	1	28
2009－03	13.5	13.9	13.0	21.2	22	7.6	4	31
2009－04	19.0	19.3	18.7	23.7	24	13.7	4	30
2009－05	23.6	23.9	23.4	26.4	16	19.7	1	31
2009－06	27.9	28.1	27.7	30.8	29	23.8	3	30
2009－07	30.4	30.6	30.2	32.0	20	27.9	5	31
2009－08	30.8	31.1	30.5	31.7	4	27.5	31	31
2009－09	28.3	28.7	28.0	30.9	9	25.2	23	30
2009－10	23.5	23.7	23.2	26.9	2	21.2	23	31

（续）

时间（年-月）	平均土壤温度/℃	平均最高土壤温度/℃	平均最低土壤温度/℃	极端最高土壤温度/℃	极高出现日期	极端最低土壤温度/℃	极低出现日期	有效数据/条
2009-11	14.9	15.5	14.3	24.1	1	9.1	23	30
2009-12	10.2	10.4	9.8	12.1	12	7.5	21	31
2010-01	9.1	9.5	8.7	14.5	21	6.1	13	31
2010-02	9.7	10.1	9.2	16.0	26	5.6	17	28
2010-03	12.8	13.4	12.3	19.4	23	6.8	11	31
2010-04	16.1	16.5	15.7	20.0	30	11.9	16	30
2010-05	22.3	22.6	22.1	24.8	31	20.0	1	31
2010-06	26.7	26.9	26.4	30.9	30	23.3	3	30
2010-07	32.2	32.5	32.0	33.0	10	30.9	1	31
2010-08	31.6	32.2	31.2	34.0	11	27.4	29	31
2010-09	28.0	28.3	27.7	30.7	21	23.7	30	30
2010-10	21.7	22.0	21.4	24.4	11	15.5	31	31
2010-11	15.9	16.1	15.6	17.6	15	14.6	26	30
2010-12	10.9	11.3	10.3	15.4	6	6.9	27	31
2011-01	4.7	5.0	4.3	8.7	1	3.1	12	14
2011-02	9.5	10.0	9.0	17.1	28	6.1	16	19
2011-03	10.8	11.2	10.4	14.2	1	8.4	5	31
2011-04	17.0	17.4	16.6	23.5	30	11.0	5	30
2011-05	22.6	23.0	22.2	26.5	11	19.6	4	31
2011-06	28.0	28.2	27.7	31.3	24	22.8	3	30
2011-07	31.1	31.3	30.8	32.5	27	29.6	17	31
2011-08	29.8	30.1	29.5	31.6	1	27.0	30	31
2011-09	26.6	27.0	26.3	30.0	7	21.9	24	30
2011-10	21.6	21.9	21.3	24.4	12	18.4	29	31
2011-11	19.2	19.5	18.9	22.0	7	16.9	12	30
2011-12	10.9	11.2	10.6	18.8	1	7.8	25	31
2012-01	6.8	7.0	6.6	9.6	2	4.0	25	31
2012-02	6.4	6.6	6.2	8.6	24	5.0	11	29
2012-03	9.8	10.1	9.6	14.8	31	6.3	1	31
2012-04	18.0	18.4	17.6	22.5	25	13.9	1	30
2012-05	23.6	23.8	23.3	25.4	9	21.5	5	31
2012-06	26.8	26.9	26.6	29.6	30	23.6	2	30
2012-07	30.4	30.5	30.3	31.3	23	29.5	3	31
2012-08	30.4	30.6	30.3	31.8	18	28.5	25	31
2012-09	27.1	27.3	26.8	30.7	3	23.9	18	30
2012-10	22.8	23.0	22.6	24.4	1	21.1	31	31
2012-11	16.7	16.9	16.4	21.1	1	13.0	30	30
2012-12	10.1	10.3	9.8	13.0	15	5.5	31	31

（续）

时间（年-月）	平均土壤温度/℃	平均最高土壤温度/℃	平均最低土壤温度/℃	极端最高土壤温度/℃	极高出现日期	极端最低土壤温度/℃	极低出现日期	有效数据/条
2013-01	6.9	7.2	6.6	12.4	31	3.6	7	31
2013-02	9.8	10.1	9.5	14.5	5	7.3	10	28
2013-03	14.3	14.6	13.8	18.0	23	9.1	4	31
2013-04	17.0	17.4	16.6	21.7	30	14.5	11	30
2013-05	23.3	23.6	22.9	28.4	29	19.9	4	31
2013-06	28.7	28.9	28.4	32.2	25	24.9	2	30
2013-07	32.4	32.5	32.2	33.1	16	31.8	11	31
2013-08	31.1	31.3	30.9	32.3	1	29.8	20	31
2013-09	27.3	27.6	26.9	30.6	1	22.2	28	30
2013-10	22.1	22.3	21.8	24.9	4	19.4	27	31
2013-11	18.5	18.8	18.2	22.7	10	14.2	29	30
2013-12	10.9	11.2	10.6	14.8	1	7.4	22	31
2014-01	8.5	8.8	8.1	11.3	31	5.8	1	31
2014-02	7.8	8.2	7.4	14.5	4	3.8	14	28
2014-03	12.8	13.1	12.4	18.7	31	8.9	4	31
2014-04	20.3	20.6	19.9	24.8	19	17.5	2	30
2014-05	23.2	23.5	22.9	28.5	31	19.4	1	31
2014-06	30.5	30.7	30.2	32.4	27	28.5	1	30
2014-07	35.2	35.4	35.0	36.5	25	32.2	1	31
2014-08	35.1	35.3	34.8	36.8	8	33.4	21	31
2014-09	34.3	34.5	34.0	36.8	13	32.0	24	30
2014-10	30.7	31.0	30.4	33.8	2	28.2	31	31
2014-11	24.1	24.4	23.9	28.3	1	21.4	21	30
2014-12	14.0	14.3	13.5	22.1	1	9.5	30	31
2015-01	11.9	12.4	11.5	15.1	25	8.2	31	31
2015-02	12.0	12.4	11.6	16.9	19	7.9	2	28
2015-03	14.5	15.0	14.2	21.2	31	10.2	6	31
2015-04	19.4	20.2	18.9	24.1	4	15.0	10	30
2015-05	23.6	24.2	23.3	27.3	29	20.6	12	31
2015-06	25.6	26.0	25.3	27.6	26	24.2	7	30
2015-07	27.6	28.2	27.2	29.3	23	25.3	8	31
2015-08	28.1	28.6	27.7	29.8	19	26.5	31	31
2015-09	26.8	27.3	26.4	29.2	6	24.9	20	30
2015-10	22.5	23.2	22.0	26.8	1	18.5	31	31
2015-11	16.3	17.7	15.3	23.9	7	9.4	26	30
2015-12	10.0	12.0	8.8	15.7	21	5.5	17	31
2016-01	8.5	10.2	7.4	18.9	4	2.9	25	31
2016-02	9.8	14.4	7.1	21.4	28	2.9	3	29

（续）

时间（年-月）	平均土壤温度/℃	平均最高土壤温度/℃	平均最低土壤温度/℃	极端最高土壤温度/℃	极高出现日期	极端最低土壤温度/℃	极低出现日期	有效数据/条
2016-03	14.1	17.5	12.1	22.9	27	6.8	10	31
2016-04	20.1	23.3	18.2	30.4	16	15.8	1	30
2016-05	22.5	24.9	21.0	29.9	5	19.4	9	31
2016-06	27.2	29.6	25.4	32.7	6	23.4	16	30
2016-07	28.8	30.7	27.2	33.3	31	25.2	4	31
2016-08	28.6	30.3	27.3	33.1	1	24.5	30	31
2016-09	25.1	26.6	23.9	28.1	2	22.0	30	30
2016-10	21.4	22.4	20.6	25.3	3	16.1	31	31
2016-11	16.5	18.6	15.2	23.8	19	10.2	28	30
2016-12	11.5	13.7	10.3	16.9	9	6.7	29	31
2017-01	10.5	11.9	9.6	16.1	26	7.6	12	31
2017-02	10.4	12.4	9.1	17.1	17	6.6	12	28
2017-03	12.7	14.2	11.7	19.2	26	10.0	16	31
2017-04	19.5	21.9	17.8	25.2	8	13.2	1	30
2017-05	23.3	25.9	21.4	28.5	13	18.6	8	31
2017-06	25.4	27.4	24.1	30.8	21	22.4	16	30
2017-07	29.1	32.8	26.7	36.8	28	23.3	1	31
2017-08	29.8	33.0	27.7	37.4	4	26.0	17	31
2017-09	26.9	28.9	25.6	32.2	9	24.3	22	30
2017-10	21.3	22.6	20.3	29.5	1	16.9	31	31
2017-11	16.1	17.5	15.2	21.2	3	11.5	27	30
2017-12	11.1	12.8	10.1	15.6	5	6.2	21	31
2018-01	8.1	9.4	7.4	12.6	17	3.4	29	31
2018-02	9.7	11.8	8.5	17.3	28	3.5	6	28
2018-03	15.4	18.2	13.7	22.5	27	10.2	8	31
2018-04	20.0	22.4	18.3	26.1	30	15.2	9	30
2018-05	24.5	26.3	23.3	30.4	21	20.7	10	31
2018-06	26.6	28.5	25.2	31.1	18	22.0	5	30
2018-07	30.3	32.9	28.3	35.5	30	27.1	9	31
2018-08	29.7	32.1	27.9	36.0	20	24.4	26	31
2018-09	26.1	27.7	24.9	32.1	6	21.8	29	30
2018-10	20.0	21.2	19.1	24.8	1	17.0	22	31
2018-11	15.4	17.0	14.5	21.0	1	12.3	22	30
2018-12	10.6	11.4	10.1	17.0	2	5.3	30	31

3.4.9 气象自动观测要素——10 cm 土壤温度数据集

3.4.9.1 概述

本数据集为会同杉木林站气象观测场自动观测要素——10 cm 土壤温度数据，包括 2008—2018

年月平均土壤温度、月平均最高土壤温度、月平均最低土壤温度、极端最高土壤温度和极端最低土壤温度等指标。

3.4.9.2 数据采集和处理方法

数据获取方法：QMT110 土壤温度传感器。每 10 s 采测 1 次 10 cm 土壤温度值，每分钟采测 6 次，去除 1 个最大值和 1 个最小值后取平均值，作为每分钟的 10 cm 土壤温度值存储。正点采测 10 cm土壤温度值存储。

数据产品处理方法：用质控后的日平均值合计值除以天数获得月平均值。日平均值缺测 6 次或者以上时，不做月统计。

3.4.9.3 数据质量控制和评估

根据 CERN《生态系统大气环境观测规范》，10 cm 土壤温度数据具体质量控制和评估方法：a. 超出气候学界限值域－70～70 ℃的数据为错误数据；b. 1 min 内允许的最大变化值为 1 ℃，2 h 内变化幅度的最小值为 0.1 ℃；c. 10 cm 土壤温度 24 h 变化范围小于 40 ℃；d. 某一定时土壤温度（10 cm）缺测时，用前、后两个定时数据内插求得，按正常数据统计，若连续两个或以上定时数据缺测时，不能内插，仍按缺测处理；e. 一日中若 24 次定时观测记录有缺测时，该日按照 2 时、8 时、14 时、20 时 4 次定时记录做日平均，若 4 次定时记录缺测一次或以上，但该日各定时记录缺测 5 次或以下时，按实有记录做日统计，缺测 6 次或以上时，不做日平均。

3.4.9.4 数据

具体数据见表 3－33。

表 3－33 气象观测场自动观测：10 cm 土壤温度

时间（年-月）	平均土壤温度/℃	平均最高土壤温度/℃	平均最低土壤温度/℃	极端最高土壤温度/℃	极高出现日期	极端最低土壤温度/℃	极低出现日期	有效数据/条
2008－01	6.5	6.7	6.1	13.2	11	2.3	29	31
2008－02	4.9	5.2	4.7	10.9	25	2.4	7	29
2008－03	13.4	13.7	13.1	17.1	29	8.1	1	31
2008－04	18.2	18.7	17.8	21.9	20	13.8	1	30
2008－05	23.0	23.4	22.6	26.3	30	20.6	16	31
2008－06	26.4	26.6	26.2	28.1	24	23.9	1	30
2008－07	28.8	29.0	28.6	30.1	31	26.9	8	31
2008－08	29.3	29.6	29.1	30.5	23	27.8	28	31
2008－09	27.8	28.0	27.5	29.7	24	24.0	30	30
2008－10	23.1	23.4	22.7	25.7	4	20.1	27	31
2008－11	17.2	17.5	16.9	22.4	6	12.3	29	30
2008－12	11.8	12.1	11.4	14.5	4	7.5	24	31
2009－01	7.6	7.9	7.3	9.3	21	5.9	11	31
2009－02	12.8	13.2	12.3	18.3	14	8.4	1	28
2009－03	13.8	14.2	13.4	21.2	22	8.1	4	31
2009－04	19.1	19.4	18.8	23.6	24	14.0	4	30
2009－05	23.5	23.8	23.3	26.2	16	19.7	1	31
2009－06	27.6	27.8	27.4	30.4	29	23.7	3	30
2009－07	30.0	30.3	29.8	31.5	20	27.6	5	31
2009－08	30.4	30.7	30.2	31.2	4	27.3	31	31
2009－09	28.0	28.4	27.7	30.5	9	25.1	23	30

（续）

时间（年-月）	平均土壤温度/℃	平均最高土壤温度/℃	平均最低土壤温度/℃	极端最高土壤温度/℃	极高出现日期	极端最低土壤温度/℃	极低出现日期	有效数据/条
2009-10	23.4	23.6	23.1	26.7	2	21.2	23	31
2009-11	15.1	15.7	14.6	24.0	1	9.6	23	30
2009-12	10.6	10.9	10.3	12.4	12	8.1	21	31
2010-01	9.6	10.0	9.2	14.8	21	6.7	13	31
2010-02	10.1	10.6	9.7	16.3	26	6.2	17	28
2010-03	13.2	13.7	12.6	19.5	23	7.3	11	31
2010-04	16.3	16.7	15.9	20.0	30	12.3	16	30
2010-05	22.3	22.6	22.0	24.6	31	20.0	1	31
2010-06	26.4	26.7	26.2	30.5	30	23.2	3	30
2010-07	31.7	32.0	31.5	32.5	10	30.5	1	31
2010-08	31.2	31.7	30.8	33.5	11	27.2	29	31
2010-09	27.7	28.0	27.5	30.3	21	23.6	30	30
2010-10	21.7	22.0	21.4	24.3	11	15.7	31	31
2010-11	16.1	16.3	15.8	17.7	15	14.9	26	30
2010-12	11.3	11.7	10.8	15.6	6	7.5	27	31
2011-01	5.3	5.7	5.0	9.3	1	3.8	12	14
2011-02	10.0	10.4	9.5	17.3	28	6.8	16	19
2011-03	11.2	11.6	10.8	14.5	1	8.9	5	31
2011-04	17.2	17.6	16.8	23.5	30	11.4	5	30
2011-05	22.5	23.0	22.2	26.3	11	19.7	4	31
2011-06	27.7	27.9	27.5	30.9	24	22.7	3	30
2011-07	30.7	30.9	30.5	32.1	27	29.3	17	31
2011-08	29.4	29.7	29.2	31.2	1	26.7	30	31
2011-09	26.4	26.7	26.1	29.7	7	21.9	24	30
2011-10	21.6	21.9	21.3	24.3	12	18.5	29	31
2011-11	19.3	19.6	19.0	21.9	7	17.1	12	30
2011-12	11.3	11.6	11.1	18.9	1	8.4	25	31
2012-01	7.4	7.5	7.2	10.1	2	4.7	25	31
2012-02	7.0	7.2	6.8	9.1	24	5.7	11	29
2012-03	10.3	10.5	10.0	15.1	31	6.9	1	31
2012-04	18.1	18.5	17.7	22.4	25	14.2	1	30
2012-05	23.5	23.7	23.2	25.3	9	21.5	5	31
2012-06	26.5	26.7	26.4	29.2	30	23.5	2	30
2012-07	30.0	30.2	29.9	30.9	23	29.2	3	31
2012-08	30.1	30.2	29.9	31.4	18	28.2	25	31
2012-09	26.8	27.1	26.6	30.3	3	23.8	18	30
2012-10	22.8	23.0	22.5	24.3	1	21.1	31	31
2012-11	16.9	17.1	16.6	21.1	1	13.3	30	30

（续）

时间（年-月）	平均土壤温度/℃	平均最高土壤温度/℃	平均最低土壤温度/℃	极端最高土壤温度/℃	极高出现日期	极端最低土壤温度/℃	极低出现日期	有效数据/条
2012-12	10.5	10.8	10.3	13.3	15	6.2	31	31
2013-01	7.5	7.8	7.2	12.8	31	4.3	7	31
2013-02	10.3	10.6	9.9	14.8	5	7.9	10	28
2013-03	14.5	14.9	14.1	18.1	23	9.6	4	31
2013-04	17.2	17.6	16.8	21.7	30	14.7	11	30
2013-05	23.2	23.5	22.9	28.1	29	19.9	4	31
2013-06	28.4	28.6	28.1	31.7	25	24.8	2	30
2013-07	31.9	32.1	31.8	32.6	16	31.4	11	31
2013-08	30.7	30.9	30.5	31.9	1	29.5	20	31
2013-09	27.0	27.3	26.7	30.3	1	22.1	28	30
2013-10	22.0	22.3	21.8	24.8	4	19.4	27	31
2013-11	18.6	18.9	18.3	22.7	10	14.5	29	30
2013-12	11.3	11.6	11.1	15.0	1	7.9	22	31
2014-01	9.0	9.3	8.6	11.7	31	6.5	1	31
2014-02	8.4	8.7	7.9	14.7	4	4.5	14	28
2014-03	13.2	13.4	12.8	18.8	31	9.4	4	31
2014-04	20.3	20.6	20.0	24.6	19	17.6	2	30
2014-05	23.2	23.4	22.8	28.2	31	19.5	1	31
2014-06	30.2	30.4	29.9	31.9	27	28.3	1	30
2014-07	34.6	34.8	34.4	35.9	25	31.7	1	31
2014-08	34.6	34.7	34.3	36.1	8	32.9	21	31
2014-09	33.8	34.0	33.5	36.2	13	31.5	24	30
2014-10	30.3	30.6	30.0	33.3	2	28.0	31	31
2014-11	24.0	24.2	23.7	28.0	1	21.4	21	30
2014-12	14.3	14.5	13.9	22.1	1	9.9	30	31
2015-01	12.3	12.8	11.9	15.4	25	8.7	31	31
2015-02	12.4	12.8	12.0	17.1	19	8.4	2	28
2015-03	14.8	15.3	14.5	21.2	31	10.6	6	31
2015-04	19.5	20.2	19.0	24.0	4	15.2	10	30
2015-05	23.5	24.1	23.2	27.0	29	20.7	12	31
2015-06	25.4	25.8	25.1	27.4	26	24.1	7	30
2015-07	27.4	27.9	27.0	29.0	23	25.2	8	31
2015-08	27.9	28.3	27.5	29.4	19	26.3	31	31
2015-09	26.6	27.0	26.2	28.8	6	24.8	20	30
2015-10	22.5	23.1	22.0	26.6	1	18.6	31	31
2015-11	16.6	17.6	15.8	23.8	7	10.8	26	30
2015-12	10.4	11.8	9.6	13.9	3	7.2	17	31

（续）

时间（年-月）	平均土壤温度/℃	平均最高土壤温度/℃	平均最低土壤温度/℃	极端最高土壤温度/℃	极高出现日期	极端最低土壤温度/℃	极低出现日期	有效数据/条
2016-01	8.9	10.1	8.1	16.9	4	4.1	25	31
2016-02	10.0	12.8	8.1	17.7	28	4.2	2	29
2016-03	14.2	16.5	12.8	20.3	8	8.7	10	31
2016-04	19.9	22.2	18.7	27.1	16	16.0	1	30
2016-05	22.3	23.9	21.3	27.4	5	19.9	10	31
2016-06	26.9	28.6	25.7	30.5	24	23.9	4	30
2016-07	28.6	30.0	27.6	32.1	31	25.6	5	31
2016-08	28.6	29.8	27.7	31.8	1	25.1	30	31
2016-09	25.2	26.3	24.4	27.7	5	22.6	30	30
2016-10	21.6	22.4	21.0	24.8	3	16.9	31	31
2016-11	16.8	18.2	15.9	22.3	19	11.3	28	30
2016-12	11.9	13.2	11.1	15.5	6	8.1	29	31
2017-01	10.8	11.8	10.1	14.7	26	8.3	12	31
2017-02	10.6	12.0	9.7	15.6	17	7.5	12	28
2017-03	12.7	13.8	12.1	17.2	26	10.4	16	31
2017-04	19.3	21.1	18.2	23.6	8	13.8	1	30
2017-05	23.1	24.8	21.9	26.8	31	19.2	8	31
2017-06	25.3	26.7	24.5	29.0	10	22.9	16	30
2017-07	28.8	30.8	27.2	34.0	28	23.6	1	31
2017-08	29.6	31.5	28.3	34.6	4	26.6	17	31
2017-09	27.0	28.2	26.1	30.4	9	24.8	22	30
2017-10	21.6	22.5	20.9	28.6	2	17.8	31	31
2017-11	16.5	17.4	15.9	20.2	3	12.5	27	30
2017-12	11.5	12.6	10.8	15.2	5	7.4	21	31
2018-01	8.5	9.4	8.0	11.9	17	4.3	29	31
2018-02	9.8	11.2	9.0	16.0	28	4.6	1	28
2018-03	15.4	17.3	14.2	20.6	31	11.0	8	31
2018-04	19.9	21.5	18.7	24.6	30	15.9	9	30
2018-05	24.4	25.7	23.5	29.0	21	21.1	10	31
2018-06	26.5	27.9	25.5	30.2	18	22.3	5	30
2018-07	30.1	31.8	28.7	33.9	30	27.5	9	31
2018-08	29.7	31.3	28.4	33.3	20	25.7	26	31
2018-09	26.2	27.4	25.4	31.2	6	22.3	29	30
2018-10	20.3	21.1	19.6	24.6	1	17.6	22	31
2018-11	15.8	16.7	15.1	20.0	1	13.0	22	30
2018-12	11.0	11.6	10.6	16.4	2	5.9	31	31

3.4.10 气象自动观测要素——15 cm 土壤温度数据集

3.4.10.1 概述

本数据集为会同杉木林站气象观测场自动观测要素——15 cm 土壤温度数据，包括 2008—2018 年月平均土壤温度、月平均最高土壤温度、月平均最低土壤温度、极端最高土壤温度和极端最低土壤温度等指标。

3.4.10.2 数据采集和处理方法

数据获取方法：QMT110 土壤温度传感器。每 10 s 采测 1 次 15 cm 土壤温度值，每分钟采测 6 次，去除 1 个最大值和 1 个最小值后取平均值，作为每分钟的 15 cm 土壤温度值存储。正点采测 15 cm 土壤温度值存储。

数据产品处理方法：用质控后的日平均值合计值除以天数获得月平均值。日平均值缺测 6 次或者以上时，不做月统计。

3.4.10.3 数据质量控制和评估

根据 CERN《生态系统大气环境观测规范》，15 cm 土壤温度数据具体质量控制和评估方法：a. 超出气候学界限值域－60～60 ℃的数据为错误数据；b. 1 min 内允许的最大变化值为 1 ℃，2 h 内变化幅度的最小值为 0.1 ℃；c. 15 cm 土壤温度 24 h 变化范围小于 40 ℃；d. 某一定时土壤温度（15 cm）缺测时，用前、后两个定时数据内插求得，按正常数据统计，若连续两个或以上定时数据缺测时，不能内插，仍按缺测处理；e. 一日中若 24 次定时观测记录有缺测时，该日按照 2 时、8 时、14 时、20 时 4 次定时记录做日平均，若 4 次定时记录缺测一次或以上，但该日各定时记录缺测 5 次或以下时，按实有记录做日统计，缺测 6 次或以上时，不做日平均。

3.4.10.4 数据

具体数据见表 3－34。

表 3－34 气象观测场自动观测：15 cm 土壤温度

时间（年-月）	平均土壤温度/℃	平均最高土壤温度/℃	平均最低土壤温度/℃	极端最高土壤温度/℃	极高出现日期	极端最低土壤温度/℃	极低出现日期	有效数据/条
2008－01	6.7	7.0	6.4	13.3	11	2.7	29	31
2008－02	5.2	5.5	5.0	11.1	25	2.8	7	29
2008－03	13.5	13.8	13.2	17.1	29	8.3	1	31
2008－04	18.2	18.6	17.8	21.8	20	13.9	1	30
2008－05	22.8	23.2	22.5	26.0	30	20.5	16	31
2008－06	26.1	26.3	25.9	27.8	24	23.7	1	30
2008－07	28.5	28.7	28.3	29.8	31	26.6	8	31
2008－08	29.0	29.2	28.8	30.1	23	27.5	28	31
2008－09	27.5	27.7	27.2	29.4	24	23.8	30	30
2008－10	22.9	23.2	22.6	25.4	4	20.0	27	31
2008－11	17.1	17.4	16.8	22.3	6	12.4	29	30
2008－12	11.9	12.3	11.5	14.6	4	7.7	24	31
2009－01	7.8	8.1	7.6	9.5	21	6.2	11	31
2009－02	12.9	13.3	12.5	18.3	14	8.6	1	28
2009－03	13.9	14.3	13.4	21.1	22	8.4	4	31
2009－04	19.0	19.3	18.8	23.4	24	14.1	4	30
2009－05	23.3	23.6	23.1	25.9	16	19.7	1	31

（续）

时间（年-月）	平均土壤温度/℃	平均最高土壤温度/℃	平均最低土壤温度/℃	极端最高土壤温度/℃	极高出现日期	极端最低土壤温度/℃	极低出现日期	有效数据/条
2009-06	27.3	27.5	27.1	30.0	29	23.5	3	30
2009-07	29.7	29.9	29.4	31.1	20	27.3	5	31
2009-08	30.1	30.3	29.8	30.8	4	27.0	31	31
2009-09	27.7	28.0	27.4	30.1	9	24.8	23	30
2009-10	23.2	23.4	22.9	26.4	2	21.1	23	31
2009-11	15.2	15.7	14.6	23.8	1	9.8	23	30
2009-12	10.8	11.0	10.5	12.5	12	8.3	21	31
2010-01	9.8	10.1	9.4	14.8	21	7.0	13	31
2010-02	10.3	10.7	9.9	16.3	26	6.5	17	28
2010-03	13.3	13.8	12.7	19.4	23	7.6	11	31
2010-04	16.3	16.7	15.9	19.9	30	12.4	16	30
2010-05	22.1	22.4	21.9	24.4	31	20.0	1	31
2010-06	26.2	26.4	26.0	30.1	30	23.0	3	30
2010-07	31.3	31.6	31.1	32.1	10	30.1	1	31
2010-08	30.8	31.3	30.5	33.1	11	26.9	29	31
2010-09	27.4	27.7	27.2	29.9	21	23.4	30	30
2010-10	21.6	21.9	21.3	24.1	11	15.7	31	31
2010-11	16.1	16.3	15.9	17.7	15	14.9	26	30
2010-12	11.4	11.8	10.9	15.7	6	7.7	27	31
2011-01	5.6	5.9	5.3	9.4	1	4.2	12	14
2011-02	10.1	10.6	9.6	17.3	28	7.0	16	19
2011-03	11.3	11.7	11.0	14.5	1	9.1	5	31
2011-04	17.2	17.6	16.8	23.3	30	11.5	5	30
2011-05	22.4	22.8	22.0	26.1	11	19.6	4	31
2011-06	27.4	27.6	27.2	30.5	24	22.5	3	30
2011-07	30.3	30.5	30.1	31.7	27	29.0	17	31
2011-08	29.1	29.3	28.8	30.8	1	26.5	30	31
2011-09	26.1	26.5	25.8	29.3	7	21.7	24	30
2011-10	21.5	21.8	21.2	24.1	12	18.4	29	31
2011-11	19.2	19.5	18.9	21.8	7	17.1	12	30
2011-12	11.5	11.7	11.2	18.9	1	8.6	25	31
2012-01	7.6	7.8	7.4	10.2	2	5.0	25	31
2012-02	7.3	7.5	7.1	9.3	24	6.0	11	29
2012-03	10.4	10.7	10.2	15.1	31	7.1	1	31
2012-04	18.1	18.4	17.7	22.3	25	14.3	1	30
2012-05	23.3	23.5	23.0	25.0	9	21.3	5	31
2012-06	26.3	26.4	26.1	28.9	30	23.3	2	30
2012-07	29.7	29.8	29.6	30.5	23	28.8	3	31

（续）

时间（年-月）	平均土壤温度/℃	平均最高土壤温度/℃	平均最低土壤温度/℃	极端最高土壤温度/℃	极高出现日期	极端最低土壤温度/℃	极低出现日期	有效数据/条
2012-08	29.7	29.9	29.5	31.0	18	27.9	25	31
2012-09	26.6	26.8	26.3	30.0	3	23.6	18	30
2012-10	22.6	22.8	22.4	24.1	1	21.0	31	31
2012-11	16.9	17.1	16.6	21.0	1	13.4	30	30
2012-12	10.7	10.9	10.4	13.4	15	6.5	31	31
2013-01	7.8	8.0	7.5	12.9	31	4.6	7	31
2013-02	10.4	10.7	10.1	14.8	5	8.1	10	28
2013-03	14.6	14.9	14.2	18.1	23	9.7	4	31
2013-04	17.2	17.6	16.8	21.5	30	14.8	11	30
2013-05	23.0	23.3	22.7	27.8	29	19.9	4	31
2013-06	28.1	28.3	27.8	31.3	25	24.6	2	30
2013-07	31.5	31.7	31.4	32.2	16	31.0	11	31
2013-08	30.3	30.5	30.1	31.5	1	29.1	20	31
2013-09	26.7	27.1	26.4	29.9	1	22.0	28	30
2013-10	21.9	22.1	21.6	24.6	4	19.4	27	31
2013-11	18.6	18.8	18.3	22.5	10	14.6	29	30
2013-12	11.5	11.7	11.2	15.1	1	8.2	22	31
2014-01	9.2	9.5	8.8	11.9	31	6.7	1	31
2014-02	8.6	8.9	8.2	14.8	4	4.8	14	28
2014-03	13.3	13.5	12.9	18.7	31	9.6	4	31
2014-04	20.2	20.5	19.9	24.4	19	17.6	2	30
2014-05	23.0	23.2	22.6	27.9	31	19.4	1	31
2014-06	29.8	30.0	29.5	31.5	27	27.9	1	30
2014-07	34.2	34.3	33.9	35.4	25	31.3	1	31
2014-08	34.1	34.3	33.8	35.6	8	32.5	21	31
2014-09	33.4	33.5	33.0	35.7	13	31.1	24	30
2014-10	30.0	30.2	29.6	32.9	2	27.7	31	31
2014-11	23.8	24.0	23.6	27.7	1	21.3	21	30
2014-12	14.3	14.6	13.9	21.9	1	10.1	30	31
2015-01	12.4	12.9	12.0	15.4	25	8.9	31	31
2015-02	12.5	12.9	12.1	17.1	19	8.6	2	28
2015-03	14.8	15.3	14.5	21.1	31	10.8	6	31
2015-04	19.4	20.1	19.0	23.8	4	15.3	10	30
2015-05	23.3	23.9	23.0	26.8	29	20.5	12	31
2015-06	25.2	25.6	24.9	27.1	26	23.9	7	30
2015-07	27.1	27.6	26.7	28.6	23	24.9	8	31
2015-08	27.6	28.0	27.2	29.1	19	26.0	31	31
2015-09	26.3	26.8	26.0	28.5	6	24.6	20	30

（续）

时间（年-月）	平均土壤温度/℃	平均最高土壤温度/℃	平均最低土壤温度/℃	极端最高土壤温度/℃	极高出现日期	极端最低土壤温度/℃	极低出现日期	有效数据/条
2015-10	22.3	22.9	21.9	26.3	1	18.6	31	31
2015-11	16.7	17.6	16.1	23.6	7	11.7	28	30
2015-12	10.7	11.7	10.1	13.6	3	8.2	17	31
2016-01	9.1	10.0	8.6	15.6	4	5.0	25	31
2016-02	9.9	11.8	8.6	15.7	29	4.8	2	29
2016-03	14.1	15.8	13.1	18.7	8	9.6	11	31
2016-04	19.6	21.2	18.7	24.9	16	15.9	1	30
2016-05	22.1	23.2	21.4	26.1	6	20.0	1	31
2016-06	26.6	27.8	25.7	29.5	24	23.9	4	30
2016-07	28.4	29.4	27.6	31.0	31	25.7	5	31
2016-08	28.4	29.3	27.8	30.9	1	25.5	30	31
2016-09	25.2	26.0	24.6	27.2	5	22.9	30	30
2016-10	21.7	22.3	21.3	24.3	3	17.4	31	31
2016-11	17.0	18.0	16.3	21.4	19	11.9	28	30
2016-12	12.1	13.0	11.5	14.7	6	8.8	30	31
2017-01	10.8	11.6	10.4	13.7	26	8.7	20	31
2017-02	10.6	11.7	9.9	14.8	19	8.0	12	28
2017-03	12.6	13.4	12.2	16.3	29	10.6	16	31
2017-04	19.1	20.3	18.2	22.3	8	14.1	1	30
2017-05	22.8	24.0	22.0	25.9	31	19.5	8	31
2017-06	25.1	26.0	24.5	27.9	10	23.0	17	30
2017-07	28.3	29.7	27.3	32.4	28	23.6	1	31
2017-08	29.4	30.6	28.5	32.9	4	26.8	17	31
2017-09	26.9	27.8	26.3	29.7	1	25.0	22	30
2017-10	21.7	22.4	21.2	27.9	2	18.3	31	31
2017-11	16.7	17.3	16.2	19.9	10	13.1	27	30
2017-12	11.7	12.5	11.2	14.9	5	8.2	21	31
2018-01	8.7	9.4	8.3	11.4	1	4.8	29	31
2018-02	9.8	10.8	9.2	15.0	28	5.1	1	28
2018-03	15.2	16.5	14.4	19.6	31	11.5	8	31
2018-04	19.6	20.8	18.9	23.5	30	16.2	9	30
2018-05	24.1	25.0	23.5	27.9	21	21.1	10	31
2018-06	26.3	27.3	25.6	29.4	18	22.4	5	30
2018-07	29.8	31.0	28.8	32.8	30	27.6	8	31
2018-08	29.6	30.7	28.6	32.3	20	26.2	27	31
2018-09	26.2	27.1	25.6	30.5	6	22.6	28	30
2018-10	20.4	21.0	19.9	24.6	1	18.0	22	31
2018-11	15.9	16.6	15.5	19.6	1	13.4	22	30

（续）

时间（年-月）	平均土壤温度/℃	平均最高土壤温度/℃	平均最低土壤温度/℃	极端最高土壤温度/℃	极高出现日期	极端最低土壤温度/℃	极低出现日期	有效数据/条
2018-12	11.2	11.7	10.9	16.0	2	6.4	31	31

3.4.11 气象自动观测要素——20 cm 土壤温度数据集

3.4.11.1 概述

本数据集为会同杉木林站气象观测场自动观测要素——20 cm 土壤温度数据，包括 2008—2018 年月平均土壤温度、月平均最高土壤温度、月平均最低土壤温度、极端最高土壤温度和极端最低土壤温度等指标。

3.4.11.2 数据采集和处理方法

数据获取方法：QMT110 土壤温度传感器。每 10 s 采测 1 次 20 cm 土壤温度值，每分钟采测 6 次，去除 1 个最大值和 1 个最小值后取平均值，作为每分钟的 20 cm 土壤温度值存储。正点时采测 20 cm 土壤温度值存储。

数据产品处理方法：用质控后的日平均值合计值除以天数获得月平均值。日平均值缺测 6 次或者以上时，不做月统计。

3.4.11.3 数据质量控制和评估

根据 CERN《生态系统大气环境观测规范》，20 cm 土壤温度数据具体质量控制和评估方法：a. 超出气候学界限值域 -50～50 ℃的数据为错误数据；b. 1 min 内允许的最大变化值为 1 ℃，2 h 内变化幅度的最小值为 0.1 ℃；c. 20 cm 土壤温度 24 h 变化范围小于 30 ℃；d. 某一定时土壤温度（20 cm）缺测时，用前、后两个定时数据内插求得，按正常数据统计，若连续两个或以上定时数据缺测时，不能内插，仍按缺测处理；e. 一日中若 24 次定时观测记录有缺测时，该日按照 2 时、8 时、14 时、20 时 4 次定时记录做日平均，若 4 次定时记录缺测一次或以上，但该日各定时记录缺测 5 次或以下时，按实有记录做日统计，缺测 6 次或以上时，不做日平均。

3.4.11.4 数据

具体数据见表 3-35。

表 3-35 气象观测场自动观测：20 cm 土壤温度

时间（年-月）	平均土壤温度/℃	平均最高土壤温度/℃	平均最低土壤温度/℃	极端最高土壤温度/℃	极高出现日期	极端最低土壤温度/℃	极低出现日期	有效数据/条
2008-01	7.1	7.4	6.8	13.5	11	3.2	29	31
2008-02	5.7	5.9	5.4	11.4	25	3.3	7	29
2008-03	13.7	14.0	13.4	17.2	29	8.7	1	31
2008-04	18.3	18.7	17.9	21.8	20	14.1	1	30
2008-05	22.7	23.1	22.4	25.8	30	20.5	16	31
2008-06	25.9	26.2	25.8	27.5	24	23.6	1	30
2008-07	28.2	28.4	28.1	29.5	31	26.5	8	31
2008-08	28.8	29.0	28.6	29.8	23	27.3	28	31
2008-09	27.3	27.5	27.0	29.1	24	23.7	30	30
2008-10	22.8	23.1	22.5	25.3	4	20.0	27	31
2008-11	17.2	17.5	17.0	22.2	6	12.6	29	30

（续）

时间（年-月）	平均土壤温度/℃	平均最高土壤温度/℃	平均最低土壤温度/℃	极端最高土壤温度/℃	极高出现日期	极端最低土壤温度/℃	极低出现日期	有效数据/条
2008-12	12.1	12.5	11.7	14.8	4	8.1	24	31
2009-01	8.2	8.4	7.9	9.8	21	6.6	11	31
2009-02	13.1	13.5	12.7	18.3	14	9.0	1	28
2009-03	14.1	14.5	13.7	21.1	22	8.7	4	31
2009-04	19.1	19.3	18.8	23.3	24	14.3	4	30
2009-05	23.3	23.5	23.0	25.8	16	19.7	1	31
2009-06	27.1	27.3	26.9	29.7	29	23.5	3	30
2009-07	29.4	29.6	29.2	30.8	20	27.1	5	31
2009-08	29.8	30.0	29.5	30.5	4	26.8	31	31
2009-09	27.5	27.8	27.2	29.9	9	24.7	23	30
2009-10	23.1	23.4	22.9	26.3	2	21.1	23	31
2009-11	15.3	15.9	14.8	23.7	1	10.1	23	30
2009-12	11.1	11.3	10.8	12.8	12	8.7	21	31
2010-01	10.1	10.4	9.7	15.0	21	7.4	13	31
2010-02	10.6	11.0	10.2	16.4	26	6.9	17	28
2010-03	13.5	14.0	12.9	19.4	23	8.0	11	31
2010-04	16.4	16.8	16.0	19.9	30	12.6	16	30
2010-05	22.1	22.3	21.8	24.3	31	20.0	1	31
2010-06	26.0	26.2	25.8	29.8	30	23.0	3	30
2010-07	31.0	31.3	30.8	31.8	10	29.8	1	31
2010-08	30.5	31.0	30.2	32.7	11	26.7	29	31
2010-09	27.2	27.5	27.0	29.6	21	23.3	30	30
2010-10	21.6	21.8	21.3	24.0	11	15.9	31	31
2010-11	16.2	16.5	16.0	17.8	15	15.1	26	30
2010-12	11.7	12.1	11.2	15.8	6	8.1	27	31
2011-01	6.1	6.4	5.7	9.8	1	4.6	12	14
2011-02	10.4	10.9	10.0	17.4	28	7.4	16	19
2011-03	11.6	12.0	11.2	14.7	1	9.5	5	31
2011-04	17.3	17.7	16.9	23.2	30	11.8	5	30
2011-05	22.3	22.7	22.0	25.9	11	19.6	4	31
2011-06	27.2	27.4	27.0	30.2	24	22.5	3	30
2011-07	30.0	30.2	29.8	31.3	27	28.7	17	31
2011-08	28.9	29.1	28.6	30.5	1	26.3	30	31
2011-09	26.0	26.3	25.7	29.1	7	21.7	24	30
2011-10	21.5	21.7	21.2	24.0	12	18.5	29	31
2011-11	19.3	19.5	18.9	21.8	7	17.2	12	30
2011-12	11.7	12.0	11.5	18.9	1	8.9	25	31
2012-01	8.0	8.1	7.8	10.5	2	5.5	25	31

（续）

时间（年-月）	平均土壤温度/℃	平均最高土壤温度/℃	平均最低土壤温度/℃	极端最高土壤温度/℃	极高出现日期	极端最低土壤温度/℃	极低出现日期	有效数据/条
2012-02	7.7	7.9	7.5	9.6	24	6.4	11	29
2012-03	10.7	10.9	10.5	15.3	31	7.5	1	31
2012-04	18.1	18.5	17.8	22.2	25	14.5	1	30
2012-05	23.2	23.5	22.9	24.9	9	21.3	5	31
2012-06	26.1	26.3	26.0	28.7	30	23.3	2	30
2012-07	29.4	29.5	29.3	30.2	23	28.6	3	31
2012-08	29.5	29.6	29.3	30.7	18	27.7	25	31
2012-09	26.4	26.6	26.1	29.7	3	23.5	18	30
2012-10	22.5	22.7	22.3	24.0	1	21.0	31	31
2012-11	17.0	17.2	16.8	21.0	1	13.6	30	30
2012-12	11.0	11.2	10.7	13.6	15	6.9	31	31
2013-01	8.1	8.4	7.9	13.1	31	5.1	7	31
2013-02	10.7	11.0	10.4	15.0	5	8.5	10	28
2013-03	14.8	15.1	14.4	18.2	23	10.0	4	31
2013-04	17.3	17.6	16.9	21.5	30	15.0	11	30
2013-05	22.9	23.2	22.6	27.6	29	19.9	4	31
2013-06	27.8	28.1	27.6	31.0	25	24.5	2	30
2013-07	31.2	31.4	31.1	31.9	16	30.7	11	31
2013-08	30.0	30.2	29.8	31.1	1	28.9	20	31
2013-09	26.6	26.9	26.3	29.6	1	22.0	28	30
2013-10	21.9	22.1	21.6	24.5	4	19.4	27	31
2013-11	18.6	18.9	18.4	22.5	10	14.7	29	30
2013-12	11.7	11.9	11.5	15.2	1	8.5	22	31
2014-01	9.6	9.8	9.1	12.1	31	7.1	1	31
2014-02	8.9	9.2	8.5	15.0	4	5.2	14	28
2014-03	13.5	13.7	13.1	18.8	31	9.9	4	31
2014-04	20.2	20.5	19.9	24.3	19	17.7	2	30
2014-05	22.9	23.1	22.6	27.7	31	19.5	1	31
2014-06	29.5	29.7	29.3	31.2	27	27.7	1	30
2014-07	33.8	33.9	33.5	35.0	25	31.0	1	31
2014-08	33.7	33.9	33.4	35.2	8	32.1	21	31
2014-09	33.0	33.2	32.7	35.3	13	30.8	24	30
2014-10	29.7	29.9	29.4	32.5	2	27.5	31	31
2014-11	23.7	23.9	23.5	27.5	1	21.3	21	30
2014-12	14.5	14.8	14.1	21.9	1	10.4	30	31
2015-01	12.6	13.1	12.3	15.6	25	9.2	31	31
2015-02	12.7	13.1	12.4	17.2	19	9.0	2	28
2015-03	15.0	15.5	14.7	21.1	31	11.1	6	31

（续）

时间（年-月）	平均土壤温度/℃	平均最高土壤温度/℃	平均最低土壤温度/℃	极端最高土壤温度/℃	极高出现日期	极端最低土壤温度/℃	极低出现日期	有效数据/条
2015-04	19.5	20.1	19.0	23.7	4	15.4	10	30
2015-05	23.2	23.8	22.9	26.6	29	20.5	12	31
2015-06	25.0	25.4	24.8	26.9	26	23.8	7	30
2015-07	26.9	27.4	26.5	28.4	23	24.8	8	31
2015-08	27.4	27.7	27.0	28.8	19	25.9	31	31
2015-09	26.1	26.6	25.8	28.3	6	24.5	20	30
2015-10	22.3	22.8	21.8	26.2	1	18.6	31	31
2015-11	16.9	17.6	16.4	23.5	7	12.4	28	30
2015-12	11.1	11.8	10.7	13.7	3	9.2	20	31
2016-01	9.5	10.1	9.1	14.8	4	5.9	25	31
2016-02	10.0	11.3	9.2	14.6	12	5.6	2	29
2016-03	14.1	15.2	13.4	17.8	8	10.3	11	31
2016-04	19.4	20.5	18.8	23.4	16	15.8	1	30
2016-05	21.9	22.7	21.4	25.1	7	20.0	1	31
2016-06	26.3	27.1	25.7	28.8	25	23.9	5	30
2016-07	28.2	28.9	27.7	30.3	31	25.8	5	31
2016-08	28.4	29.0	27.9	30.3	1	25.8	30	31
2016-09	25.3	25.8	24.9	26.9	5	23.2	30	30
2016-10	21.9	22.3	21.5	24.0	3	17.9	31	31
2016-11	17.3	18.0	16.8	20.9	19	12.7	28	30
2016-12	12.4	13.1	12.0	14.5	8	9.6	30	31
2017-01	11.1	11.6	10.8	13.3	5	9.2	20	31
2017-02	10.8	11.6	10.3	14.5	20	8.7	4	28
2017-03	12.7	13.2	12.4	16.0	30	10.9	16	31
2017-04	18.9	19.8	18.3	21.4	8	14.4	1	30
2017-05	22.6	23.4	22.0	25.2	31	19.8	8	31
2017-06	25.0	25.6	24.6	27.1	11	23.2	17	30
2017-07	28.0	28.9	27.3	31.4	29	23.6	1	31
2017-08	29.2	30.0	28.6	31.7	4	27.1	17	31
2017-09	26.9	27.5	26.5	29.3	1	25.2	22	30
2017-10	21.9	22.5	21.6	27.4	2	18.9	31	31
2017-11	17.0	17.5	16.6	19.9	10	13.8	27	30
2017-12	12.1	12.6	11.7	14.9	5	9.1	21	31
2018-01	9.1	9.6	8.8	11.6	1	5.5	29	31
2018-02	9.9	10.6	9.5	14.3	28	5.8	1	28
2018-03	15.1	16.0	14.6	18.9	31	12.0	8	31
2018-04	19.5	20.3	19.0	22.7	30	16.6	9	30
2018-05	23.9	24.6	23.5	27.2	21	21.3	10	31

（续）

时间（年-月）	平均土壤温度/℃	平均最高土壤温度/℃	平均最低土壤温度/℃	极端最高土壤温度/℃	极高出现日期	极端最低土壤温度/℃	极低出现日期	有效数据/条
2018-06	26.1	26.8	25.6	28.8	28	22.6	5	30
2018-07	29.5	30.4	28.8	32.0	30	27.6	9	31
2018-08	29.5	30.3	28.8	31.5	1	26.7	27	31
2018-09	26.3	26.9	25.8	30.1	6	22.9	28	30
2018-10	20.6	21.1	20.2	24.5	1	18.4	22	31
2018-11	16.2	16.7	15.9	19.7	1	13.9	22	30
2018-12	11.6	12.0	11.4	15.9	2	7.0	31	31

3.4.12 气象自动观测要素——40 cm 土壤温度数据集

3.4.12.1 概述

本数据集为会同杉木林站气象观测场自动观测要素——40 cm 土壤温度数据，包括 2008—2018 年月平均土壤温度、月平均最高土壤温度、月平均最低土壤温度、极端最高土壤温度和极端最低土壤温度等指标。

3.4.12.2 数据采集和处理方法

数据获取方法：QMT110 土壤温度传感器。每 10 s 采测 1 次 40 cm 土壤温度值，每分钟采测 6 次，去除 1 个最大值和 1 个最小值后取平均值，作为每分钟的 40 cm 土壤温度值存储。正点时采测 40 cm 土壤温度值存储。

数据产品处理方法：用质控后的日平均值合计值除以天数获得月平均值。日平均值缺测 6 次或者以上时，不做月统计。

3.4.12.3 数据质量控制和评估

根据 CERN《生态系统大气环境观测规范》，40 cm 土壤温度数据具体质量控制和评估方法：a. 超出气候学界限值域－45～45 ℃的数据为错误数据；b. 1 min 内允许的最大变化值为 0.5 ℃，2 h 内变化幅度的最小值为 0.1 ℃；c. 40 cm 土壤温度 24 h 变化范围小于 30 ℃；d. 某一定时土壤温度（40 cm）缺测时，用前、后两个定时数据内插求得，按正常数据统计，若连续两个或以上定时数据缺测时，不能内插，仍按缺测处理；e. 一日中若 24 次定时观测记录有缺测时，该日按照 2 时、8 时、14 时、20 时 4 次定时记录做日平均，若 4 次定时记录缺测一次或以上，但该日各定时记录缺测 5 次或以下时，按实有记录做日统计，缺测 6 次或以上时，不做日平均。

3.4.12.4 数据

具体数据见表 3-36。

表 3-36 气象观测场自动观测：40 cm 土壤温度

时间（年-月）	平均土壤温度/℃	平均最高土壤温度/℃	平均最低土壤温度/℃	极端最高土壤温度/℃	极高出现日期	极端最低土壤温度/℃	极低出现日期	有效数据/条
2008-01	8.2	8.5	8.0	14.0	11	4.7	29	31
2008-02	6.9	7.1	6.7	12.1	25	4.7	7	29
2008-03	14.2	14.5	13.9	17.4	29	9.7	1	31
2008-04	18.4	18.8	18.0	21.6	20	14.6	1	30
2008-05	22.4	22.8	22.1	25.3	30	20.4	16	31

（续）

时间（年-月）	平均土壤温度/℃	平均最高土壤温度/℃	平均最低土壤温度/℃	极端最高土壤温度/℃	极高出现日期	极端最低土壤温度/℃	极低出现日期	有效数据/条
2008-06	25.4	25.6	25.2	26.8	24	23.2	1	30
2008-07	27.4	27.6	27.3	28.6	31	25.8	8	31
2008-08	27.9	28.1	27.7	28.9	23	26.6	28	31
2008-09	26.5	26.8	26.3	28.3	24	23.3	30	30
2008-10	22.5	22.8	22.2	24.8	4	19.9	27	31
2008-11	17.4	17.7	17.2	22.0	6	13.3	29	30
2008-12	12.8	13.1	12.4	15.2	4	9.1	24	31
2009-01	9.2	9.4	9.0	10.7	21	7.8	11	31
2009-02	13.7	14.0	13.3	18.4	14	9.9	1	28
2009-03	14.5	14.9	14.2	20.9	22	9.7	4	31
2009-04	19.1	19.3	18.9	22.9	24	14.8	4	30
2009-05	22.9	23.2	22.7	25.2	16	19.6	1	31
2009-06	26.4	26.6	26.2	28.8	29	23.1	3	30
2009-07	28.5	28.7	28.3	29.8	20	26.4	5	31
2009-08	28.8	29.0	28.6	29.5	4	26.1	31	31
2009-09	26.8	27.1	26.5	28.9	9	24.2	23	30
2009-10	22.8	23.0	22.6	25.7	2	20.9	23	31
2009-11	15.7	16.2	15.2	23.3	1	10.9	23	30
2009-12	11.8	12.0	11.5	13.4	12	9.6	21	31
2010-01	10.9	11.2	10.6	15.4	21	8.5	13	31
2010-02	11.4	11.8	11.0	16.7	26	8.0	17	28
2010-03	14.0	14.4	13.5	19.4	23	9.0	11	31
2010-04	16.7	17.1	16.3	19.9	30	13.2	16	30
2010-05	21.8	22.1	21.6	23.9	31	19.9	1	31
2010-06	25.4	25.6	25.2	28.9	30	22.6	3	30
2010-07	30.0	30.2	29.8	30.6	10	28.9	1	31
2010-08	29.5	30.0	29.2	31.5	11	26.1	29	31
2010-09	26.5	26.7	26.3	28.7	21	22.9	30	30
2010-10	21.4	21.6	21.1	23.6	11	16.2	31	31
2010-11	16.5	16.7	16.3	17.9	15	15.5	26	30
2010-12	12.4	12.7	11.9	16.1	6	9.1	27	31
2011-01	7.3	7.5	7.0	10.6	1	6.0	12	14
2011-02	11.2	11.7	10.8	17.5	28	8.5	16	19
2011-03	12.3	12.6	12.0	15.1	1	10.4	5	31
2011-04	17.5	17.8	17.1	22.8	30	12.5	5	30
2011-05	22.1	22.4	21.7	25.3	11	19.6	4	31
2011-06	26.5	26.7	26.3	29.2	24	22.2	3	30
2011-07	29.0	29.2	28.9	30.3	27	27.9	17	31

（续）

时间（年-月）	平均土壤温度/℃	平均最高土壤温度/℃	平均最低土壤温度/℃	极端最高土壤温度/℃	极高出现日期	极端最低土壤温度/℃	极低出现日期	有效数据/条
2011-08	28.0	28.2	27.8	29.5	1	25.7	30	31
2011-09	25.4	25.7	25.1	28.2	7	21.5	24	30
2011-10	21.3	21.5	21.0	23.6	12	18.6	29	31
2011-11	19.3	19.5	19.0	21.6	7	17.4	12	30
2011-12	12.4	12.7	12.2	19.0	1	9.9	25	31
2012-01	9.0	9.2	8.8	11.3	2	6.7	25	31
2012-02	8.7	8.9	8.5	10.5	24	7.6	11	29
2012-03	11.5	11.7	11.3	15.6	31	8.6	1	31
2012-04	18.2	18.6	17.9	22.0	25	14.9	1	30
2012-05	22.9	23.1	22.6	24.4	9	21.1	5	31
2012-06	25.5	25.6	25.4	27.8	30	22.9	2	30
2012-07	28.5	28.6	28.4	29.2	23	27.8	3	31
2012-08	28.5	28.7	28.4	29.7	18	27.0	25	31
2012-09	25.7	26.0	25.5	28.8	3	23.1	18	30
2012-10	22.2	22.4	22.1	23.5	1	20.8	31	31
2012-11	17.2	17.4	17.0	20.8	1	14.2	30	30
2012-12	11.7	11.9	11.5	14.1	15	8.0	31	31
2013-01	9.1	9.4	8.9	13.6	31	6.4	7	31
2013-02	11.5	11.8	11.2	15.4	5	9.5	10	28
2013-03	15.2	15.5	14.8	18.3	23	10.9	4	31
2013-04	17.5	17.8	17.1	21.3	30	15.4	11	30
2013-05	22.6	22.9	22.3	26.9	29	19.8	4	31
2013-06	27.1	27.3	26.9	30.0	25	24.0	2	30
2013-07	30.1	30.3	30.0	30.7	16	29.7	11	31
2013-08	29.0	29.2	28.9	30.1	1	28.0	20	31
2013-09	25.9	26.2	25.6	28.7	1	21.7	28	30
2013-10	21.6	21.8	21.4	24.0	4	19.4	27	31
2013-11	18.7	18.9	18.5	22.2	10	15.1	29	30
2013-12	12.4	12.6	12.2	15.6	1	9.5	22	31
2014-01	10.4	10.6	10.1	12.8	31	8.2	1	31
2014-02	9.9	10.1	9.5	15.4	4	6.5	14	28
2014-03	14.0	14.2	13.7	18.8	31	10.7	4	31
2014-04	20.2	20.4	19.9	23.9	19	17.8	2	30
2014-05	22.6	22.8	22.3	26.9	31	19.4	1	31
2014-06	28.6	28.8	28.4	30.1	27	27.0	1	30
2014-07	32.5	32.6	32.3	33.6	25	30.0	1	31
2014-08	32.4	32.6	32.2	33.7	8	31.0	21	31
2014-09	31.8	31.9	31.5	33.8	13	29.8	24	30

(续)

时间（年-月）	平均土壤温度/℃	平均最高土壤温度/℃	平均最低土壤温度/℃	极端最高土壤温度/℃	极高出现日期	极端最低土壤温度/℃	极低出现日期	有效数据/条
2014-10	28.8	29.0	28.5	31.3	2	26.7	31	31
2014-11	23.3	23.5	23.1	26.7	1	21.1	21	30
2014-12	14.9	15.2	14.6	21.7	1	11.2	30	31
2015-01	13.3	13.7	12.9	15.9	25	10.1	31	31
2015-02	13.3	13.7	13.0	17.4	19	9.9	2	28
2015-03	15.4	15.8	15.1	20.9	31	11.8	6	31
2015-04	19.4	20.1	19.1	23.3	4	15.8	10	30
2015-05	22.9	23.4	22.6	25.9	29	20.4	12	31
2015-06	24.5	24.9	24.3	26.2	26	23.4	7	30
2015-07	26.2	26.7	25.9	27.6	23	24.3	8	31
2015-08	26.6	27.0	26.3	28.0	19	25.3	31	31
2015-09	25.5	25.9	25.2	27.5	6	24.0	20	30
2015-10	22.0	22.5	21.6	25.5	1	18.7	31	31
2015-11	17.5	17.9	17.2	23.1	7	14.1	29	30
2015-12	12.2	12.4	12.1	14.4	1	10.9	20	31
2016-01	10.4	10.6	10.2	13.8	5	8.0	25	31
2016-02	10.2	10.4	9.9	12.6	13	7.6	2	29
2016-03	13.8	14.0	13.5	15.9	9	11.7	14	31
2016-04	18.5	18.7	18.3	20.4	17	14.5	1	30
2016-05	21.2	21.4	21.0	22.8	7	19.5	1	31
2016-06	25.2	25.4	25.0	27.0	29	22.1	1	30
2016-07	27.4	27.5	27.2	28.5	13	25.6	5	31
2016-08	27.8	27.9	27.7	28.7	26	26.3	31	31
2016-09	25.3	25.4	25.1	26.4	1	23.8	30	30
2016-10	22.2	22.3	22.1	23.8	1	19.5	31	31
2016-11	18.1	18.3	17.8	20.3	8	14.6	30	30
2016-12	13.5	13.6	13.3	14.7	1	11.5	31	31
2017-01	11.8	11.9	11.6	13.2	6	10.6	20	31
2017-02	11.4	11.5	11.1	13.6	21	10.2	12	28
2017-03	12.7	12.8	12.6	15.0	31	11.7	18	31
2017-04	18.1	18.3	17.8	19.7	20	14.7	1	30
2017-05	21.7	21.9	21.5	23.5	31	19.0	1	31
2017-06	24.3	24.4	24.1	25.4	24	23.2	2	30
2017-07	26.9	27.1	26.7	29.2	29	23.5	1	31
2017-08	28.5	28.7	28.4	29.7	5	27.3	17	31
2017-09	26.8	26.9	26.6	28.4	1	25.7	22	30
2017-10	22.5	22.7	22.4	26.4	3	20.1	31	31
2017-11	17.9	18.0	17.7	20.2	1	15.4	27	30
2017-12	13.2	13.3	13.0	15.6	1	11.3	21	31

（续）

时间（年-月）	平均土壤温度/℃	平均最高土壤温度/℃	平均最低土壤温度/℃	极端最高土壤温度/℃	极高出现日期	极端最低土壤温度/℃	极低出现日期	有效数据/条
2018-01	10.3	10.4	10.1	12.2	1	7.8	29	31
2018-02	10.2	10.3	9.9	12.9	28	7.7	1	28
2018-03	14.8	15.0	14.5	17.0	31	12.9	1	31
2018-04	18.8	19.0	18.6	20.6	23	17.1	1	30
2018-05	23.1	23.2	22.8	25.4	22	20.6	1	31
2018-06	25.3	25.4	25.1	27.2	28	22.7	5	30
2018-07	28.5	28.6	28.3	30.0	31	27.1	1	31
2018-08	28.9	29.1	28.7	30.0	23	27.4	27	31
2018-09	26.3	26.5	26.1	28.8	7	23.7	29	30
2018-10	21.2	21.4	21.1	24.2	1	19.4	24	31
2018-11	17.1	17.2	16.9	19.9	1	15.2	30	30
2018-12	12.8	13.0	12.7	16.0	4	9.3	31	31

3.4.13 气象自动观测要素——100 cm 土壤温度数据集

3.4.13.1 概述

本数据集为会同杉木林站气象观测场自动观测要素——100 cm 土壤温度数据，包括 2008—2018 年月平均土壤温度、月平均最高土壤温度、月平均最低土壤温度、极端最高土壤温度和极端最低土壤温度等指标。

3.4.13.2 数据采集和处理方法

数据获取方法：QMT110 土壤温度传感器。每 10 s 采测 1 次 100 cm 土壤温度值，每分钟采测 6 次，去除 1 个最大值和 1 个最小值后取平均值，作为每分钟的 100 cm 土壤温度值存储。正点时采测 100 cm 土壤温度值存储。

数据产品处理方法：用质控后的日平均值合计值除以天数获得月平均值。日平均值缺测 6 次或者以上时，不做月统计。

3.4.13.3 数据质量控制和评估

根据 CERN《生态系统大气环境观测规范》，100 cm 土壤温度数据具体质量控制和评估方法：a. 超出气候学界限值域−40～40 ℃的数据为错误数据；b. 1 min 内允许的最大变化值为 0.1 ℃，1 h 内变化幅度的最小值为 0.1 ℃；c. 100 cm 土壤温度 24 h 变化范围小于 20 ℃；d. 某一定时土壤温度（100 cm）缺测时，用前、后两个定时数据内插求得，按正常数据统计，若连续两个或以上定时数据缺测时，不能内插，仍按缺测处理；e. 一日中若 24 次定时观测记录有缺测时，该日按照 2 时、8 时、14 时、20 时 4 次定时记录做日平均，若 4 次定时记录缺测一次或以上，但该日各定时记录缺测 5 次或以下时，按实有记录做日统计，缺测 6 次或以上时，不做日平均。

3.4.13.4 数据

具体数据见表 3-37。

表 3-37 气象观测场自动观测：100 cm 土壤温度

时间（年-月）	平均土壤温度/℃	平均最高土壤温度/℃	平均最低土壤温度/℃	极端最高土壤温度/℃	极高出现日期	极端最低土壤温度/℃	极低出现日期	有效数据/条
2008-01	13.5	13.8	13.2	17.7	11	9.6	29	31

（续）

时间（年-月）	平均土壤温度/℃	平均最高土壤温度/℃	平均最低土壤温度/℃	极端最高土壤温度/℃	极高出现日期	极端最低土壤温度/℃	极低出现日期	有效数据/条
2008-02	12.0	12.4	11.8	15.7	24	9.7	2	29
2008-03	16.8	17.3	16.6	19.3	28	13.2	1	31
2008-04	20.1	20.5	19.9	22.8	9	17.4	2	30
2008-05	22.4	22.6	22.2	24.3	29	21.1	16	31
2008-06	24.7	24.9	24.7	25.7	26	23.5	2	30
2008-07	26.3	26.5	26.2	27.2	31	25.1	8	31
2008-08	26.8	26.9	26.8	27.3	1	26.2	29	31
2008-09	25.9	26.0	25.8	26.7	24	24.1	30	30
2008-10	22.8	22.9	22.6	24.1	5	21.2	29	31
2008-11	18.8	18.9	18.7	21.5	7	15.6	30	30
2008-12	14.6	14.7	14.5	15.9	5	12.6	31	31
2009-01	11.3	11.4	11.2	12.6	1	10.6	27	31
2009-02	13.8	14.0	13.7	16.2	15	11.2	1	28
2009-03	14.2	14.4	14.1	17.6	23	11.5	5	31
2009-04	17.6	17.8	17.5	20.1	24	15.0	6	30
2009-05	20.9	21.0	20.8	22.3	17	18.7	1	31
2009-06	23.6	23.7	23.5	25.7	30	21.2	1	30
2009-07	25.9	26.0	25.9	26.8	25	24.7	5	31
2009-08	26.8	26.8	26.7	27.2	30	25.9	1	31
2009-09	25.7	25.8	25.6	26.7	10	24.5	25	30
2009-10	22.7	22.8	22.6	24.7	2	21.4	25	31
2009-11	17.6	17.8	17.4	22.2	1	14.2	24	30
2009-12	13.7	13.8	13.6	15.1	1	12.3	22	31
2010-01	12.3	12.4	12.1	14.0	22	11.0	15	31
2010-02	12.3	12.4	12.1	14.8	28	10.6	18	28
2010-03	14.1	14.3	13.9	16.6	23	11.4	12	31
2010-04	16.1	16.2	15.9	17.8	30	14.7	17	30
2010-05	20.0	20.1	19.9	21.4	31	17.8	1	31
2010-06	22.8	22.9	22.7	25.4	30	21.2	5	30
2010-07	26.5	26.7	26.4	27.4	30	25.4	1	31
2010-08	27.0	27.3	26.8	28.1	11	25.4	31	31
2010-09	25.5	25.5	25.4	26.6	21	23.2	30	30
2010-10	21.6	21.7	21.4	23.2	1	18.2	31	31
2010-11	17.5	17.6	17.4	18.2	1	16.7	30	30
2010-12	14.3	14.5	14.2	16.8	1	12.1	28	31
2011-01	10.5	10.6	10.4	12.7	1	9.5	13	14
2011-02	11.6	11.8	11.4	14.8	28	10.3	17	19
2011-03	12.9	13.0	12.8	14.7	1	11.9	7	31

（续）

时间（年-月）	平均土壤温度/℃	平均最高土壤温度/℃	平均最低土壤温度/℃	极端最高土壤温度/℃	极高出现日期	极端最低土壤温度/℃	极低出现日期	有效数据/条
2011-04	16.0	16.2	15.9	19.6	30	13.3	1	30
2011-05	20.3	20.5	20.2	21.7	12	18.9	6	31
2011-06	23.1	23.2	23.0	24.9	25	20.8	4	30
2011-07	25.4	25.5	25.4	26.4	31	24.8	1	31
2011-08	26.1	26.1	26.0	26.7	18	25.0	31	31
2011-09	24.6	24.8	24.5	26.1	8	22.4	25	30
2011-10	21.4	21.5	21.3	23.4	1	19.3	31	31
2011-11	19.2	19.3	19.1	20.6	8	18.3	26	30
2011-12	14.7	14.8	14.6	19.3	1	12.8	27	31
2012-01	11.3	11.4	11.3	13.0	3	9.8	26	31
2012-02	10.5	10.5	10.4	11.3	24	10.0	11	29
2012-03	12.0	12.1	11.9	14.7	31	10.4	1	31
2012-04	17.0	17.1	16.9	19.5	30	14.7	1	30
2012-05	21.0	21.1	20.9	21.8	13	19.5	1	31
2012-06	23.2	23.3	23.1	24.8	30	21.5	5	30
2012-07	25.9	25.9	25.8	26.4	24	24.8	1	31
2012-08	26.4	26.4	26.3	27.1	21	25.7	26	31
2012-09	24.7	24.7	24.6	26.4	3	23.2	30	30
2012-10	21.8	21.8	21.7	23.2	1	21.0	26	31
2012-11	18.0	18.1	17.9	21.0	1	15.8	30	30
2012-12	13.9	14.0	13.8	15.8	1	11.1	31	31
2013-01	11.0	11.1	10.9	12.7	31	9.7	8	31
2013-02	12.6	12.7	12.5	14.6	5	11.5	22	28
2013-03	15.0	15.1	14.9	16.8	24	12.6	5	31
2013-04	17.0	17.2	16.9	19.1	30	16.0	13	30
2013-05	20.6	20.7	20.5	23.4	30	18.9	4	31
2013-06	23.8	23.9	23.7	25.7	27	22.3	4	30
2013-07	26.3	26.3	26.3	26.7	30	25.6	1	31
2013-08	26.6	26.7	26.6	27.0	30	26.2	22	31
2013-09	24.8	25.0	24.7	26.9	1	22.1	30	30
2013-10	21.3	21.3	21.2	22.8	4	19.7	29	31
2013-11	18.7	18.8	18.6	20.6	11	16.4	30	30
2013-12	14.2	14.3	14.2	16.4	1	12.1	31	31
2014-01	12.1	12.2	12.0	13.0	31	11.2	24	31
2014-02	11.6	11.8	11.5	14.7	4	9.9	16	28
2014-03	13.8	14.0	13.7	17.1	31	11.9	5	31
2014-04	18.5	18.6	18.3	20.5	20	17.0	4	30
2014-05	20.2	20.3	20.1	22.4	31	18.4	2	31

（续）

时间（年-月）	平均土壤温度/℃	平均最高土壤温度/℃	平均最低土壤温度/℃	极端最高土壤温度/℃	极高出现日期	极端最低土壤温度/℃	极低出现日期	有效数据/条
2014-06	23.8	23.9	23.7	24.9	21	22.4	1	30
2014-07	26.1	26.2	26.1	26.9	25	24.7	1	31
2014-08	26.4	26.4	26.3	27.2	8	25.5	23	31
2014-09	25.6	25.7	25.5	26.8	14	24.1	26	30
2014-10	22.9	23.0	22.8	24.9	1	21.6	31	31
2014-11	18.8	18.9	18.7	21.6	1	17.5	21	30
2014-12	14.5	14.6	14.4	17.7	1	12.4	31	31
2015-01	15.0	15.1	14.9	15.9	26	12.5	1	31
2015-02	14.4	14.5	14.3	16.5	20	12.7	5	28
2015-03	15.9	16.0	15.7	18.4	31	14.0	8	31
2015-04	19.8	19.9	19.6	21.4	30	18.0	13	30
2015-05	23.2	23.3	23.1	25.3	30	21.4	1	31
2015-06	25.3	25.4	25.1	26.7	26	24.2	3	30
2015-07	27.2	27.3	27.1	28.2	24	26.1	10	31
2015-08	27.9	28.0	27.9	28.6	19	27.2	30	31
2015-09	27.0	27.1	27.0	28.0	7	26.1	28	30
2015-10	24.3	24.4	24.2	26.5	1	22.5	31	31
2015-11	19.4	19.7	19.2	23.2	7	16.8	30	30
2015-12	14.7	14.8	14.7	16.8	1	13.3	31	31
2016-01	12.6	12.7	12.6	14.1	6	11.1	30	31
2016-02	11.5	11.5	11.4	12.2	15	10.4	5	29
2016-03	13.8	13.8	13.7	14.5	22	12.1	1	31
2016-04	17.2	17.3	17.1	18.6	30	14.4	1	30
2016-05	20.0	20.0	19.9	20.6	16	18.6	1	31
2016-06	23.0	23.0	22.9	24.6	29	20.2	1	30
2016-07	25.5	25.6	25.5	26.3	29	24.6	1	31
2016-08	26.5	26.5	26.4	26.9	26	26.1	31	31
2016-09	25.1	25.1	25.0	26.1	1	24.3	25	30
2016-10	22.8	22.8	22.7	24.3	1	21.5	31	31
2016-11	19.6	19.7	19.6	21.5	1	17.3	30	30
2016-12	15.6	15.6	15.5	17.3	1	14.0	31	31
2017-01	13.4	13.4	13.3	14.2	7	12.7	21	31
2017-02	12.6	12.7	12.6	13.4	21	12.1	12	28
2017-03	13.2	13.3	13.2	14.2	31	12.7	1	31
2017-04	16.9	16.9	16.8	18.3	27	14.2	1	30
2017-05	20.2	20.2	20.1	21.5	31	18.1	1	31
2017-06	22.8	22.9	22.7	23.8	26	21.5	1	30
2017-07	24.9	24.9	24.8	26.6	31	23.1	1	31

（续）

时间 （年-月）	平均土壤 温度/℃	平均最高土 壤温度/℃	平均最低土 壤温度/℃	极端最高土 壤温度/℃	极高出现 日期	极端最低土 壤温度/℃	极低出现 日期	有效数据/条
2017-08	26.9	26.9	26.8	27.3	9	26.5	19	31
2017-09	26.1	26.2	26.1	27.0	3	25.6	23	30
2017-10	23.4	23.5	23.4	25.7	1	21.4	31	31
2017-11	19.6	19.6	19.5	21.4	1	17.5	29	30
2017-12	15.5	15.5	15.4	17.5	1	13.9	28	31
2018-01	12.6	12.6	12.5	14.0	1	10.9	31	31
2018-02	11.3	11.4	11.3	12.7	28	10.4	8	28
2018-03	14.5	14.5	14.4	15.8	31	12.8	1	31
2018-04	17.7	17.7	17.6	18.9	25	15.8	1	30
2018-05	21.2	21.3	21.2	23.1	28	18.9	1	31
2018-06	23.6	23.7	23.6	25.1	29	22.3	6	30
2018-07	26.3	26.4	26.3	27.5	31	25.1	1	31
2018-08	27.4	27.5	27.4	27.9	23	27.0	30	31
2018-09	26.0	26.1	26.0	27.2	8	24.5	30	30
2018-10	22.4	22.4	22.3	24.5	1	20.8	25	31
2018-11	18.8	18.9	18.7	20.8	1	17.1	29	30
2018-12	15.1	15.2	15.1	17.1	1	13.2	31	31

第4章 台站特色研究数据

4.1 杉木人工林碳通量观测数据集

4.1.1 概述

会同杉木林站通量观测系统始建于2007年4月，碳通量观测塔安装在该站Ⅱ号集水区内东坡（坡度27°）的中上部，由一套开路式涡度相关系统和一套自动气象梯度观测系统组成。通量观测塔高32.5 m，通量观测系统的安装高度为32.5 m。通量观测塔下垫面植被为杉木人工林，冠层高度约为14.0 m。集水区面积2.0 hm^2，以观测塔为中心，北边200 m以外依次为溪流、农田、村庄和公路，东边400 m以外为农田，南边300 m处有少量农田，西边数千米范围内均为杉木人工林。2008年全年及白天以西南风频率最高，分别为35.3%和22.2%，东北风频率最低，分别为3.1%和5.10%；夜间则以北风及西北风频率为高，两者共占47.9%，以南风频率最低，为3.2%。集水区内的杉木人工林是1996年种植的，原有的杉木林皆伐后经炼山、全垦整地，实生苗造林。林下植被较少，主要灌木为杜茎山、柃木（*Eurya japonica* Thunb.）、菝葜、冬青和乌蔹等，主要草本植物有狗脊、铁芒萁和华南毛蕨［*Cyclosorus parasiticus*（L.）Farwell.］等（2008年11月调查数据）。

4.1.2 数据采集与处理方法

4.1.2.1 数据采集

数据采集及其观测设施见2.3.3。

4.1.2.2 数据处理

通量的计算是基于通量观测原始数据下获得的，因此，只有对该原始数据进行一系列的校正和计算才可得到具有物理意义且能够用于表征生态过程的CO_2通量值。一般来说，净生态系统碳交换量（以后简记为N_{EE}）可用下式表示：$N_{EE}=F_c+F_{c\_WPL}+F_a$，F_c为经过坐标旋转后的观测值，F_{c_WPL}为WPL校正通量，F_a为冠层储存通量。N_{EE}为正值表明生态系统向大气中释放CO_2，即为碳源；N_{EE}为负值表明生态系统从大气中吸收CO_2，即为碳汇。

坐标轴旋转是为了消除因观测仪器安装存在倾斜或下垫面不平坦等因素对观测结果造成的影响，本研究采用3次坐标旋转；WPL校正是校正水热通量的传输对CO_2通量所造成的影响；在夜间，因大气层较稳定，土壤和植物呼吸所释放的CO_2可能被储存在森林等高大植被冠层内，导致观测数据低于生态系统实际的碳交换量，所以必须进行冠层储存通量修正。在本研究中，探头高度以下的大气CO_2储存项F_a利用CO_2/H_2O分析仪测定的CO_2浓度进行计算。

数据处理的最终目的是获得不同时间尺度下完整的N_{EE}、生态系统呼吸量（简记为R_E）和总生态系统碳交换量（简记为G_{EE}）。本研究基于30 min的气象和通量数据，利用呼吸模型计算R_E。由于夜间只有系统的呼吸作用，此时R_E即N_{EE}，利用其与5 cm土壤温度的指数函数关系，得到呼吸模型中的参数，并将此参数推广到白天，计算出白天的R_E，最后利用白天的N_{EE}减去R_E推算出白天的

G_{EE}。将获得的 30 min 通量数据累加求和，可以得到生态系统在日、月、年等不同时间尺度上的 N_{EE}、R_E 和 G_{EE}。

4.1.3 数据质量控制与评估

本数据集从观测、采集、质控、处理和存储方面均严格遵循 ChinaFLUX 制定的技术体系。由于计算得到的 CO_2 通量仍存在一些异常值，必须对其进行一系列的质量控制。根据 N_{EE}数据范围，以 $CO_2$0.2 mg/（m²·s）为区间长度，分别统计白天和夜间的数据频率，确定白天 N_{EE} 的阈值为［−1.2 mg/（m²·s），0.4 mg/（m²·s）］（占白天样本数的 93.3%），夜间 N_{EE}阈值为［−0.2 mg/（m²·s），0.6 mg/（m²·s）］（占夜间样本数的 85.5%）。考虑到测点地形的特殊性，异常值的剔除采用方差法和差分法 2 种方法，以 13 d 为时间步长，方差法中的阈值以 3.6 倍标准差为起点，以后每循环一次增加 0.3，差分法的灵敏度取 5.5。对于夜间弱湍流条件下造成的通量低估现象，通过剔除小于夜间摩擦速度的通量数据来解决，而临界摩擦速度是根据有效的夜间数据，用 99%阈值法确定其为 0.1 m/s。考虑到植物的光合作用生理活动过程，当温度低于生物学零度时，光合作用过程停止，最后，将气温低于 0 ℃及 5 cm 深处土壤温度低于 5 ℃时对应的 $N_{EE}<0$ 的数据剔除。

降雨雪期间探头探测路径受阻、停电、仪器维护及数据质量控制等会造成观测数据缺失，因此有必要对缺失数据进行插补。采用平均日变化法对缺失数据用相邻几天同时刻数据的平均值进行替代，一般白天取 14 d 的平均值、夜间取 7 d 的平均值，插补过程中将白天数据和夜间数据分开处理。然后对未能插补的数据用非线性回归法插补，即对一定时段内有效的通量数据与气象数据建立回归统计模型，最后利用统计关系模型估算值来替换那些质量不可靠或缺测的通量数据。

4.1.4 数据价值

在全球水热格局可能发生变化的情形下，森林生态系统物质循环和能量流动中的碳通量的生态学意义显得尤为重要。碳通量塔是开展森林冠层和大气界面二氧化碳交换能力研究一个非常有用的工具，采用涡度相关法测定的通量数据和气象塔观测的环境数据可以系统估算生态系统碳平衡的季节性变化规律及其与环境因子之间的关系，为进一步了解我国森林的碳汇功能提供科学依据。会同杉木林站 2008—2019 年的通量数据比较完整，可为该地区的森林物质循环、能量流动提供准确的基础信息。本数据集可应用于全球气候变化情形下的碳循环分析、森林生态系统服务功能比较、林业经营管理等相关研究领域，也可以考虑在不同的典型区域、典型陆地生态系统之间开展多台站数据联网分析，结合 ChinaFLUX 多站点碳水通量数据，将为模型分析提供非常有用的数据。

4.1.5 会同杉木林站通量观测数据集

本数据集包括 3 个数据表，分别是净生态系统碳交换量数据表 4-1、总生态系统碳交换量数据表 4-2 和生态系统呼吸量数据表 4-3。

表 4-1 净生态系统碳交换量

时间（年-月）	总量（C）/（g/m²）	极端最高（CO_2）/［mg/（m²·s）］	极高出现日期	极端最低（CO_2）/［mg/（m²·s）］	极低出现日期	有效数据/条
2008-01	8.5	0.207 2	11	−0.539 8	2	31
2008-02	−16.3	0.289 4	29	−0.708 9	27	29
2008-03	−32.8	0.376 8	17	−1.047 7	6	31
2008-04	−30.2	0.498 8	14	−1.029 0	29	30
2008-05	−50.4	0.568 6	23	−1.148 6	19	31

（续）

时间（年-月）	总量（C）/（g/m^2）	极端最高（CO_2）/[mg/（m^2·s）]	极高出现日期	极端最低（CO_2）/[mg/（m^2·s）]	极低出现日期	有效数据/条
2008-06	−55.4	0.644 3	11	−1.185 1	4	30
2008-07	−56.0	0.660 8	18	−1.264 2	3	31
2008-08	−45.1	0.663 6	6	−1.168 5	22	31
2008-09	−29.2	0.642 5	14	−1.221 0	13	30
2008-10	−28.4	0.483 4	4	−1.221 2	6	31
2008-11	−26.6	0.366 1	12	−0.883 6	12	30
2008-12	−21.9	0.281 8	11	−0.834 1	7	31
2009-01	−24.5	0.198 8	2	−0.651 8	12	31
2009-02	−29.7	0.284 6	15	−0.810 2	20	28
2009-03	−50.4	0.322 0	21	−0.852 8	29	31
2009-04	−33.2	0.453 9	5	−1.077 2	21	30
2009-05	−48.6	0.582 0	12	−1.171 8	29	31
2009-06	−50.9	0.566 7	15	−1.055 8	25	30
2009-07	−42.8	0.675 4	22	−1.146 1	19	31
2009-08	−47.4	0.682 4	11	−1.236 2	27	31
2009-09	−38.5	0.670 6	1	−1.176 3	9	30
2009-10	−23.5	0.487 6	19	−0.965 5	2	31
2009-11	−31.3	0.381 4	7	−0.963 7	9	30
2009-12	−22.2	0.242 8	5	−0.681 4	3	31
2010-01	−28.6	0.195 3	28	−0.817 4	25	31
2010-02	−42.1	0.298 6	26	−0.892 1	28	28
2010-03	−45.8	0.381 5	21	−0.823 9	28	31
2010-04	−46.8	0.439 5	22	−1.180 8	27	30
2010-05	−37.9	0.650 5	27	−1.031 4	22	31
2010-06	−45.6	0.650 5	1	−1.095 4	22	30
2010-07	−51.3	0.688 8	1	−1.281 3	27	31
2010-08	−63.0	0.697 2	25	−1.133 8	19	31
2010-09	−32.8	0.589 0	9	−1.140 1	13	30
2010-10	−53.0	0.500 9	4	−1.190 6	22	31
2010-11	−38.5	0.352 5	14	−0.944 0	13	30
2010-12	−26.8	0.291 4	1	−0.892 1	3	31
2011-01	−5.8	0.184 8	30	−0.818 6	27	31
2011-02	−40.2	0.201 5	7	−0.800 0	2	28
2011-03	−46.9	0.312 9	14	−0.927 2	12	31
2011-04	−15.5	0.437 6	26	−0.841 6	22	30
2011-05	−32.4	0.492 2	24	−0.922 1	24	31
2011-06	−24.4	0.574 2	27	−0.940 5	30	30
2011-07	−58.9	0.470 2	29	−0.993 0	12	31

（续）

时间（年-月）	总量（C）/（g/m^2）	极端最高（CO_2）/[mg/（m^2·s）]	极高出现日期	极端最低（CO_2）/[mg/（m^2·s）]	极低出现日期	有效数据/条
2011-08	−30.2	0.459 0	10	−1.019 3	12	31
2011-09	−14.8	0.445 6	29	−0.864 9	14	30
2011-10	−7.0	0.430 6	12	−0.827 4	22	31
2011-11	−18.1	0.400 8	4	−0.830 1	1	30
2011-12	−16.9	0.334 8	7	−0.780 8	9	31
2012-01	−16.9	0.197 1	10	−0.577 2	9	31
2012-02	−25.7	0.285 2	24	−0.789 0	7	29
2012-03	−25.2	0.311 8	16	−0.877 2	27	31
2012-04	−36.0	0.456 3	27	−1.030 4	8	30
2012-05	−22.9	0.578 6	30	−1.061 5	26	31
2012-06	−39.5	0.717 5	21	−1.208 3	14	30
2012-07	−62.2	0.647 9	9	−1.260 1	23	31
2012-08	−53.0	0.681 4	11	−1.196 4	8	31
2012-09	−37.2	0.574 9	27	−1.035 6	18	30
2012-10	−21.4	0.489 4	12	−0.944 9	2	31
2012-11	−22.0	0.334 9	22	−0.924 9	26	30
2012-12	−25.5	0.286 1	4	−0.850 0	3	31
2013-01	−15.0	0.181 1	28	−0.671 1	12	31
2013-02	−29.2	0.259 9	17	−0.764 1	3	28
2013-03	−42.4	0.379 9	25	−0.930 6	20	31
2013-04	−37.0	0.469 4	30	−1.089 2	19	30
2013-05	−44.6	0.578 9	15	−1.098 8	1	31
2013-06	−54.0	0.648 3	20	−1.102 6	4	30
2013-07	−61.8	0.667 1	8	−1.206 1	3	31
2013-08	−39.7	0.932 6	29	−1.166 4	30	31
2013-09	−55.6	0.584 8	12	−1.296 7	13	30
2013-10	−53.8	0.487 6	14	−1.056 1	4	31
2013-11	−43.2	0.395 4	30	−0.892 3	16	30
2013-12	−42.1	0.300 0	1	−0.894 9	2	31
2014-01	−30.2	0.189 6	29	−0.782 0	1	31
2014-02	−9.8	0.268 8	27	−0.790 3	3	28
2014-03	−32.6	0.388 8	27	−0.880 7	21	31
2014-04	−28.5	0.438 2	13	−0.926 1	15	30
2014-05	−29.9	0.552 8	30	−1.063 8	28	31
2014-06	−19.6	0.607 9	30	−1.283 7	18	30
2014-07	−34.1	0.698 3	24	−1.203 8	26	31
2014-08	−42.4	0.688 5	3	−1.304 5	22	31
2014-09	−28.8	0.586 7	9	−1.198 9	22	30

（续）

时间（年-月）	总量（C）/（g/m²）	极端最高（CO_2）/[mg/（m²·s）]	极高出现日期	极端最低（CO_2）/[mg/（m²·s）]	极低出现日期	有效数据/条
2014-10	−51.9	0.548 7	2	−1.223 9	8	31
2014-11	−20.4	0.393 2	11	−0.948 2	12	30
2014-12	−41.5	0.263 1	1	−1.000 7	7	31
2015-01	−36.6	0.187 9	1	−0.765 8	16	31
2015-02	−43.6	0.270 0	24	−0.923 7	17	28
2015-03	−33.9	0.371 5	29	−0.920 7	12	31
2015-04	−34.9	0.513 9	16	−1.033 6	4	30
2015-05	−29.2	0.606 5	25	−0.982 8	9	31
2015-06	−41.6	0.698 1	7	−1.283 4	9	30
2015-07	−78.8	1.226 4	11	−1.241 2	7	31
2015-08	−57.3	0.676 5	20	−1.257 0	29	31
2015-09	−55.1	0.576 4	7	−1.102 5	2	30
2015-10	−58.2	0.482 4	22	−0.977 2	11	31
2015-11	−35.4	0.399 6	2	−0.969 7	3	30
2015-12	−42.4	0.264 4	14	−0.859 5	7	31
2016-01	−29.8	0.199 9	5	−0.757 4	3	31
2016-02	−46.5	0.271 5	18	−0.892 6	26	29
2016-03	−55.8	0.296 7	8	−0.980 5	25	31
2016-04	−37.7	0.396 2	12	−1.043 3	18	30
2016-05	−54.3	0.501 9	27	−1.105 6	6	31
2016-06	−76.3	0.586 2	29	−1.204 7	13	30
2016-07	−30.0	0.674 2	27	−1.134 8	8	31
2016-08	−65.8	0.672 3	21	−1.165 3	11	31
2016-09	−55.1	0.588 8	6	−1.079 8	22	30
2016-10	−42.6	0.497 3	5	−0.956 3	16	31
2016-11	−30.3	0.394 1	12	−0.968 2	10	30
2016-12	−37.4	0.258 7	19	−0.844 2	27	31
2017-01	−29.1	0.192 6	7	−0.860 0	4	31
2017-02	−45.1	0.283 4	17	−0.918 6	26	28
2017-03	−45.3	0.327 2	14	−1.171 7	29	31
2017-04	−56.4	0.396 3	26	−1.148 8	29	30
2017-05	−51.2	0.469 2	16	−1.193 7	25	31
2017-06	−50.8	0.566 0	10	−1.320 0	7	30
2017-07	−41.6	0.644 9	23	−1.250 3	13	31
2017-08	−35.4	0.659 3	5	−1.185 6	27	31
2017-09	−29.0	0.589 1	4	−1.145 9	17	30
2017-10	−39.9	0.545 2	3	−1.169 8	10	31
2017-11	−29.8	0.384 2	6	−0.974 1	4	30

（续）

时间（年-月）	总量（C）/（g/m²）	极端最高（CO_2）/[mg/（m²·s）]	极高出现日期	极端最低（CO_2）/[mg/（m²·s）]	极低出现日期	有效数据/条
2017-12	−33.1	0.283 5	5	−0.938 9	5	31
2018-01	−12.2	0.393 5	5	−0.882 8	12	31
2018-02	−30.7	0.457 6	21	−0.841 6	28	28
2018-03	−29.2	0.619 4	26	−1.084 2	31	31
2018-04	−23.6	0.769 2	23	−1.048 3	15	30
2018-05	−10.1	0.682 2	26	−1.111 8	28	31
2018-06	−38.0	0.748 9	26	−1.271 0	9	30
2018-07	−29.1	0.764 5	8	−1.286 9	7	31
2018-08	−24.1	0.966 6	10	−1.347 3	30	31
2018-09	−13.5	0.665 2	7	−1.319 2	18	30
2018-10	−19.0	0.798 1	12	−1.159 4	6	31
2018-11	−12.4	0.535 8	13	−0.997 5	1	30
2018-12	−12.5	0.561 6	1	−0.915 4	16	31
2019-01	−23.2	0.184 5	25	−0.872 1	17	31
2019-02	−24.4	0.293 4	15	−0.681 4	2	28
2019-03	−37.6	0.383 1	20	−0.972 6	28	31
2019-04	−50.2	0.497 0	11	−1.074 3	30	30
2019-05	−26.0	0.571 2	18	−0.981 4	9	31
2019-06	−16.8	0.656 0	21	−1.229 9	13	30
2019-07	−5.8	0.725 5	31	−1.068 6	18	31
2019-08	−22.9	0.714 6	17	−1.234 8	19	31
2019-09	−30.1	0.694 0	25	−1.174 6	7	30
2019-10	1.2	0.493 2	6	−1.046 6	9	31
2019-11	−13.6	0.398 6	5	−1.003 7	11	30
2019-12	−24.1	0.358 9	5	−0.837 0	12	31

表 4-2 总生态系统碳交换量

时间（年-月）	总量（C）/（g/m²）	极端最高（CO_2）/[mg/（m²·s）]	极高出现日期	极端最低（CO_2）/[mg/（m²·s）]	极低出现日期	有效数据/条
2008-01	−35.6	0.055 2	7	−0.651 0	2	31
2008-02	−63.7	0.069 3	29	−0.813 6	27	29
2008-03	−126.6	0.004 6	23	−1.215 6	6	31
2008-04	−150.2	0.173 7	21	−1.204 0	29	30
2008-05	−202.7	0.101 3	18	−1.395 1	21	31
2008-06	−223.1	0.062 9	5	−1.439 8	4	30
2008-07	−241.9	0.013 4	30	−1.590 3	3	31
2008-08	−232.4	0.029 2	7	−1.468 1	22	31
2008-09	−201.2	0.168 8	27	−1.479 9	9	30

（续）

时间（年-月）	总量（C）/（g/m²）	极端最高（CO_2）/[mg/（m²・s）]	极高出现日期	极端最低（CO_2）/[mg/（m²・s）]	极低出现日期	有效数据/条
2008-10	−163.2	0.138 4	10	−1.435 8	6	31
2008-11	−114.7	0.049 8	20	−1.028 8	12	30
2008-12	−91.4	0.042 2	12	−0.974 7	11	31
2009-01	−76.9	0.020 5	22	−0.743 8	12	31
2009-02	−99.8	0.013 0	10	−0.926 3	20	28
2009-03	−140.4	0.054 4	3	−1.010 6	29	31
2009-04	−148.6	0.000 0	1	−1.278 2	21	30
2009-05	−196.4	0.092 5	12	−1.363 7	29	31
2009-06	−222.3	0.066 5	3	−1.313 2	16	30
2009-07	−231.4	0.077 1	3	−1.442 2	19	31
2009-08	−243.8	0.003 5	7	−1.526 5	27	31
2009-09	−206.2	0.019 7	10	−1.443 3	9	30
2009-10	−156.3	0.029 5	4	−1.179 2	2	31
2009-11	−111.8	0.071 6	16	−1.192 8	9	30
2009-12	−83.0	0.039 9	27	−0.797 4	4	31
2010-01	−89.8	0.030 7	17	−0.901 9	25	31
2010-02	−101.9	0.000 0	1	−1.087 8	28	28
2010-03	−131.2	0.083 6	29	−0.971 9	28	31
2010-04	−148.8	0.104 1	8	−1.368 3	27	30
2010-05	−178.9	0.462 6	28	−1.212 4	22	31
2010-06	−200.5	0.489 4	2	−1.315 7	22	30
2010-07	−242.8	0.130 7	31	−1.568 7	30	31
2010-08	−257.7	0.000 0	1	−1.433 3	19	31
2010-09	−193.5	0.184 7	22	−1.391 9	13	30
2010-10	−173.0	0.014 6	14	−1.379 5	22	31
2010-11	−131.5	0.061 7	22	−1.118 4	13	30
2010-12	−95.9	0.091 8	31	−0.991 8	3	31
2011-01	−63.4	0.059 1	31	−0.899 7	27	31
2011-02	−115.0	0.024 7	3	−1.007 0	27	28
2011-03	−134.8	0.160 9	26	−1.084 5	12	31
2011-04	−130.0	0.091 5	12	−1.018 2	22	30
2011-05	−169.8	0.017 2	2	−1.108 9	24	31
2011-06	−174.4	0.121 2	14	−1.164 6	30	30
2011-07	−219.8	0.060 4	13	−1.224 5	12	31
2011-08	−189.4	0.262 2	20	−1.256 3	12	31
2011-09	−154.0	0.221 9	27	−1.107 5	14	30
2011-10	−128.1	0.234 8	3	−1.011 1	22	31
2011-11	−127.2	0.183 9	5	−1.013 4	1	30

（续）

时间（年-月）	总量（C）/（g/m²）	极端最高（CO_2）/[mg/（m²·s）]	极高出现日期	极端最低（CO_2）/[mg/（m²·s）]	极低出现日期	有效数据/条
2011-12	−96.0	0.065 5	5	−0.895 2	9	31
2012-01	−61.0	0.013 6	16	−0.655 6	9	31
2012-02	−69.5	0.004 1	23	−0.886 2	7	29
2012-03	−103.0	0.000 0	1	−1.113 6	27	31
2012-04	−169.0	0.029 2	11	−1.261 3	28	30
2012-05	−192.9	0.073 6	14	−1.311 6	21	31
2012-06	−240.6	0.000 0	1	−1.524 2	14	30
2012-07	−295.0	0.086 5	23	−1.597 4	23	31
2012-08	−280.6	0.179 9	18	−1.568 6	14	31
2012-09	−205.4	0.000 0	1	−1.319 8	10	30
2012-10	−156.8	0.075 8	18	−1.188 0	21	31
2012-11	−105.3	0.173 6	30	−1.043 2	26	30
2012-12	−80.8	0.068 2	6	−0.954 7	3	31
2013-01	−73.3	0.010 1	2	−0.782 8	27	31
2013-02	−92.8	0.014 9	23	−0.950 5	3	28
2013-03	−142.3	0.000 6	6	−1.105 0	20	31
2013-04	−149.1	0.042 1	20	−1.288 3	19	30
2013-05	−191.9	0.000 0	1	−1.287 3	1	31
2013-06	−223.8	0.161 4	26	−1.343 8	4	30
2013-07	−247.0	0.004 0	9	−1.467 7	3	31
2013-08	−225.3	0.714 1	29	−1.424 9	30	31
2013-09	−203.5	0.000 0	1	−1.542 9	13	30
2013-10	−181.3	0.045 2	20	−1.271 7	4	31
2013-11	−145.3	0.000 0	1	−1.056 4	16	30
2013-12	−111.0	0.036 1	18	−0.999 5	2	31
2014-01	−96.8	0.054 7	24	−0.876 4	1	31
2014-02	−66.1	0.072 7	16	−0.984 9	3	28
2014-03	−134.8	0.086 4	2	−1.058 6	19	31
2014-04	−162.2	0.031 7	20	−1.201 3	15	30
2014-05	−193.8	0.000 0	1	−1.298 2	28	31
2014-06	−214.6	0.125 4	9	−1.614 6	18	30
2014-07	−269.3	0.061 8	7	−1.538 0	26	31
2014-08	−262.7	0.000 0	1	−1.607 8	22	31
2014-09	−226.0	0.092 7	15	−1.510 8	8	30
2014-10	−205.7	0.000 0	1	−1.455 0	8	31
2014-11	−117.5	0.086 8	27	−1.107 1	12	30
2014-12	−111.1	0.028 4	21	−1.128 0	7	31
2015-01	−96.3	0.018 5	12	−0.901 8	16	31

（续）

时间（年-月）	总量（C）/（g/m²）	极端最高（CO_2）/[mg/（m²·s）]	极高出现日期	极端最低（CO_2）/[mg/（m²·s）]	极低出现日期	有效数据/条
2015-02	−103.4	0.064 7	23	−1.105 7	17	28
2015-03	−122.1	0.024 5	9	−1.038 8	30	31
2015-04	−177.0	0.042 6	7	−1.348 5	19	30
2015-05	−225.1	0.021 1	3	−1.244 2	9	31
2015-06	−271.3	0.029 1	25	−1.611 7	9	30
2015-07	−311.5	0.959 8	11	−1.601 5	15	31
2015-08	−291.5	0.373 0	22	−1.544 5	14	31
2015-09	−253.6	0.024 8	27	−1.487 1	5	30
2015-10	−208.5	0.000 0	1	−1.321 6	25	31
2015-11	−133.0	0.026 3	28	−1.161 3	3	30
2015-12	−106.5	0.076 9	5	−0.975 0	27	31
2016-01	−87.8	0.023 2	6	−0.926 4	4	31
2016-02	−110.3	0.034 8	24	−0.988 1	27	29
2016-03	−144.5	0.022 2	31	−1.088 3	18	31
2016-04	−163.0	0.055 6	18	−1.182 3	18	30
2016-05	−200.1	0.118 8	21	−1.367 1	6	31
2016-06	−251.9	0.064 2	25	−1.461 7	13	30
2016-07	−232.5	0.003 7	29	−1.453 7	8	31
2016-08	−271.1	0.128 7	4	−1.451 6	11	31
2016-09	−224.0	0.096 3	29	−1.335 7	22	30
2016-10	−180.2	0.056 2	31	−1.188 3	16	31
2016-11	−127.6	0.114 0	22	−1.081 6	10	30
2016-12	−106.7	0.104 3	7	−0.944 7	27	31
2017-01	−105.7	0.022 6	30	−1.009 3	4	31
2017-02	−113.6	0.017 3	26	−1.045 7	26	28
2017-03	−138.8	0.033 9	14	−1.368 4	29	31
2017-04	−188.9	0.192 4	23	−1.335 3	29	30
2017-05	−214.9	0.000 0	1	−1.428 6	12	31
2017-06	−225.5	0.000 0	1	−1.588 1	7	30
2017-07	−246.9	0.000 0	1	−1.527 7	13	31
2017-08	−241.3	0.000 0	1	−1.464 0	27	31
2017-09	−210.8	0.132 3	3	−1.425 4	17	30
2017-10	−183.3	0.130 2	4	−1.435 8	10	31
2017-11	−131.9	0.101 8	17	−1.186 1	4	30
2017-12	−109.6	0.030 9	30	−1.079 8	5	31
2018-01	−77.9	0.195 9	25	−0.970 4	12	31
2018-02	−106.7	0.107 9	12	−1.020 4	28	28
2018-03	−151.1	0.453 4	26	−1.318 6	31	31

（续）

时间（年-月）	总量（C）/（g/m²）	极端最高（CO_2）/［mg/（m²·s）］	极高出现日期	极端最低（CO_2）/［mg/（m²·s）］	极低出现日期	有效数据/条
2018-04	−171.1	0.538 9	23	−1.251 0	13	30
2018-05	−200.8	0.381 1	31	−1.366 8	28	31
2018-06	−231.2	0.481 4	26	−1.571 7	9	30
2018-07	−253.4	0.495 9	8	−1.597 5	7	31
2018-08	−248.4	0.711 7	10	−1.657 2	15	31
2018-09	−200.1	0.283 7	19	−1.613 5	18	30
2018-10	−163.8	0.661 7	12	−1.393 6	3	31
2018-11	−119.8	0.384 9	13	−1.169 8	1	30
2018-12	−89.7	0.239 7	18	−1.035 5	16	31
2019-01	−78.9	0.022 6	31	−0.955 4	17	31
2019-02	−81.0	0.063 0	18	−0.840 7	2	28
2019-03	−145.8	0.047 3	14	−1.254 7	28	31
2019-04	−195.2	0.000 0	1	−1.297 8	30	30
2019-05	−193.0	0.000 0	1	−1.233 3	15	31
2019-06	−226.7	0.000 0	1	−1.491 9	13	30
2019-07	−233.3	0.000 0	1	−1.443 1	18	31
2019-08	−269.1	0.000 0	1	−1.588 2	19	31
2019-09	−231.1	0.161 5	19	−1.490 2	7	30
2019-10	−154.3	0.074 5	15	−1.320 6	9	31
2019-11	−123.1	0.053 2	1	−1.204 3	11	30
2019-12	−102.9	0.054 8	5	−0.976 6	16	31

表 4-3 生态系统呼吸量

时间（年-月）	总量（C）/（g/m²）	极端最高（CO_2）/［mg/（m²·s）］	极高出现日期	极端最低（CO_2）/［mg/（m²·s）］	极低出现日期	有效数据/条
2008-01	44.1	0.207 2	11	0.001 8	14	31
2008-02	47.3	0.289 4	29	0.000 6	4	29
2008-03	93.7	0.376 8	17	0.000 1	31	31
2008-04	120.0	0.498 8	14	0.001 8	16	30
2008-05	152.3	0.568 6	23	0.007 1	31	31
2008-06	167.7	0.644 3	11	0.023 5	17	30
2008-07	185.9	0.660 8	18	0.039 9	4	31
2008-08	187.3	0.663 6	6	0.018 7	26	31
2008-09	172.0	0.642 5	14	0.009 8	1	30
2008-10	134.8	0.483 4	4	0.001 3	30	31
2008-11	88.1	0.366 1	12	0.001 0	24	30
2008-12	69.5	0.281 8	11	0.002 7	30	31
2009-01	52.4	0.198 8	2	0.000 9	17	31

（续）

时间（年-月）	总量（C）/（g/m²）	极端最高（CO_2）/［mg/（m²·s）］	极高出现日期	极端最低（CO_2）/［mg/（m²·s）］	极低出现日期	有效数据/条
2009-02	70.1	0.284 6	15	0.002 1	8	28
2009-03	90.0	0.322 0	21	0.001 0	11	31
2009-04	115.4	0.453 9	5	0.000 0	1	30
2009-05	147.7	0.582 0	12	0.013 0	20	31
2009-06	171.5	0.566 7	15	0.034 3	4	30
2009-07	188.6	0.675 4	22	0.031 0	28	31
2009-08	196.4	0.682 4	11	0.016 5	31	31
2009-09	167.7	0.670 6	1	0.005 5	25	30
2009-10	132.8	0.487 6	19	0.001 9	10	31
2009-11	80.5	0.381 4	7	0.003 0	13	30
2009-12	60.8	0.242 8	5	0.000 2	1	31
2010-01	61.2	0.209 4	19	0.001 1	5	31
2010-02	59.9	0.298 6	26	0.000 0	2	28
2010-03	85.4	0.381 5	21	0.000 8	16	31
2010-04	102.0	0.439 5	22	0.006 2	6	30
2010-05	141.0	0.455 2	5	0.023 6	15	31
2010-06	154.9	0.507 7	26	0.002 4	8	30
2010-07	191.5	0.688 8	1	0.052 1	22	31
2010-08	194.7	0.697 2	25	0.004 6	26	31
2010-09	160.6	0.589 0	9	0.002 5	30	30
2010-10	120.0	0.500 9	4	0.004 3	15	31
2010-11	93.0	0.352 5	14	0.002 1	26	30
2010-12	69.1	0.291 4	1	0.000 6	28	31
2011-01	57.6	0.184 8	30	0.001 5	14	31
2011-02	74.8	0.208 4	26	0.001 5	3	28
2011-03	87.8	0.312 9	14	0.000 1	24	31
2011-04	114.6	0.437 6	26	0.003 5	6	30
2011-05	137.4	0.492 2	24	0.026 8	17	31
2011-06	149.9	0.574 2	27	0.011 1	13	30
2011-07	160.9	0.470 2	29	0.015 0	6	31
2011-08	159.2	0.459 0	10	0.036 0	28	31
2011-09	139.2	0.445 6	29	0.006 7	21	30
2011-10	121.2	0.430 6	12	0.007 5	29	31
2011-11	109.1	0.400 8	4	0.001 2	27	30
2011-12	79.1	0.334 8	7	0.000 2	29	31
2012-01	44.1	0.197 1	10	0.000 0	26	31
2012-02	43.8	0.285 2	24	0.000 0	26	29
2012-03	77.8	0.311 8	16	0.001 0	9	31

（续）

时间（年-月）	总量（C）/（g/m²）	极端最高（CO_2）/[mg/（m²·s）]	极高出现日期	极端最低（CO_2）/[mg/（m²·s）]	极低出现日期	有效数据/条
2012-04	133.1	0.456 3	27	0.001 2	11	30
2012-05	170.0	0.578 6	30	0.006 5	5	31
2012-06	201.1	0.717 5	21	0.034 2	5	30
2012-07	232.7	0.647 9	9	0.026 4	19	31
2012-08	227.6	0.681 4	11	0.029 2	24	31
2012-09	168.2	0.574 9	27	0.001 8	24	30
2012-10	135.5	0.489 4	12	0.001 1	3	31
2012-11	83.3	0.334 9	22	0.000 1	30	30
2012-12	55.3	0.286 1	4	0.001 1	13	31
2013-01	58.3	0.182 9	31	0.000 4	19	31
2013-02	63.6	0.259 9	17	0.001 3	8	28
2013-03	99.9	0.379 9	25	0.003 2	12	31
2013-04	112.1	0.469 4	30	0.001 3	12	30
2013-05	147.3	0.578 9	15	0.005 7	6	31
2013-06	169.8	0.648 3	20	0.029 7	4	30
2013-07	185.2	0.667 1	8	0.033 3	20	31
2013-08	185.7	0.679 5	20	0.030 0	22	31
2013-09	148.0	0.584 8	12	0.017 5	7	30
2013-10	127.6	0.487 6	14	0.003 8	10	31
2013-11	102.2	0.395 4	30	0.001 1	23	30
2013-12	68.9	0.300 0	1	0.001 3	7	31
2014-01	66.6	0.268 4	31	0.000 0	23	31
2014-02	56.3	0.268 8	27	0.001 4	25	28
2014-03	102.2	0.388 8	27	0.000 5	12	31
2014-04	133.7	0.438 2	13	0.005 2	30	30
2014-05	163.9	0.552 8	30	0.000 7	5	31
2014-06	195.0	0.607 9	30	0.031 4	30	30
2014-07	235.3	0.698 3	24	0.032 5	26	31
2014-08	220.3	0.688 5	3	0.006 7	22	31
2014-09	197.1	0.586 7	9	0.020 6	24	30
2014-10	153.8	0.548 7	2	0.003 5	7	31
2014-11	97.1	0.393 2	11	0.001 8	30	30
2014-12	69.6	0.263 1	1	0.002 4	26	31
2015-01	59.7	0.188 4	5	0.000 2	25	31
2015-02	59.8	0.274 2	15	0.000 7	4	28
2015-03	88.2	0.396 6	31	0.000 4	28	31
2015-04	142.1	0.513 9	16	0.004 2	11	30
2015-05	195.9	0.606 5	25	0.015 2	4	31

（续）

时间（年-月）	总量（C）/（g/m^2）	极端最高（CO_2）/[mg/（m^2·s）]	极高出现日期	极端最低（CO_2）/[mg/（m^2·s）]	极低出现日期	有效数据/条
2015-06	229.7	0.698 1	7	0.074 8	11	30
2015-07	232.7	0.669 9	9	0.025 3	10	31
2015-08	234.3	0.676 5	20	0.023 5	4	31
2015-09	198.5	0.576 4	7	0.004 0	16	30
2015-10	150.3	0.482 4	22	0.003 7	28	31
2015-11	97.6	0.414 0	7	0.001 0	1	30
2015-12	64.1	0.264 4	14	0.000 5	16	31
2016-01	58.1	0.200 9	4	0.001 3	25	31
2016-02	63.8	0.271 5	18	0.002 4	21	29
2016-03	88.7	0.296 7	8	0.000 7	2	31
2016-04	125.3	0.396 2	12	0.003 0	13	30
2016-05	145.8	0.501 9	27	0.003 6	9	31
2016-06	175.6	0.586 2	29	0.050 6	15	30
2016-07	202.5	0.674 2	27	0.051 0	3	31
2016-08	205.3	0.672 3	21	0.047 1	27	31
2016-09	168.9	0.588 8	6	0.003 4	21	30
2016-10	137.6	0.497 3	5	0.000 6	2	31
2016-11	97.2	0.394 1	12	0.008 1	5	30
2016-12	69.2	0.258 7	19	0.001 5	13	31
2017-01	76.6	0.203 4	26	0.000 0	9	31
2017-02	68.5	0.283 4	17	0.000 1	7	28
2017-03	93.5	0.327 2	14	0.000 5	12	31
2017-04	132.5	0.396 3	26	0.002 1	3	30
2017-05	163.6	0.469 2	16	0.012 1	16	31
2017-06	174.7	0.566 0	10	0.016 1	6	30
2017-07	205.2	0.644 9	23	0.018 4	9	31
2017-08	205.9	0.659 3	5	0.070 4	3	31
2017-09	181.7	0.589 1	4	0.042 2	14	30
2017-10	143.4	0.545 2	3	0.002 9	17	31
2017-11	102.0	0.384 2	6	0.000 1	9	30
2017-12	76.5	0.283 5	5	0.001 7	14	31
2018-01	65.7	0.393 5	5	0.002 6	13	31
2018-02	76.1	0.457 6	21	0.003 1	4	28
2018-03	121.9	0.600 3	4	0.000 3	17	31
2018-04	147.4	0.589 5	23	0.001 8	30	30
2018-05	190.7	0.682 2	26	0.030 0	7	31
2018-06	193.2	0.587 7	8	0.029 2	12	30

（续）

时间（年-月）	总量（C）/（g/m²）	极端最高（CO_2）/[mg/（m²·s）]	极高出现日期	极端最低（CO_2）/[mg/（m²·s）]	极低出现日期	有效数据/条
2018-07	224.4	0.737 5	22	0.047 8	3	31
2018-08	224.3	0.859 3	10	0.019 0	28	31
2018-09	186.6	0.665 2	7	0.006 3	27	30
2018-10	144.8	0.667 1	1	0.002 0	22	31
2018-11	107.4	0.516 9	20	0.003 2	6	30
2018-12	77.2	0.561 6	1	0.001 6	19	31
2019-01	55.8	0.184 5	25	0.000 3	20	31
2019-02	56.6	0.293 4	15	0.000 4	9	28
2019-03	108.2	0.383 1	20	0.001 5	21	31
2019-04	145.0	0.497 0	11	0.002 5	14	30
2019-05	167.0	0.571 2	18	0.004 0	6	31
2019-06	209.9	0.656 0	21	0.027 8	5	30
2019-07	227.5	0.725 5	31	0.003 7	10	31
2019-08	246.2	0.714 6	17	0.038 8	26	31
2019-09	201.0	0.694 0	25	0.032 8	3	30
2019-10	155.4	0.493 2	6	0.001 9	18	31
2019-11	109.4	0.398 6	5	0.000 3	22	30
2019-12	78.7	0.358 9	5	0.002 1	27	31

4.2 亚热带植被恢复观测数据集

4.2.1 概述

在亚热带特定的气候条件和土壤类型下，森林皆伐后从次生裸地开始植被恢复的通常模式：经3～5年的自然恢复，形成以草本植物为主，伴随少量灌木的灌草丛；再经约10年恢复为以檵木、南烛、杜鹃、白栎、茅栗等灌木为主的灌木林；随后约30年出现一些阳性先锋乔木树种，如马尾松针叶树种和枫香、麻栎、南酸枣、拟赤杨等落叶阔叶树种，形成马尾松针叶林、马尾松针阔混交林和落叶常绿阔叶林；随后恢复演替为以壳斗科（如石栎、青冈）、山茶科（如木荷、红淡比）和樟科（如樟树、椤木石楠、毛豹皮樟）等耐阴性常绿阔叶树种为优势树种的常绿阔叶林。尽管国内外对退化林地植被恢复的研究与实践逐渐深入，但有关亚热带低山丘陵退化林地生态系统植被恢复的系统性和深入性研究工作仍非常缺乏。

本数据集整理了2009—2022年会同杉木林站围绕亚热带植被恢复的观测数据。

4.2.2 数据采集与处理方法

于2012—2023年在湖南省中东部丘陵区长沙县（113°17′46″—113°19′8″E，27°54′55″—28°38′55″N）设置不同植被恢复阶段（4～5年灌草丛、10～12年灌木林、30～40年杉木人工林、40～50年马尾松针阔混交林、60～70年南酸枣落叶阔叶林、80～90年石栎常绿阔叶林）3～4个永久样地，野外调查植物群落组成结构，采集植物、土壤样品进行室内分析。

乔木层、灌木层和草本层的调查分别参照 2007 年中国生态系统研究网络科学委员会编写的《陆地生态系统生物观测数据质量保证与质量控制》中关于乔木层、灌木层、草本层植物调查的相关要求进行。

每个土壤样品是沿着每个永久样地对角线均匀设置 3 个采样点，将同一样地 3 个采样点采集的样品混合而成。

数据处理方法：乔木层、灌木层、草本层植物群落物种组成、多样性指数及重要值按调查面积进行统计；每个恢复阶段土壤各项指标数据以所设置的永久样地平均值作为本数据产品的结果数据，同时标明样本数及标准差。

4.2.3　数据质量控制与评估

为确保数据质量，在开展调查、采集样品和室内测定前强化培训，提高调查人员的操作技能和素质；数据质量控制过程包括对元数据的检查整理、单个数据点的检查、数据转换和入库，以及元数据的编写、检查和入库。

4.2.4　数据价值

本数据集收录了亚热带不同植被恢复阶段植物群落组成、植物多样性指数、土壤理化性质、微生物活性数据，可供大专院校、科研院所在生态、环境、资源领域及其相关学科从事科学研究和生产开发的广大科技工作者参考使用，可为亚热带植被恢复生态学方面的研究提供一定科学依据。

4.2.5　数据样本、使用方法和建议

如果在数据使用过程中存在疑问或需要共享其他时间步长及时间序列的数据，请与湖南会同杉木林生态系统国家野外科学观测研究站联系。

4.2.6　亚热带植被恢复观测数据集

各分析指标的单位、小数位数及获取方法见表 4－4。

表 4－4　亚热带不同植被恢复阶段土壤理化性质数据计量单位、小数位数、获取方法一览表

分析指标	计量单位	小数位数	数据获取方法	参照标准编号	参考文献
容重	g/cm^3	2	环刀法	LY/T 1121.4—2006	
颗粒组成（机械组成）	%	2	吸管法	GB 7845—1987	《土壤理化分析与剖面描述》第 141 页
水溶液提 pH	无量纲	2	水溶液提取法	GB 7859—1987	《土壤理化分析与剖面描述》第 172 页
有机碳（有机质）	g/kg	2	重铬酸钾氧化-外加热法	LY/T 1237—1999	
全氮	g/kg	2	半微量凯氏法	LY/T 1228—2015	
全磷	g/kg	2	氢氧化钠碱熔-钼锑抗比色法	GB 7852—1987	《土壤理化分析与剖面描述》第 154 页
全钾	g/kg	2	氢氧化钠碱熔-火焰光度法	GB 7854—1987	《土壤理化分析与剖面描述》第 160 页
全钙	g/kg	2	氢氧化钠碱熔-原子吸收分光光度法	LY/T 1245—1999	

（续）

分析指标	计量单位	小数位数	数据获取方法	参照标准编号	参考文献
全镁	g/kg	2	氢氧化钠碱熔-原子吸收分光光度法	LY/T 1245—1999	
碱性水解氮	mg/kg	2	碱解扩散吸收法		《土壤理化性质分析》第76页
有效磷	mg/kg	2	盐酸-氟化铵浸提-钼锑抗比色法	GB 7853—1987	《土壤理化分析与剖面描述》第157页
速效钾	mg/kg	2	乙酸铵浸提-火焰光度法	GB 7856—1987	《土壤理化分析与剖面描述》第162页
可溶性氮	mg/kg	2	高温催化氧化法		杨帆，刘文君，李珉. 高温催化氧化直接测定水样中的总氮. 甘肃科技，2015，31（19）：58-61.
铵态氮	mg/kg	2	纳氏试剂比色法		《土壤理化性质分析》第81页
硝态氮	mg/kg	2	酚二磺酸比色法		《土壤理化性质分析》第87页
微生物生物量碳（MBC）	mg/kg	2	氯仿熏蒸-硫酸钾溶液浸提法		《土壤微生物生物量测定方法及其应用》第54页
微生物生物量氮（MBN）	mg/kg	2	氯仿熏蒸-硫酸钾溶液浸提法		《土壤微生物生物量测定方法及其应用》第65页
微生物生物量磷（MBP）	mg/kg	2	氯仿熏蒸-碳酸氢钠溶液浸提法		《土壤微生物生物量测定方法及其应用》第79页
脲酶活性	mg/（g·d）	2	靛酚兰比色法		《土壤酶及其研究法》第294页
蔗糖酶活性	mg/（g·d）	2	3.5-二硝基水杨酸比色法		《土壤酶及其研究法》第275页
12 h酸性磷酸酶活性	mg/g	2	磷酸苯二钠比色法		《土壤酶及其研究法》第310页
20 min过氧化氢酶活性	mg/g	2	高锰酸钾滴定法		《土壤酶及其研究法》第321页
交换盐基总量	cmol/kg	2	乙酸铵交换-中和滴定法	LY/T 1244—1999	

4.2.6.1 不同植被恢复阶段植物群落的物种组成

具体数据见表4-5、表4-6。

表4-5 不同植被恢复阶段植物群落的物种组成

类群	4～5年灌草丛			10～12年灌木林			40～50年马尾松针阔混交林			80～90年石栎常绿阔叶林		
	科	属	种	科	属	种	科	属	种	科	属	种
双子叶植物	8	11	13	12	19	21	15	26	30	22	33	41
单子叶植物	1	1	1	2	3	3	2	2	2	3	4	4

（续）

类群	4～5 年灌草丛			10～12 年灌木林			40～50 年马尾松针阔混交林			80～90 年石栎常绿阔叶林		
	科	属	种	科	属	种	科	属	种	科	属	种
裸子植物	1	1	1	2	2	2	2	2	2	2	2	2
蕨类植物	1	1	1	2	2	2	2	2	2	1	1	1
合计	11	14	16	18	26	28	21	32	36	28	40	48

注：样地总面积为 0.27 hm^2。

表 4-6　不同植被恢复阶段植物群落的生活型物种组成

恢复阶段	生活型/种			个体数量/株（棵）		
	草本	灌木	乔木	草本	灌木	乔木
4～5 年灌草丛	3	13	—	44 086	4 895	—
10～12 年灌木林	6	22	—	72 226	4 030	—
40～50 年马尾松针阔混交林	5	21	27	54 957	3 319	1 673
80～90 年石栎常绿阔叶林	4	16	36	2 052	4 428	1 292

注：样地总面积为 0.27 hm^2。

4.2.6.2　不同植被恢复阶段植物群落的物种多样性指数

具体数据见表 4-7。

表 4-7　不同植被恢复阶段植物群落各层次的物种多样性指数

层次	恢复阶段	Margalef 指数（E）	Shannon-Wiener 指数（H'）	Simpson 指数（H）	Pielou 指数（J_{sw}）
草本层	4～5 年灌草丛	0.30	0.49	0.92	0.45
	10～12 年灌木林	0.84	1.06	0.75	0.54
	40～50 年马尾松针阔混交林	0.58	1.03	0.76	0.64
	80～90 年石栎常绿阔叶林	0.83	0.73	0.86	0.53
灌木层	4～5 年灌草丛	1.91	2.00	0.56	0.78
	10～12 年灌木林	3.68	2.45	0.51	0.80
	40～50 年马尾松针阔混交林	3.43	2.47	0.51	0.81
	80～90 年石栎常绿阔叶林	2.42	2.15	0.60	0.78
乔木层	40～50 年马尾松针阔混交林	3.50	1.91	0.76	0.58
	80～90 年石栎常绿阔叶林	4.89	2.29	0.80	0.64

4.2.6.3　不同植被恢复阶段植物群落的物种重要值

具体数据见表 4-8 至表 4-10。

表 4-8　不同植被恢复阶段草本层物种重要值

恢复阶段	种名	株数	相对密度/%	相对频度/%	相对优势度/%	重要值/%
4～5 年灌草丛	芒萁	38 011	86.22	50	84.36	73.53
	野古草	3 544	8.04	25	8.27	13.77
	芒	2 531	5.74	25	7.37	12.70
	总计	44 086	100.00	100	100.00	100.00

（续）

恢复阶段	种名	株数	相对密度/%	相对频度/%	相对优势度/%	重要值/%
10～12年灌木林	芒萁	48 094	66.59	36	71.43	58.01
	野古草	14 063	19.47	20	15.36	18.28
	芒	8 156	11.29	24	9.70	15.00
	狗脊	900	1.25	12	1.89	5.04
	地菍	450	0.62	4	1.35	1.99
	白茅	563	0.78	4	0.27	1.68
	总计	72 226	100.00	100	100.00	100.00
40～50年马尾松针阔混交林	芒萁	36 788	66.94	52.95	67.58	62.49
	芒	2 981	5.42	17.65	16.21	13.09
	淡竹叶	6 750	12.28	11.76	6.23	10.09
	地菍	7 313	13.31	11.76	4.99	10.02
	狗脊	1 125	2.05	5.88	4.99	4.31
	总计	54 957	100.00	100.00	100.00	100.00
80～90年石栎常绿阔叶林	狗脊	1 620	79	71.43	74.99	75.12
	春兰	216	11	14.29	16.67	13.83
	麦冬	108	5	7.14	5.56	5.99
	乌头	108	5	7.14	2.78	5.06
	总计	2 052	100	100.00	100.00	100.00

表4-9 不同植被恢复阶段灌木层物种的重要值

恢复阶段	种名	株数	相对密度/%	相对频度/%	相对显著度/%	重要值/%
4～5年灌草丛	檵木	1 688	34.48	17.07	30.83	27.46
	白栎	380	7.76	24.39	24.72	18.96
	杜鹃	591	12.07	14.63	15.28	14.00
	南烛	1 055	21.55	4.88	5.56	10.66
	满树星	211	4.31	7.32	5.56	5.73
	杉木	127	2.60	7.31	6.66	5.53
	油茶	127	2.60	4.88	2.22	3.23
	山矾	84	1.72	4.88	2.50	3.03
	尖连蕊茶	42	0.86	4.88	3.33	3.02
	毛栗	253	5.17	2.44	0.56	2.72
	其他（3种）	337	6.88	7.32	2.78	5.66
	总计	4 895	100.00	100.00	100.00	100.00
10～12年灌木林	杉木	306	7.59	10.39	40.11	19.36
	菝葜	1 969	48.86	3.90	0.71	17.82
	檵木	360	8.93	14.29	7.11	10.11
	白栎	261	6.48	10.39	9.75	8.87
	木姜子	234	5.81	7.79	10.85	8.15

（续）

恢复阶段	种名	株数	相对密度/%	相对频度/%	相对显著度/%	重要值/%
10～12 年灌木林	南烛	261	6.48	9.09	5.61	7.06
	毛栗	90	2.23	7.79	2.99	4.34
	黄檀	135	3.35	6.49	2.86	4.23
	格药柃	99	2.46	2.60	4.20	3.09
	杜鹃	72	1.79	5.19	0.64	2.54
	其他（12 种）	243	6.02	22.08	15.17	14.43
	总计	4 030	100.00	100.00	100.00	100.00
40～50 年马尾松针阔混交林	檵木	486	14.64	13.16	27.28	18.36
	尖连蕊茶	486	14.68	13.16	16.47	14.76
	杜鹃	369	11.12	13.16	8.11	10.80
	菝葜	295	8.89	3.95	0.42	4.42
	满山红	153	4.61	7.89	7.98	6.82
	木姜子	207	6.24	3.95	10.41	6.87
	石栎	459	13.83	5.26	2.06	7.05
	南烛	135	4.07	5.26	8.74	6.02
	栀子	171	5.15	9.21	3.19	5.85
	山矾	234	7.05	3.95	0.67	3.89
	其他（12 种）	324	9.76	21.05	14.67	15.16
	总计	3 319	100.00	100.00	100.00	100.00
80～90 年石栎常绿阔叶林	石栎	1 728	39.02	32.35	24.07	31.82
	青冈	756	17.07	14.71	19.67	17.15
	银木荷	324	7.32	8.82	11.98	9.37
	台湾冬青	216	4.88	5.88	11.19	7.32
	檵木	216	4.88	5.88	5.71	5.49
	老鼠矢	108	2.44	2.94	6.25	3.88
	菝葜	108	2.44	2.94	5.57	3.65
	山矾	108	2.44	2.94	4.94	3.44
	南烛	108	2.44	2.94	3.78	3.05
	格药柃	108	2.44	2.94	1.93	2.44
	其他（6 种）	648	14.63	17.66	4.91	12.39
	总计	4 428	100.00	100.00	100.00	100.00

表 4-10　不同植被恢复阶段乔木层物种的重要值

恢复阶段	种名	棵数	相对密度/%	相对频度/%	相对显著度/%	重要值/%
40～50 年马尾松针阔混交林	马尾松	664	39.69	15.17	81.15	45.34
	石栎	427	25.52	6.18	9.89	13.86
	檵木	185	11.06	8.99	2.24	7.43
	杜鹃	48	2.87	8.98	0.47	4.11

（续）

恢复阶段	种名	棵数	相对密度/%	相对频度/%	相对显著度/%	重要值/%
40～50年马尾松针阔混交林	尖连蕊茶	51	3.05	8.43	0.59	4.02
	山矾	42	2.51	7.87	0.62	3.67
	红淡比	60	3.58	5.05	1.01	3.21
	满山红	45	2.69	5.62	0.30	2.87
	南烛	39	2.33	5.06	0.35	2.58
	枫香树	11	0.66	3.37	1.36	1.80
	小计	1 572	93.96	74.72	97.98	88.89
	其他	101	6.04	25.28	2.02	11.11
	总计	1 673	100.00	100.00	100.00	100.00
80～90年石栎常绿阔叶林	石栎	498	38.54	10.51	28.20	25.75
	红淡比	243	18.81	8.56	5.79	11.05
	青冈	46	3.56	4.67	18.48	8.90
	杉木	74	5.73	5.06	7.64	6.14
	马尾松	70	5.42	5.45	6.32	5.73
	南酸枣	20	1.55	3.50	9.89	4.98
	檫木	12	0.93	3.11	8.97	4.34
	格药柃	66	5.11	4.67	0.62	3.47
	四川山矾	39	3.02	6.61	0.59	3.41
	日本杜英	30	2.32	6.23	1.59	3.38
	小计	1 098	84.99	58.37	88.09	77.15
	其他	194	15.01	41.63	11.91	22.85
	总计	1 292	100.00	100.00	100.00	100.00

4.2.6.4 不同植被恢复阶段土壤物理性质

具体数据见表4-11至表4-14。

表4-11 2012年不同植被恢复阶段土壤容重

测定时间（年-月）	土层深度/cm	30～40年杉木人工林		40～50年马尾松针阔混交林		60～70年南酸枣落叶阔叶林		80～90年石栎常绿阔叶林	
		平均值/(g/cm³)	标准差/(g/cm³)	平均值/(g/cm³)	标准差/(g/cm³)	平均值/(g/cm³)	标准差/(g/cm³)	平均值/(g/cm³)	标准差/(g/cm³)
2012-03	0～15	1.40	0.09	1.25	0.10	1.29	0.14	1.26	0.06
	>15～30	1.41	0.09	1.38	0.07	1.38	0.10	1.34	0.13

注：样本数=3。

表4-12 2015年、2018年不同植被恢复阶段土壤容重

测定时间（年-月）	土层深度/cm	4～5年灌草丛		10～12年灌木林		40～50年马尾松针阔混交林		80～90年石栎常绿阔叶林	
		平均值/(g/cm³)	标准差/(g/cm³)	平均值/(g/cm³)	标准差/(g/cm³)	平均值/(g/cm³)	标准差/(g/cm³)	平均值/(g/cm³)	标准差/(g/cm³)
2015-10	0～10	1.36	0.17	1.37	0.12	1.16	0.30	1.27	0.07

（续）

测定时间（年-月）	土层深度/cm	4～5年灌草丛		10～12年灌木林		40～50年马尾松针阔混交林		80～90年石栎常绿阔叶林	
		平均值/(g/cm³)	标准差/(g/cm³)	平均值/(g/cm³)	标准差/(g/cm³)	平均值/(g/cm³)	标准差/(g/cm³)	平均值/(g/cm³)	标准差/(g/cm³)
2015-10	>10～20	1.47	0.05	1.46	0.03	1.43	0.17	1.41	0.01
	>20～30	1.46	0.11	1.48	0.02	1.45	0.17	1.44	0.01
	>30～40	1.54	0.07	1.51	0.01	1.45	0.06	1.43	0.04
2018-10	0～10	1.32	0.05	1.29	0.05	1.29	0.05	1.27	0.03
	>10～20	1.45	0.02	1.50	0.00	1.41	0.07	1.40	0.01
	>20～30	1.46	0.05	1.53	0.01	1.44	0.05	1.43	0.02
	>30～40	1.49	0.02	1.54	0.01	1.44	0.04	1.42	0.03

注：样本数=4。

表4-13 不同植被恢复阶段土壤不同粒径土粒质量与总质量百分比

单位:%

土层	森林类型	0.5～1 mm		0.25～0.5 mm		0.05～0.25 mm		0.01～0.05 mm		0.005～0.01 mm		0.001～0.002 mm		<0.001 mm	
		平均值	标准差	平均值	标准差	平均值	标准差	平均值	标准差	平均值	标准差	平均值	标准差	平均值	标准差
0～15 cm	30～40年杉木人工林	4.43	1.46	4.55	1.36	4.20	2.96	18.66	6.64	11.94	8.93	30.04	4.48	26.17	4.77
	40～50年马尾松针阔混交林	8.22	2.08	7.28	1.77	15.19	10.08	18.62	5.00	12.91	4.30	21.09	2.73	16.69	4.41
	60～70年南酸枣落叶阔叶林	4.66	2.64	4.77	2.01	19.91	7.02	15.07	6.06	11.01	1.64	25.24	3.00	19.31	6.30
	80～90年石栎常绿阔叶林	6.15	2.24	6.15	2.33	4.45	3.39	22.73	3.40	17.06	2.27	29.00	4.84	14.46	2.18
>15～30 cm	30～40年杉木人工林	4.08	1.63	5.06	1.76	3.45	3.01	17.17	5.42	14.06	7.73	30.93	4.09	25.25	8.45
	40～50年马尾松针阔混交林	7.21	2.23	6.22	1.81	15.93	9.12	19.08	4.85	13.84	2.99	20.42	3.59	17.30	3.71
	60～70年南酸枣落叶阔叶林	4.57	2.64	4.91	2.01	18.17	6.84	18.05	9.52	11.96	4.53	23.73	3.94	18.61	5.72
	80～90年石栎常绿阔叶林	5.56	2.14	5.61	2.00	7.43	4.90	21.71	6.76	17.46	4.67	26.61	4.62	15.62	5.02

注：采样时间2012年3月；样本数=3。

表 4-14　不同植被恢复阶段土壤颗粒组成（2015—2016 年 4 个季节平均值）

恢复阶段	土壤层次/cm	不同粒径颗粒的百分含量/%					
		0.05～2 mm 沙粒		0.002～0.05 mm 粉粒		<0.002 mm 黏粒	
		平均值	标准差	平均值	标准差	平均值	标准差
4～5 年灌草丛	0～10	42.37	3.16	43.83	3.21	13.80	1.25
	>10～20	38.38	4.01	52.48	4.30	9.14	0.82
	>20～30	36.93	3.47	54.48	3.15	8.58	0.82
	>30～40	39.46	2.26	52.94	2.04	7.61	0.77
10～12 年灌木林	0～10	65.27	1.75	21.68	0.80	13.05	1.42
	>10～20	61.25	1.08	24.43	1.57	14.32	1.24
	>20～30	63.01	3.75	25.33	2.43	11.66	1.97
	>30～40	63.28	3.09	25.74	1.35	10.98	1.92
40～50 年马尾松针阔混交林	0～10	50.66	12.70	33.13	7.60	16.21	5.10
	>10～20	47.67	11.70	37.84	7.85	14.49	4.23
	>20～30	43.08	12.50	43.76	13.29	13.16	1.15
	>30～40	41.28	13.32	47.68	12.51	11.05	0.94
80～90 年石栎常绿阔叶林	0～10	26.11	2.34	56.53	2.26	17.36	2.91
	>10～20	20.07	2.59	59.92	2.77	20.00	2.42
	>20～30	20.14	1.58	63.15	0.80	16.71	1.67
	>30～40	21.22	0.32	65.35	1.74	13.43	1.84

注：样本数=4。

4.2.6.5　不同植被恢复阶段土壤化学性质

具体数据见表 4-15 至表 4-26。

表 4-15　2012 年不同植被恢复阶段土壤 pH

测定时间（年-月）	土层深度/cm	30～40 年杉木人工林		40～50 年马尾松针阔混交林		60～70 年南酸枣落叶阔叶林		80～90 年石栎常绿阔叶林	
		平均值	标准差	平均值	标准差	平均值	标准差	平均值	标准差
2012-03	0～15	4.28	0.07	4.31	0.02	4.47	0.02	4.37	0.03
	>15～30	4.29	0.08	4.37	0.02	4.42	0.02	4.40	0.01
2012-06	0～15	4.54	0.09	4.46	0.12	4.70	4.85	4.68	0.06
	>15～30	4.93	0.54	4.55	0.11	0.09	0.21	4.64	0.05
2012-09	0～15	4.69	0.05	4.66	0.04	4.56	4.56	4.53	0.16
	>15～30	4.70	0.06	4.68	0.03	0.05	0.05	4.61	0.12
2012-12	0～15	4.75	0.10	4.77	0.12	4.93	0.01	4.95	0.02
	>15～30	4.67	0.09	4.84	0.10	4.92	0.03	4.91	0.01

注：样本数=3。

表 4-16　不同植被恢复阶段土壤 pH（4 个季节平均值）

测定时间（年-月）	土层深度/cm	4～5 年灌草丛		10～12 年灌木林		40～50 年马尾松针阔混交林		80～90 年石栎常绿阔叶林	
		平均值	标准差	平均值	标准差	平均值	标准差	平均值	标准差
2015-12 至 2016-10	0～10	4.51	0.17	4.82	0.17	4.39	0.24	4.43	0.33
	>10～20	4.68	0.16	4.94	0.15	4.52	0.26	4.55	0.21
	>20～30	4.79	0.17	4.99	0.18	4.60	0.26	4.58	0.24
	>30～40	4.98	0.21	5.07	0.16	4.71	0.26	4.62	0.29
2018-01 至 2018-10	0～10	4.36	0.11	4.76	0.02	4.43	0.14	4.48	0.04
	>10～20	4.55	0.14	4.87	0.04	4.60	0.16	4.51	0.03
	>20～30	4.56	0.14	4.98	0.09	4.68	0.24	4.48	0.07
	>30～40	4.60	0.18	5.00	0.11	4.62	0.10	4.45	0.04

注：样本数=4。

表 4-17　2012 年不同植被恢复阶段土壤有机碳含量

测定时间（年-月）	土层深度/cm	30～40 年杉木人工林		40～50 年马尾松针阔混交林		60～70 年南酸枣落叶阔叶林		80～90 年石栎常绿阔叶林	
		平均值/(g/kg)	标准差/(g/kg)	平均值/(g/kg)	标准差/(g/kg)	平均值/(g/kg)	标准差/(g/kg)	平均值/(g/kg)	标准差/(g/kg)
2012-03	0～15	19.04	2.59	20.85	6.81	21.86	1.74	26.34	2.39
	>15～30	12.78	1.52	16.00	1.92	16.19	3.33	16.31	3.58
2012-06	0～15	23.66	3.90	26.77	7.87	28.88	7.18	27.40	8.07
	>15～30	18.88	1.10	18.42	5.94	22.55	1.44	22.44	10.78
2012-09	0～15	21.08	3.69	29.50	1.94	29.20	6.63	30.74	4.10
	>15～30	16.37	3.32	22.16	2.46	21.28	4.56	21.31	4.72
2012-12	0～15	15.11	2.50	17.18	1.77	16.40	0.35	16.05	2.51
	>15～30	11.48	0.92	13.26	2.43	12.01	1.51	11.30	5.82

注：样本数=3。

表 4-18　不同植被恢复阶段土壤有机碳含量（4 个季节平均值）

测定时间（年-月）	土层深度/cm	4～5 年灌草丛		10～12 年灌木林		40～50 年马尾松针阔混交林		80～90 年石栎常绿阔叶林	
		平均值/(g/kg)	标准差/(g/kg)	平均值/(g/kg)	标准差/(g/kg)	平均值/(g/kg)	标准差/(g/kg)	平均值/(g/kg)	标准差/(g/kg)
2015-12 至 2016-10	0～10	14.72	4.68	19.75	6.14	31.09	7.02	36.57	11.34
	>10～20	5.74	3.28	8.47	2.55	13.32	9.34	15.82	3.66
	>20～30	3.43	2.10	6.61	3.83	7.81	5.10	12.03	4.44
	>30～40	2.22	1.43	3.85	1.77	4.72	1.39	11.49	4.65
2018-01 至 2018-10	0～10	14.01	1.15	22.64	2.47	32.16	5.10	33.19	2.64
	>10～20	6.02	2.06	10.39	4.11	12.44	2.01	15.26	0.17
	>20～30	4.20	2.38	7.41	2.16	8.31	1.46	12.24	0.23
	>30～40	4.85	2.11	6.94	2.34	7.02	1.66	11.22	1.85

注：样本数=4。

表 4-19　不同植被恢复阶段土壤矿质养分元素全量（2012 年 4 个季节平均值）

养分元素	土层深度/cm	30～40 年杉木人工林		40～50 年马尾松针阔混交林		60～70 年南酸枣落叶阔叶林		80～90 年石栎常绿阔叶林	
		平均值/(g/kg)	标准差/(g/kg)	平均值/(g/kg)	标准差/(g/kg)	平均值/(g/kg)	标准差/(g/kg)	平均值/(g/kg)	标准差/(g/kg)
全氮	0～15	1.10	0.38	1.37	0.37	1.65	0.52	1.44	0.52
	>15～30	0.96	0.29	1.02	0.25	1.33	0.50	1.12	0.44
全磷	0～15	0.21	0.06	0.25	0.06	0.29	0.07	0.20	0.04
	>15～30	0.20	0.07	0.22	0.05	0.27	0.06	0.19	0.04
全钾	0～15	4.98	1.41	5.82	1.23	5.74	1.59	4.91	1.64
	>15～30	5.08	1.53	5.45	1.55	5.76	1.54	4.66	1.36

注：样本数=3。

表 4-20　不同植被恢复阶段土壤矿质养分元素全量（2018 年 4 个季节平均值）

养分元素	土层深度/cm	4～5 年灌草丛		10～12 年灌木林		40～50 年马尾松针阔混交林		80～90 年石栎常绿阔叶林	
		平均值/(g/kg)	标准差/(g/kg)	平均值/(g/kg)	标准差/(g/kg)	平均值/(g/kg)	标准差/(g/kg)	平均值/(g/kg)	标准差/(g/kg)
全氮	0～10	0.72	0.25	1.16	0.27	1.44	0.22	2.29	0.81
	>10～20	0.34	0.25	0.54	0.18	0.68	0.42	1.21	0.28
	>20～30	0.25	0.22	0.43	0.26	0.46	0.21	1.00	0.30
	>30～40	0.21	0.15	0.32	0.16	0.30	0.11	0.94	0.34
全磷	0～10	0.17	0.16	0.12	0.03	0.15	0.05	0.25	0.05
	>10～20	0.12	0.03	0.10	0.03	0.13	0.06	0.20	0.04
	>20～30	0.11	0.04	0.09	0.02	0.11	0.06	0.19	0.04
	>30～40	0.11	0.04	0.10	0.03	0.13	0.08	0.20	0.05
全钾	0～10	8.42	1.27	7.61	1.48	7.99	2.35	9.01	1.44
	>10～20	9.26	1.60	8.21	1.61	8.08	2.39	8.90	1.85
	>20～30	10.23	2.56	8.04	1.66	8.47	2.14	9.73	2.13
	>30～40	9.42	1.54	8.56	1.54	8.40	2.69	10.11	2.23
全钙	0～10	0.37	0.16	0.42	0.13	0.36	0.14	0.51	0.23
	>10～20	0.35	0.13	0.41	0.10	0.39	0.17	0.37	0.11
	>20～30	0.33	0.11	0.45	0.15	0.33	0.11	0.45	0.21
	>30～40	0.33	0.12	0.46	0.16	0.37	0.17	0.43	0.17
全镁	0～10	1.66	0.73	2.44	0.84	1.50	0.61	1.89	0.75
	>10～20	1.88	0.85	2.56	0.85	1.48	0.59	1.98	0.63
	>20～30	1.90	0.88	2.50	0.89	1.40	0.60	2.01	0.72
	>30～40	1.94	0.87	2.44	0.91	1.27	0.55	2.09	0.80

注：样本数=4。

表 4-21　不同植被恢复阶段土壤碱性水解氮、有效磷、速效钾的含量（2012 年 4 个季节平均值）

养分元素	土层深度/cm	30～40 年杉木人工林		40～50 年马尾松针阔混交林		60～70 年南酸枣落叶阔叶林		80～90 年石栎常绿阔叶林	
		平均值/(mg/kg)	标准差/(mg/kg)	平均值/(mg/kg)	标准差/(mg/kg)	平均值/(mg/kg)	标准差/(mg/kg)	平均值/(mg/kg)	标准差/(mg/kg)
碱性水解氮	0～15	58.21	10.16	54.39	14.03	77.92	24.03	66.44	17.45
	>15～30	44.46	6.20	37.95	8.60	64.36	19.18	50.28	15.24
有效磷	0～15	1.96	0.49	2.43	0.55	2.73	0.88	2.35	0.43
	>15～30	1.35	0.37	1.99	0.48	2.15	0.74	2.03	0.57
速效钾	0～15	52.55	10.67	53.01	10.65	69.30	17.94	56.75	17.98
	>15～30	42.13	7.63	49.55	11.93	54.75	16.84	45.56	10.61

注：样本数=3。

表 4-22　不同植被恢复阶段土壤碱性水解氮、有效磷、速效钾的含量（2018 年 4 个季节平均值）

养分元素	土层深度/cm	4～5 年灌草丛		10～12 年灌木林		40～50 年马尾松针阔混交林		80～90 年石栎常绿阔叶林	
		平均值/(mg/kg)	标准差/(mg/kg)	平均值/(mg/kg)	标准差/(mg/kg)	平均值/(mg/kg)	标准差/(mg/kg)	平均值/(mg/kg)	标准差/(mg/kg)
碱性水解氮	0～10	19.65	9.22	42.34	22.10	54.62	20.86	124.80	67.86
	>10～20	7.27	3.77	13.90	11.46	24.02	13.32	47.91	19.33
	>20～30	6.56	3.87	9.02	6.64	20.23	11.50	27.10	12.81
	>30～40	5.62	4.32	7.20	5.47	15.85	6.55	32.05	22.40
有效磷	0～10	2.08	0.66	2.57	1.05	2.48	0.94	2.80	0.88
	>10～20	1.41	0.57	1.94	0.64	2.04	0.42	2.52	0.87
	>20～30	1.30	0.54	1.90	0.70	1.66	0.75	2.01	1.00
	>30～40	1.15	0.48	1.63	0.72	1.62	0.98	1.89	0.89
速效钾	0～10	58.56	14.40	73.48	17.49	62.40	14.42	57.18	9.82
	>10～20	43.40	15.88	46.67	11.28	45.56	8.92	39.25	8.79
	>20～30	40.94	12.19	44.14	7.98	46.02	12.96	37.36	11.70
	>30～40	42.55	14.72	47.56	9.58	42.45	9.18	37.50	11.08

注：样本数=4。

表 4-23　不同植被恢复阶段土壤可溶性氮含量

测定时间(年-月)	土层深度/cm	4～5 年灌草丛		10～12 年灌木林		40～50 年马尾松针阔混交林		80～90 年石栎常绿阔叶林	
		平均值/(mg/kg)	标准差/(mg/kg)	平均值/(mg/kg)	标准差/(mg/kg)	平均值/(mg/kg)	标准差/(mg/kg)	平均值/(mg/kg)	标准差/(mg/kg)
2018-07	0～10	83.71	3.93	165.21	3.36	196.51	5.70	259.83	1.77
	>10～20	37.27	1.56	76.74	2.78	85.13	3.64	122.80	5.10
	>20～30	29.82	1.55	46.67	1.11	47.68	4.69	110.06	1.40
	>30～40	31.32	2.07	47.19	1.07	51.50	4.25	111.68	7.77
2018-10	0～10	62.23	3.55	88.56	3.74	125.49	6.01	174.28	4.69

（续）

测定时间（年-月）	土层深度/cm	4～5年灌草丛		10～12年灌木林		40～50年马尾松针阔混交林		80～90年石栎常绿阔叶林	
		平均值/(mg/kg)	标准差/(mg/kg)	平均值/(mg/kg)	标准差/(mg/kg)	平均值/(mg/kg)	标准差/(mg/kg)	平均值/(mg/kg)	标准差/(mg/kg)
2018-10	>10～20	38.44	4.86	55.09	5.00	56.55	1.29	94.49	4.40
	>20～30	25.91	2.74	48.86	0.83	50.67	2.00	84.51	2.01
	>30～40	28.07	2.15	44.31	1.28	45.65	1.67	94.05	4.80

注：样本数=4。

表 4-24　不同植被恢复阶段土壤铵态氮含量

测定时间（年-月）	土层深度/cm	4～5年灌草丛		10～12年灌木林		40～50年马尾松针阔混交林		80～90年石栎常绿阔叶林	
		平均值/(mg/kg)	标准差/(mg/kg)	平均值/(mg/kg)	标准差/(mg/kg)	平均值/(mg/kg)	标准差/(mg/kg)	平均值/(mg/kg)	标准差/(mg/kg)
2018-07	0～10	13.20	0.62	18.86	0.52	19.98	0.36	23.22	0.58
	>10～20	13.12	0.45	18.02	1.65	18.80	0.50	22.18	0.55
	>20～30	12.88	0.67	17.43	0.44	17.96	0.29	21.65	0.50
	>30～40	12.76	0.41	17.26	0.29	17.44	0.49	21.22	1.02
2018-10	0～10	10.19	0.49	11.22	0.88	11.51	0.42	13.03	0.35
	>10～20	9.83	0.23	10.38	0.75	11.40	0.47	11.59	0.18
	>20～30	9.59	0.16	9.92	0.60	11.03	0.65	11.23	0.31
	>30～40	8.69	0.33	9.77	0.23	9.99	0.86	10.83	0.55

注：样本数=4。

表 4-25　不同植被恢复阶段土壤硝态氮含量

测定时间（年-月）	土层深度/cm	4～5年灌草丛		10～12年灌木林		40～50年马尾松针阔混交林		80～90年石栎常绿阔叶林	
		平均值/(mg/kg)	标准差/(mg/kg)	平均值/(mg/kg)	标准差/(mg/kg)	平均值/(mg/kg)	标准差/(mg/kg)	平均值/(mg/kg)	标准差/(mg/kg)
2018-07	0～10	3.19	0.57	3.48	0.21	3.65	0.10	4.49	0.36
	>10～20	4.10	0.62	3.51	0.21	3.83	0.38	4.88	0.75
	>20～30	4.35	0.42	4.28	0.34	4.92	0.97	5.95	0.27
	>30～40	5.97	0.74	4.58	0.25	5.76	0.21	6.24	0.19
2018-10	0～10	3.73	0.24	3.42	0.41	3.48	0.27	4.43	0.23
	>10～20	3.75	0.20	3.57	0.13	3.66	0.34	4.53	0.09
	>20～30	3.93	0.09	3.64	0.21	3.90	0.57	4.61	0.14
	>30～40	4.28	0.44	3.85	0.07	3.94	0.37	4.77	0.19

注：样本数=4。

表 4－26　不同植被恢复阶段土壤交换性盐基总量

测定时间（年－月）	土层深度/cm	4～5 年灌草丛		10～12 年灌木林		40～50 年马尾松针阔混交林		80～90 年石栎常绿阔叶林	
		平均值/(cmol/kg)	标准差/(cmol/kg)	平均值/(cmol/kg)	标准差/(cmol/kg)	平均值/(cmol/kg)	标准差/(cmol/kg)	平均值/(cmol/kg)	标准差/(cmol/kg)
2015－12	0～10	3.34	0.75	5.66	0.98	5.17	0.22	4.69	0.29
	>10～20	3.33	0.75	4.40	1.08	4.04	0.66	3.70	0.68
	>20～30	3.04	0.56	4.20	0.77	3.27	0.62	3.23	0.60
	>30～40	2.93	0.82	3.69	0.35	3.13	0.50	2.83	0.24
2016－10	0～10	5.50	0.24	5.87	0.60	5.84	1.21	7.10	0.77
	>10～20	4.81	0.60	4.85	0.92	5.36	1.82	6.15	1.18
	>20～30	4.13	1.40	4.24	0.50	5.22	1.24	4.99	1.28
	>30～40	3.77	1.33	3.99	0.55	4.62	1.57	4.37	1.39

注：样本数＝4。

4.2.6.6　不同植被恢复阶段土壤微生物生物量及酶活性

具体数据见表 4－27 至表 4－30。

表 4－27　不同植被恢复阶段土壤微生物生物量（2012 年 4 个季节平均值）

微生物生物量	土层深度/cm	30～40 年杉木人工林		40～50 年马尾松针阔混交林		60～70 年南酸枣落叶阔叶林		80～90 年石栎常绿阔叶林	
		平均值/(mg/kg)	标准差/(mg/kg)	平均值/(mg/kg)	标准差/(mg/kg)	平均值/(mg/kg)	标准差/(mg/kg)	平均值/(mg/kg)	标准差/(mg/kg)
微生物生物量碳	0～15	345.80	78.79	384.88	46.63	720.10	151.32	585.19	273.33
	>15～30	302.41	111.79	269.80	28.87	589.03	107.67	446.71	210.57
微生物生物量氮	0～15	56.60	21.76	62.41	23.66	101.24	37.95	72.81	36.18
	>15～30	46.05	17.29	50.68	12.37	79.04	30.96	55.27	23.72

注：样本数＝3。

表 4－28　不同植被恢复阶段土壤微生物生物量（2018 年 4 个季节平均值）

微生物生物量	土层深度/cm	4～5 年灌草丛		10～12 年灌木林		40～50 年马尾松针阔混交林		80～90 年石栎常绿阔叶林	
		平均值/(mg/kg)	标准差/(mg/kg)	平均值/(mg/kg)	标准差/(mg/kg)	平均值/(mg/kg)	标准差/(mg/kg)	平均值/(mg/kg)	标准差/(mg/kg)
微生物生物量碳	0～10	214.78	19.99	346.67	28.18	399.17	7.29	438.75	51.38
	>10～20	108.38	8.54	162.60	35.53	224.42	10.20	219.50	17.93
	>20～30	94.04	10.84	135.80	21.90	143.15	21.52	191.67	31.03
	>30～40	81.18	4.78	106.68	19.89	114.93	21.45	170.18	31.01
微生物生物量氮	0～10	26.03	1.33	51.83	1.91	53.29	2.40	61.09	1.40
	>10～20	14.07	1.19	28.05	0.82	33.22	2.14	36.47	0.91
	>20～30	11.42	1.80	28.27	2.06	29.94	1.91	34.28	1.84
	>30～40	7.82	0.45	20.28	2.19	21.78	2.76	30.95	2.47

（续）

微生物生物量	土层深度/cm	4～5年灌草丛		10～12年灌木林		40～50年马尾松针阔混交林		80～90年石栎常绿阔叶林	
		平均值/(mg/kg)	标准差/(mg/kg)	平均值/(mg/kg)	标准差/(mg/kg)	平均值/(mg/kg)	标准差/(mg/kg)	平均值/(mg/kg)	标准差/(mg/kg)
微生物生物量磷	0～10	6.66	0.32	14.73	1.09	17.00	1.02	23.99	0.84
	>10～20	5.21	0.12	8.10	0.50	9.62	0.36	12.44	0.34
	>20～30	6.07	0.39	10.99	1.06	12.25	0.49	15.58	2.04
	>30～40	5.31	0.60	9.50	1.14	11.02	0.56	13.78	2.11

注：样本数=4。

表4-29 不同植被恢复阶段土壤酶活性（2012年4个季节平均值）

酶活性	土层深度/cm	30～40年杉木人工林		40～50年马尾松针阔混交林		60～70年南酸枣落叶阔叶林		80～90年石栎常绿阔叶林	
		平均值	标准差	平均值	标准差	平均值	标准差	平均值	标准差
脲酶 /[mg/(g·d)]	0～15	0.20	0.06	0.36	0.17	0.39	0.19	0.58	0.20
	>15～30	0.16	0.06	0.32	0.15	0.34	0.17	0.47	0.15
蔗糖酶/[mg/(g·d)]	0～15	25.03	9.77	32.59	10.38	41.63	13.91	44.99	9.88
	>15～30	21.61	10.94	26.72	6.62	37.56	16.91	40.43	9.96
12 h酸性磷酸酶/(mg/g)	0～15	3.22	0.95	3.96	1.00	3.67	0.90	3.57	0.70
	>15～30	2.56	0.85	3.71	0.91	3.32	0.94	3.18	0.57
20 min过氧化氢酶/(mg/g)	0～15	3.01	0.58	3.58	1.10	3.51	0.61	3.37	0.74
	>15～30	2.77	0.49	3.29	0.87	3.18	0.52	3.01	0.75

注：样本数=3。

表4-30 不同植被恢复阶段土壤酶活性（2018年4个季节平均值）

酶活性	土层深度/cm	4～5年灌草丛		10～12年灌木林		40～50年马尾松针阔混交林		80～90年石栎常绿阔叶林	
		平均值	标准差	平均值	标准差	平均值	标准差	平均值	标准差
脲酶/[mg/(g·d)]	0～10	0.26	0.14	0.47	0.15	0.41	0.17	0.64	0.23
	>10～20	0.13	0.09	0.31	0.10	0.26	0.13	0.44	0.26
	>20～30	0.10	0.07	0.22	0.09	0.19	0.10	0.43	0.23
	>30～40	0.08	0.04	0.20	0.11	0.15	0.07	0.34	0.25
蔗糖酶/[mg/(g·d)]	0～10	56.12	17.42	68.69	24.27	63.93	15.84	82.82	28.07
	>10～20	37.11	14.83	47.39	23.18	47.54	12.99	58.98	22.13
	>20～30	33.41	16.53	32.31	13.82	35.79	11.66	43.80	17.22
	>30～40	29.76	14.91	31.85	14.82	33.16	6.47	37.48	9.56
12 h酸性磷酸酶/(mg/g)	0～10	2.48	0.83	2.62	0.50	3.05	1.34	2.98	1.23
	>10～20	1.22	0.94	1.75	0.36	2.42	1.04	2.44	1.02
	>20～30	0.88	0.86	1.20	0.46	1.71	0.95	2.20	1.07
	>30～40	0.79	0.78	1.04	0.46	1.62	0.81	2.03	1.08

（续）

酶活性	土层深度/cm	4～5年灌草丛		10～12年灌木林		40～50年马尾松针阔混交林		80～90年石栎常绿阔叶林	
		平均值	标准差	平均值	标准差	平均值	标准差	平均值	标准差
20 min过氧化氢酶/（mg/g）	0～10	3.97	1.20	5.26	0.88	5.46	0.59	5.01	0.71
	>10～20	1.97	1.21	3.67	0.98	3.80	0.71	4.06	0.71
	>20～30	1.29	0.79	2.68	0.67	2.93	0.94	3.84	0.91
	>30～40	1.24	0.63	2.60	0.81	2.59	0.96	3.54	0.81

注：样本数=4。

图书在版编目（CIP）数据

中国生态系统定位观测与研究数据集．森林生态系统．湖南会同杉木林站：2008-2019 / 陈宜瑜总主编；项文化主编．—北京：中国农业出版社，2024.4
ISBN 978-7-109-31830-4

Ⅰ.①中… Ⅱ.①陈… ②项… Ⅲ.①生态系统—统计数据—中国②森林生态系统—统计数据—会同县—2008-2019 Ⅳ.①Q147②S718.55

中国国家版本馆 CIP 数据核字（2024）第 059154 号

ZHONGGUO SHENGTAI XITONG DINGWEI GUANCE YU YANJIU SHUJUJI

中国农业出版社出版
地址：北京市朝阳区麦子店街 18 号楼
邮编：100125
责任编辑：李昕昱　　文字编辑：张田萌
版式设计：李文革　　责任校对：吴丽婷
印刷：北京印刷集团有限责任公司
版次：2024 年 4 月第 1 版
印次：2024 年 4 月北京第 1 次印刷
发行：新华书店北京发行所
开本：889mm×1194mm　1/16
印张：11.75
字数：345 千字
定价：98.00 元
